本书内容所涉及的研究得到以下项目支持：

国家重点研发计划：深部金属矿建井与提升关键技术（2016YFC0600803）

NSFC-山东联合基金：胶西北滨海深部含金构造探测与采动灾害防控机理研究（U1806208）

深竖井建设

Deep Shaft Construction

陈玉民　赵兴东　李洋洋　编著

北　京

冶 金 工 业 出 版 社

2021

内 容 提 要

竖井是地下矿山生产系统的咽喉，而深竖井建设是深地采矿基建过程中难度最大的基础项目。本书从工程地质、岩石力学等基础知识出发，分析深竖井井筒应力状态，查找诱致深部井筒围岩失稳破坏的"力源"与"岩体"特性关联，突破传统竖井随掘随砌施工方法，提出了超深井筒超前序次释压理论与地压调控方法。

本书概述了深竖井建设国内外现状，系统介绍了深竖井井筒工程地质、井筒岩石力学研究、深竖井设计、深竖井井筒稳定性分析与控制、深竖井施工以及科研完成的思山岭铁矿副井建设和新城金矿新主井建设工程实例。

本书可作为隧道工程、铁（公）路工程、水电工程、核废料处置等领域研究人员、技术人员的工作参考用书，也可作为高等院校采矿工程及相关专业高年级本科生、研究生的教学参考书。

图书在版编目（CIP）数据

深竖井建设/陈玉民，赵兴东，李洋洋编著. —北京：冶金工业出版社，2021. 2
　ISBN 978- 7- 5024- 8737- 9

　Ⅰ.①深… Ⅱ.①陈… ②赵… ③李… Ⅲ.①竖井井筒—竖井掘进 Ⅳ.①TD261. 1

中国版本图书馆 CIP 数据核字（2021）第 031754 号

出 版 人　苏长永
地　　　址　北京市东城区嵩祝院北巷 39 号　邮编　100009　电话　(010)64027926
网　　　址　www.cnmip.com.cn　电子信箱　yjcbs@cnmip.com.cn
责任编辑　刘小峰　曾　媛　美术编辑　郑小利　版式设计　禹　蕊
责任校对　李　娜　责任印制　李玉山
ISBN 978-7-5024-8737-9
冶金工业出版社出版发行；各地新华书店经销；三河市双峰印刷装订有限公司印刷
2021 年 2 月第 1 版，2021 年 2 月第 1 次印刷
789mm×1092mm　1/16；14. 25 印张；347 千字；220 页
89. 00 元

冶金工业出版社　投稿电话　**(010)64027932**　投稿信箱　**tougao@cnmip.com.cn**
冶金工业出版社营销中心　电话　**(010)64044283**　传真　**(010)64027893**
冶金工业出版社天猫旗舰店　**yjgycbs.tmall.com**
（本书如有印装质量问题，本社营销中心负责退换）

前　言

2016年5月30日，习近平总书记在全国科技创新大会、两院院士大会、中国科协第九次全国代表大会上明确指出"向地球深部进军是我们必须解决的战略科技问题"。国土资源部提出深地探测战略目标是到2020年形成至2000m矿产资源开采。深地采矿已经成为国家深地战略之一。

随着深部资源勘探不断深入和矿山开采深度的增加，现阶段我国深竖井建设处于快速发展时期。近十年来，我国有45座金属矿山步入1000m以深开采，现已有10余座地下金属矿山开采深度达到或超过1500m。山东黄金集团"4000m科研深钻"在2600m深部找到了22m的厚大高品质矿体，彰显出未来超深部找矿的巨大潜力；所属矿山建设10余条1000m以深竖井，2020年完成了新城金矿1527m新主井建设，三山岛金矿开建2005m之中国最深超深竖井。

竖井是地下矿山生产系统的咽喉，是地下资源开发通达地表的主要通道，担负矿井矿（废）石提升，运送人员、材料和设备以及通风、排水、供水、供电等，也是矿山基建过程中难度最大的基础项目，一般占矿山基建井巷工程量的15%，而施工工期却占矿井施工总工期的30%~50%。

随着竖井建设深度增加，深竖井井筒穿越深部岩层地质条件与应力环境日趋复杂，致使超深井筒常处于"高井深、高原岩应力、高承压水、高岩温、强开挖扰动"等特殊条件，造成超深井筒围岩产生变形、突水以及岩爆等失稳破坏现象，导致超深井筒施工难度大，严重制约和影响超深井筒建设速度、建设质量及井壁的长期稳定。

长期以来，我国竖井建设采用"随掘随砌"的施工方法，对诱致深部井筒围岩失稳破坏的"力源"与"岩体强度"特性尚不清晰，常通过提高混凝土井壁衬砌厚度与混凝土强度等级等被动维护井筒长期稳定，导致当前我国超深竖井建设井筒衬砌混凝土厚度不断增加，衬砌混凝土强度等级不断提高，而未主动调动和利用井筒围岩性能。

本书作者分别对南非、加拿大等国家深竖井建设进行现场实地考察，结合山东黄金集团所属新城金矿腾家矿区竖井建设、新城金矿新主井建设、金洲集团金青顶矿区竖井建设等，以及国内思山岭铁矿竖井（1500m）建设、红透山铜矿七系统盲竖井（1600m）建设等科研工作及其系统总结，同时对会泽铅锌矿竖井建设（1526m）、中金沙岭金矿主井（1600.2m）、瑞海集团竖井（1500m）建设进行调研，发现深竖井井筒围岩承受的开挖扰动应力随建井深度增加也不断增加，致使井筒受力状态更加复杂。超深井筒开挖后，井筒掘进工作面处于三向应力状态，在爆破开挖强扰动作用下，在井筒围岩体承受横向（或纵向）高应力集中，一旦井筒近表围岩受到的压剪应力超过井筒围岩承载能力，将造成井筒围岩由表及里产生破裂、剪胀、塑性扩容、岩爆等，严重劣化井筒围岩地质环境。如仍然利用任何一种单一指标进行井筒围岩稳定性评判，都不能真实反映井筒围岩稳定状态，需要在单因素分析的基础上进行综合分析，才能为超深井筒稳定性评价提供较为可靠的依据。

　　本书内容系统介绍深竖井建设所需工程地质、水文地质、岩石力学、地应力等基础知识，进一步分析井筒所穿越岩层的岩体质量等级、岩体力学参数，分别应用弹性力学、弹塑性力学基础理论，系统分析井筒围岩稳定性及其响应特征；创新性提出超深井筒超前序次释压理论，系统研究强开挖扰动应力对井筒围岩损伤变形破坏机理，通过序次提高井壁衬砌与井筒掘进工作面距离，采用卸压爆破、释能支护系统等手段，主动调控未衬砌段井筒受力状态及其应力分布特征，序次释放积聚在井筒围岩内的高应力及其影响半径；在此研究思想的基础上，提出了相应的超深竖井施工方法并在新城金矿新主井1527m超深竖井等深竖井建设中应用，效果良好。

　　在本书编写过程中，参考了大量的国内外相关的研究成果和文献资料，在此谨向这些书籍、论文、报告的作者和出版单位致以诚挚的谢意。

　　感谢山东黄金集团所属相关深井矿山与实验室，以及东北大学采矿工程系博士研究生李怀宾、周鑫，硕士研究生孙显腾、郭振鹏、魏慧所做的研究工作以及资料整理工作。正是他们的付出和努力，为本书的成稿奠定了基础。

　　由于作者水平所限，书中不足之处在所难免，恳请读者批评、指正。

编著者
2020 年 9 月

目　录

1 深竖井建设现状

深部矿产资源开发已成为世界采矿工业的重要组成部分。为了安全、高效地开发深部矿产资源，需从地表向深部矿体开凿深竖井。目前，在国际上开采深度超过 1000m 的矿山已达 200 余座。开采深度超过 2000m 的矿山主要集中在南非、加拿大、美国、俄罗斯等国家，其中南非、加拿大等国家最具代表性。南非有 14 个矿区开采深度超过 2000m，南非的 South Deep、TauTona、Savuka 等矿开采深度已经达到 3500m，部分开采深度超过 4000m[1]。West Drieforten 金矿，矿体赋存在地下 600m，一直延伸到 6000m 以下。南非 East Rand 矿在地表以下 3585m。加拿大的 Creighton、Kidd Creek、LaRonde 等矿开采深度达到或超过 3000m。例如：2012 年南非的 South Deep 矿建成 2995m 通风井；美国的 Resolution 铜矿 10 号竖井建设深度为 2117m；美国的 Lucky Friday 锌矿 4 号竖井建设深度 2922m；加拿大的 Kidd Creek 矿竖井井底深度为 3014m 等[2]。印度的 Kolar 金矿区，已有三座矿山开采深度超过 2400m。俄罗斯的克里沃罗格铁矿区，有 8 座矿山开拓深度达到 1570m。国外典型超深竖井基本情况见表 1-1。

表 1-1　国外典型超深竖井

国家	矿山名称	采矿深度/m	竖井深度/m	备 注
加拿大	Kidd Creek 多金属矿	3014	3014	两段竖井
	LaRonde 金矿	3130		
	Creighton 多金属矿	2700		竖井+盲斜坡道
	Coleman 多金属矿	1800		竖井+盲斜坡道
	Williams 多金属矿	1700		单段竖井
美国	Lucky Friday 锌矿	2900	2922	单段竖井
	Resolution 铜矿	2117	2021（9 号竖井） 2116（10 号竖井）	单段竖井
俄罗斯	Skalistaja（BC10）矿	2100	2100	单段竖井
	乌拉尔矿业	1750	1720	单段竖井
南非	South Deep 金矿	2998	2990	单段竖井
	TauTona 金矿	3900	1500	竖井+盲竖井
	Savuka 金矿	3900	1500	竖井+盲竖井
	East Rand 矿业	3585	1500	竖井+盲竖井
	Kloof 金矿	3347	1500	单段竖井
	Harmony 矿业	3388	1500	竖井+盲竖井
	Mponeng 金矿	3160~3840		竖井+盲竖井

国家	矿山名称	采矿深度/m	竖井深度/m	备 注
南非	Driefontein 矿业	3420		
	Moab Khotsong 金矿	3052		
	Kopanang 金矿	2240		
印度	Kolar 金矿	3000		由于严重岩爆，已关闭
澳大利亚	铜锌矿	1800		竖井+斜坡道
芬兰	Pyhäsalmi 矿	1444	1440	单段竖井

随着我国深部矿产资源勘探技术的提高，一大批深部矿产资源逐步被发现，比较典型的矿山有：辽宁鞍本地区铁矿、招掖地区的黄金矿山、云南会泽铅锌矿、安徽冬瓜山铜矿等。在"十一五"期间，我国地下开采矿山建设的竖井大约近 300 条，竖井建设深度超过 1000m 的井筒数量超过 30 条，井筒建设深度大多在 1200m 以内（井筒净直径在 6.5m 以内），比较典型的竖井有：鞍钢弓长岭铁矿主井深度 1022m；武钢程潮铁矿新副井井筒深度 1135m[3]；铜陵有色冬瓜山铜矿主井深度 1125m 深[4]；玲珑金矿东风矿田混合井深度 1018m[5]；金川龙首矿混合井深度 1083m。在"十二五"期间，我国竖井建设深度范围在 1200~1500m，典型的竖井有：云南会泽铅锌矿探矿 3 号明竖井，井口地平基表标高2380m，井底标高 854m，井深 1526m，井筒断面直径为 6.5m，井下设 4 个马头门，井口段采用钢筋混凝土支护，厚度 1000mm，井筒段采用混凝土支护，支护厚度 400mm，在竖井开凿至 1400 余米时，井壁出现岩爆现象，并出现大量涌水，严重影响井筒施工，其提升选用 1 台摩擦式提升机，选用 14m³ 底卸式箕斗和 4800mm×1800mm 罐笼[6]；辽宁抚顺红透山铜矿七系统探矿工程，由 -827m 中段以下新开拓至 -1253m 中段，盲竖井井底深度已达 1600m，在该盲竖井施工至 1400 余米（-1137m）深时，井筒围岩产生岩爆现象[7]；本溪思山岭铁矿矿体埋深达到 2000m 以上，其铁矿石储量 24.87 亿吨，平均品位 TFe 31.19%，MFe 19.05%；为有效开采深部矿体，其共设计 7 条竖井进行开拓，包含 2 条主井（1505m）、1 条副井（1503m）、1 条进风井（1150m）、1 条措施井（1320m）、2 条回风井（1 条 1400m、1 条 1120m）；辽宁大台沟铁矿在 8~23 线地段进行钻探，共施工 35个钻孔，见矿深度一般在 1100~1400m，终孔深度在 1701~2465m，探明铁矿石资源储量 52 亿吨，远景储量在 100 亿吨以上，目前在 1 号坑建 1250m 深探矿井[8]；河南铜柏盛老庄 3 号竖井 1211m 深；吉林夹皮沟金矿二道沟矿区竖井井底深度 1440m[9]。在"十三五"期间，我国有一些矿山竖井建设深度将达到或超过 1500m，例如：山东新城金矿藤家矿区建设主井深度 1417m、副井井筒深度 1268m、回风井井筒深度 1265m 深；新城金矿建设 1527m 深竖井，井筒穿过断层、含水岩层，造成施工困难；新疆阿舍勒铜矿建设主井深度1242m、副井深度 1230m；招金集团瑞海矿业在建进风井深度 1500m（井径 6.5m）；三山岛金矿西岭矿区拟建主井深度超过 2000m。贵州道坨锰矿拟建 1500m 以上深竖井；中金集团沙岭金矿主井设计深度 1598.5m，副井设计深度 1600.2m。山东水旺庄金矿勘探深度在 2000m。河北邯郸磁西、万东和史村煤矿煤层埋深 900~1800m，在磁西煤矿 1 号井建成 1320m 深竖井[10]。河南灵宝釜鑫金矿、秦岭金矿、云南六苴铜矿、东峪金矿、潼关中金、湘西金矿竖井建设深度也在 1100~1500m。从上述统计可以看出，当前我国竖井建设深度

将达到1500~2000m范围之内，井筒直径在10m以内，深竖井建设主要集中在钢铁、黄金、有色等矿山行业。我国部分深竖井建设见表1-2。

表1-2 我国竖井建设深度范围及典型矿山代表

时期	大致深度范围/m	典型矿山代表
"十一五"期间	<1200	铜陵有色冬瓜山铜矿1125m主井； 玲珑金矿东风矿田深度1018m混合井； 金川龙首矿深度1083m混合井
"十二五"期间	1200~1500	山东金洲集团金青顶矿区（乳山金矿）1260m深竖井； 云南会泽铅锌矿深1526m的3号竖井； 本溪思山岭铁矿建设主井深度1490m、副井深度1503m、 风井深度1400m
"十三五"期间	>1500	山东新城金矿新主井1527m； 三山岛金矿西岭矿区拟建主井深度超过2000m； 中金沙岭金矿1600.2m主井； 瑞海矿业集团1500m深竖井

综上分析可知，世界上开采深度超过2000m的矿山主要集中在南非和加拿大、美国等国家。在深竖井建设方面，南非在1952年开始建设2000m深竖井，当前国外竖井建设深度3000m；南非矿体薄、缓倾斜，主要采用竖井和平巷开拓，充填法开采；加拿大矿体厚大、倾角较陡，多采用竖井和斜坡道联合开拓，机械化程度高，采用空场嗣后充填采矿、下向充填采矿与进路式采矿方法。当前，我国竖井建设深度达到1500m，未来5~10年，我国将建成2000m超深竖井；南非深井采矿主要开采黄金、钻石和铀矿，在加拿大主要开采镍、铜、金等贵重金属，且其矿石品位高，矿山开采规模在8000t/d左右；而我国深井开采矿种为铁、铜、锌、金、锰等，相比矿石品位低，需要大断面井筒与大功率提升机、规模化开采来保证矿山企业经济效益。

"深部（井）开采"和"深竖井"两个词应用得非常广泛。深井开采主要与岩石类型、原岩应力和岩温等条件直接相关，判断是否进入深井开采，通常考虑勘探、采矿、支护以及监测的岩体力学性质、岩温条件、开采方法和破岩以及人员、材料和岩石的转运等因素的特殊性，尤其是工程地质条件、采掘技术、地压控制和矿井通风等差异性变化[11]。在南非，深井开采指矿山开采深度超过2300m，原岩温度超过38℃的矿山[12]；超深井开采指开采深度超过3500m的矿山。加拿大定义超深井开采指开采深度超过2500m以上，既能保证人员和设备安全，又能使矿山获得经济效益[13]。美国定义深部开采其开采深度在1524m以上。德国将埋深超过800~1000m的矿井称为深井，将埋深超过1200m的矿井称为超深井开采；日本把深井的"临界深度"界定为600m，而英国和波兰则将其界定为750m。我国深部开采指开采深度超过800m的矿山；深竖井指矿井建设深度在800~1200m之间的竖井；超深井是指矿井建设深度超过1200m深的竖井[14]。

竖井是地下矿山生产系统的咽喉，是地下矿山建设的重大基建工程，也是矿山基建过程中难度最大的基础项目[15]。井筒是构筑于岩层内部的地下工程，其为深部矿体开采提供新鲜（冷）空气、矿（废）石或者物料的运输、人员升降、动力（电力和压缩空气）、通讯以及供、排水等。竖井设计深度主要取决于矿石开采深度。对于新建矿山而言，竖井开凿时间占矿山总开拓时间的 60% 以上[16]。因此，竖井井筒设计必须保持长期、稳定的使用寿命，并满足矿山通风及提升能力的要求。

与浅埋竖井相比，超深井筒所处的地质条件与应力状态显然不同，井筒围岩处于高地应力、高水压、强开挖卸荷、高岩温以及提振动荷载等复杂应力共同作用下[3]。随着竖井建设深度的增加，井筒穿越的岩层条件复杂多变，致使井壁受力状态复杂，特别是在复杂应力环境及强开挖卸荷作用下，井筒围岩的稳定性评价，利用任何一种单一指标，都不能真实反映井筒围岩稳定状态，要在单因素分析的基础上进行综合分析，才能取得较为可靠的稳定性依据[17]。井筒围岩稳定性不仅和原岩应力的大小、井筒的形状与尺寸有关，而且与井筒所穿越的围岩自身的物理和力学性质也紧密相关[18]。

20 世纪 80 年代至今，我国有 200 多个井筒产生变形破坏，许多井筒发生多次破坏、多次修复，至今仍不能保持稳定，因井筒破坏修复所造成的直接经济损失达几亿元以上，由此造成的停产等间距经济损失达几十亿元以上，经济损失相当严重。与浅埋竖井相比，深部井筒所处的地质条件与应力状态显然不同，尤其在强开挖卸荷作用下，致使深部井筒受力状态更加复杂，主要表现为：（1）与浅埋井筒相比，井筒深度增加 0.5~1 倍；（2）井筒围岩处于高原岩应力、高承水压力、强开挖卸荷、高岩温以及提振动荷载等复杂应力共同作用下；（3）在高应力强开挖卸荷作用下，深部井筒围岩发生岩爆或挤压（塑性）变形破坏风险增加；（4）提升系统高速运行下，其井筒承受风压活塞效应更加明显；（5）为满足通风和提升能力需求，将采用大断面井筒结构等。由此可见，随着竖井建设深度的增加，多变的岩层及应力条件必然使得相应深度井筒及其围岩的力学响应更加复杂，具有明显不同于浅部井筒及其围岩的力学响应特征，也必然使得浅部竖井工程设计方法和施工工艺直接应用于深部竖井建设的做法备受质疑，因此，深部竖井工程设计方法及施工工艺亟待改变。

1.1　深部井筒稳定性研究现状

井筒变形破坏不仅受井筒所在井位的工程地质、水文地质、地应力条件、岩体性质、地下水、温度变化等自然因素影响，同时也受开挖扰动、提升动荷载等工程因素扰动影响。当前，国内外井筒发生变形、失稳破坏的问题屡见不鲜，例如：澳大利亚的 Mount Isa 铜矿受断层和回采顺序影响，其井筒发生变形破坏[19]；鲁中小官庄铁矿，受采动影响其主井和副井井筒均发生偏斜[20]；金川二矿在建竖井受岩层结构及水平地应力影响，其新建竖井在井筒刚刚开始装备时，发生整体垮塌事故[21]；山东望儿山金矿也由于岩层性质及采动应力影响，产生井壁破坏现象[22]；江苏大屯矿区徐庄矿副井由于井筒围岩附加应力作用致使该矿井筒发生两次井筒破裂[23]。一旦竖井井筒发生变形、破坏，将直接影响矿井的正常提升，严重制约矿山安全生产。

为研究井筒变形失稳破坏机制，国内外许多岩石力学工作者进行了大量的卓有成效的研究工作，并取得了诸多研究进展。在国际上，诸如俄罗斯、德国、加拿大、澳大利亚、日本和美国等国家对竖井井筒破坏的研究，主要是研究井筒在建井施工期和生产运营期因采动影响造成的破坏，而非深部井筒开挖卸荷诱发的井筒围岩破坏。在竖井开挖建设过程中，竖井开凿过程及之有关的地质体是不断变化着的复杂系统。根据岩体结构控制论观点，比较可以看出处于岩体结构面发育及破碎软弱围岩段的井筒容易破损。工程地质条件差是导致井壁破坏的机制因素，在一定条件下通过其因素起重要作用的垂向摩擦力和水平地应力则是诱发因素。毕思文通过对国内多个竖井进行变形破坏工程调查的基础上，依据竖井破坏形态、时空展布特征和动力学过程，采用物理模拟和数值计算分析竖井变形破坏规律[24]。对于竖井破坏只有全面分析机制和诱发因素相互之间的关系，才能抓住其变形破坏的本质。

竖井变形破坏与其所处的工程地质环境、工程动力学特性及其之间的相互作用是密不可分的。对于竖井变形破坏特征研究，主要涵盖竖井变形破坏形态、变形破坏空间展布、变形破坏时间特征以及竖井变形破坏机理。Fairhurst 等假设地层是各向同性、均质的，基于线弹性理论推导了竖井周围应力分布公式，借此分析井筒围岩的应力分布条件[25]；何有巨揭示了深部立井岩石开挖后，井帮围岩在地应力重新分布情况下的应力变化情况，然后利用围岩的强度准则和变形标准来分析围岩的稳定性，进而为是否采用临时支护提供理论依据[26]；屈平等基于断裂力学建立了煤岩井壁稳定性评价模型，分析了竖井井底压力、裂纹扩展长度、裂纹倾角以及井筒直径对井壁稳定性的影响[27]；肖银武等对龙固矿副井井筒破坏形态分析发现，井筒受到了以竖向应力为最大主应力，切向应力为中间主应力，径向应力为最小主应力的压剪破坏，致使井筒内部出现片状剥落，并逐渐向井筒深部转移，整个井筒剥落破坏带高度远大于井筒围岩内破坏深度；邵德胜等通过分析临涣矿井井筒破坏原因，得出其井筒破坏主要是由负摩擦力产生的纵向荷载造成的，并计算了竖井承载极限状态的负摩擦力[28]。赵兴东等对思山岭铁矿 1000～1500m 井筒的稳定性，在地应力测试及岩体质量分级的基础上，应用弹塑性理论，采用数值模拟方法分析了无衬砌井筒围岩塑性区分布范围及其破坏机制[29]。

随着竖井开凿深度的增加，井筒围岩开挖扰动应力随着深度的增加逐渐增大，开挖扰动应力导致竖井井壁出现变形、开裂、混凝土井壁掉块等破坏形式，主要是由于井壁在附加应力作用下，超过其混凝土井壁极限承载引起。通过现场地质调查、现场井筒围岩应力变形监测、相似材料模拟、数值分析等方法，对不同井壁结构进行分析，先后出现了包括新构造运动学说、渗流变形学说、负摩擦力假说等（附加应力假说）。新构造运动学说认为新构造运动的方向性、地震和时间性等与井壁破坏有关[30]；渗流变形说认为井壁渗流动水压特别是不均匀动水压力是造成井壁破坏的主要原因[31]；负摩擦力假说认为在松散层与基岩风化层接合部产生的纵向附加应力集中，是导致竖井变形破坏的主因[32]。井壁结构不合理及其施工质量差也是造成井壁破坏的一个原因，通过极限平衡法，对井筒围岩结构进行塑性分析，推导出这种井壁的极限承载力计算公式，确定井壁承载能力[33]。

随着井筒稳定性研究的不断深入，适用于井筒围岩稳定性分析的强度准则也在不断发展，许多专家学者通过对比分析 Mohr-Coulomb、Drucker-Prager 和 Hoek-Brown 破坏准则分析井筒围岩稳定性计算，对比发现 Drucker-Prager 准则更符合实际情况，而 Mohr-Coulomb 准则更适用于岩体均质、井壁围岩弹性破坏情况，Hoek-Brown 准则由于充分考虑岩体非均质及忽略中间应力的影响，造成计算结果比较保守[34]。

随着竖井开凿深度的增加，其井筒围岩承受的原岩应力也不断增加，在高应力及强开挖卸荷下，将诱发的井筒围岩产生的次生应力快速调整，使井筒围岩体承受横向（或纵向）高应力集中，一旦井筒近表围岩受到的压剪应力超过其井筒围岩承载能力，致使井筒围岩将由表及里产生破裂、碎胀、塑性扩容、岩爆等，造成井筒围岩地质环境进一步劣化，其井筒围岩变形破坏不局限于简单的结构面控制型破坏，特别是随着水平构造应力、爆破扰动等非线性荷载影响逐渐增大，井筒围岩发生强烈非弹性破坏，例如脆-延性转化、高应力强流变、高岩爆风险等破坏形式，动力扰动作用更加明显。因此，在高应力强开挖卸荷下，研究井筒围岩体中应力积聚-迁移-加载过程，及其致使深部井筒围岩体产生变形破坏机制及其破坏形态表征，为深部井筒新型井壁结构设计及其长期稳定性控制提供基础理论支持。

目前，我国竖井井筒设计及其稳定性控制，主要依据 20 世纪 80 年代以前的竖井设计试验数据，其采集的试验数据通常以竖井井筒深度在 500~1000m 范围作为主要依据。尽管在南非、加拿大、俄罗斯等国家在深竖井井筒稳定性分析及其稳定性控制属于成熟技术，由于我国安全标准和设计标准与国外之间的差异，致使其他国家研究成果仅为国内超深竖井建设提供参考依据。而目前在建或拟建的超深竖井井深在 1500m 及以上，尚无完整的基础试验数据，能够作为超深竖井井筒稳定性分析及其控制的设计依据，还处于空白期，这对于我国超深竖井建设及其稳定性控制而言，是十分不科学的。

1.2 深竖井井壁结构稳定性研究

竖井井壁结构设计主要取决于竖井服务年限、所穿岩层地质条件、水文地质条件、地应力分布特征以及建设成本等。竖井支护主要分为临时支护和永久支护，临时支护主要为锚喷网支护和刚性掩护筒。锚网喷支护工序简单，工效高速度快，刚性掩护筒是随着井筒掘进工作面的推进而下移的结构物，仅起到掩护作用[35]。永久支护目前主要为喷射混凝土井壁和浇筑混凝土井壁。喷射混凝土井壁施工机械化程度高、速度快、质量好、成本低，但在涌水量大时不宜使用[36]。浇筑混凝土井壁强度高、整体性好、封水性好、便于实现机械化，目前应用最为广泛。

竖井掘进到一定深度后，应及时进行支护，以支承地压、封堵涌水以及防止岩体风化破坏，当掘进分段较高，为保证施工安全，必须及时进行支护。对于金属矿山竖井井筒稳定性维护而言，主要考虑井筒围岩稳固程度，在基岩段如若井筒稳定性非常完好，通常不采取任何支护手段；如若井筒围岩稳定性差，将采取井筒加固技术控制井筒围岩稳定。最早采用木井框支护，支护结构简单，施工方便，但强度低，防火性差，仅用于中小型矿山；20 世纪 50~60 年代初，我国主要采用料石衬砌井壁，但由于其施工劳动强度大，效率低，漏水严重，目前很少使用；随着锚杆喷射混凝土技术的问世及新奥法施工技术的发展，井筒采用喷射混凝土、锚喷支护及锚喷网支护技术维护井筒围岩的稳定，具有技术先进、质量可靠、经济合理及用途广泛等一系列优点，被广泛应用于竖井支护之中。据不完全统计，1995~2010 年国内采用锚喷支护的井筒共计 73 个，井筒深度最大达 1127m，井筒净直径最大为 10m。与传统支护相比，锚喷支护可减小支护厚度 1/3~1/2，减小岩石开挖量 10%~15%，节省全部模板及 40% 以上的混凝土，加快施工速度 2~4 倍，节约劳动力 40% 以上，降低支护成本 30% 以上[37]。此外由于锚喷支护不需要模板，因而大大改善了劳动条件，减轻了劳动强度，为支护施工机械化创造了有利条件。

20 世纪 60 年代至今，现浇混凝土砌壁的支护方式已经发展为主要的井筒支护结构形式，目前国内使用此种支护方式的竖井已达 95% 以上。混凝土强度等级从 C20 发展到如今的 C60，混凝土井壁衬砌厚度从 400mm 增加到 700mm，从素混凝土井壁、纤维喷射混凝土发展为当前的双层钢筋混凝土井壁,新设计的井壁衬砌方案显然提高了井壁支护强度,确保了井壁支护安全可靠,但新设计的井壁结构大大提高了井筒建设成本,严重影响了施工进度。近年来,为提高井筒衬砌效率,研发了适应井筒混合施工作业工艺,设计并有效地应用了高度 3.5~5.0m 的强度大、立拆模速度快的金属活动模板,进行了混凝土上料、计量、搅拌、输料等机械化设施开发,使用了大流态、高强、速凝等多种性能混凝土,促进了我国竖井井筒的永久衬砌支护技术和工艺长足发展。

国外从 20 世纪 50 年代开展了解决采动和地表下沉对井壁的破坏作用的研究,德国于 1958 年由代尔曼哈尼公司在鲁尔矿区的胜利号井,首次采用了柔性滑动井壁(简称 AV 井壁),并经受了几十年的采动考验[38]。20 世纪 80 年代,我国采用这种技术为开滦东欢坨副井设计了这种井壁[39]。20 世纪 80 年代,波兰布埃斯矿安德哲提 6 号矿井采用了一种双层滑动井壁,井壁结构形式为内、外壁混凝土结构,中间夹有一层沥青材料滑动层可以大大减轻地层纵向变形的影响[40]。J. A. Hahn 分析和评估了一种浅井的支护系统。S. Budavari 描述了在浅井或者中深井硬岩矿山通过岩柱保护竖井的情况[41]。W. P. Erasmus 主要研究了南非深竖井喷射混凝土衬砌的情况[42]。M. S. Shtein 主要研究分析了矿山竖井底部的应力状态[43]。Z. S. Akopyan 对矿山立井非对称的破坏失稳过程进行初步的讨论,得出了一些研究成果[44]。A. N. Guz 提出了竖井施工过程中的围岩稳定性分析的基本原理[45]。S. A. Konstantinova 和 S. A. Chemopazov 用数学模型模拟分析了深井支护加固过程中的压力变化[46]。

目前,对于井筒围岩加固设计方法主要包括:工程类比法(美国陆军工程师团推荐方法)、现场观测法、岩体分级法(RMR、Q 等)、稳定图表法、分析法(支护作用分析)、块体分析法(SAFEX、UNWEDGE)、数值分析法、岩爆准则(弹射速度、允许位移、岩石损伤准则)等[47]。工程类比法主要是依据已经修建的类似竖井工程的工程地质、地岩应力大小和方向、工程用途和使用期限等,直接给出井壁结构设计参数,目前我国井筒大多数井壁结构设计都是依据工程类比法进行设计。王猛等通过对井筒围岩应力分布和支护强度分析,采用相似材料模拟对龙家堡立井井筒围岩应力进行了分析,并结合理论计算及数值模拟结果设计井壁支护结构。姚直书等通过应用有限元程序,计算分析了双层钢板高强混凝土井壁结构,得出了双层钢板高强混凝土井壁结构的计算公式及其影响因素。周晓敏等依据地层构造学,考虑地层倾斜、断层等构造的重力场为基础的原岩应力分析致使井筒变形破坏的根本应力。

近些年来,尽管对井筒破坏的特征和破坏机理有了认识,但随着竖井建设深度的增加,穿过岩层更加复杂,其井壁的受力状态、破坏机理认识还不十分清楚,井壁结构形式还需优化,井壁结构与井筒围岩变形协调性差,导致井壁破裂事故时有发生。到目前为止,没有一套比较成熟的、可供设计和施工单位使用的计算理论与方法设计井壁厚度,仍以工程类比法或者适用于浅部井筒围岩应力变形分析的理论和公式为主设计井壁结构参数,其设计的井壁结构和参数比较保守,主要表现为井壁结构强度高、壁厚大,结果仍然免不了出现井壁开裂、破损等事故;因此,通过在新建深部竖井井筒建立多维数据信息系统,对井筒围岩体长期连续进行变形、应力等监测,充分掌握深部井筒围岩体的应力变形规律,借此推导不同应力环境下,井筒围岩-井壁结构相互作用机理以及井壁承受荷载的能力,为深部井筒井壁结构的合理设计提供基础数据是十分关键的。

1.3 深竖井施工的研究现状

合理施工工艺与施工设备选择是深部竖井安全高效掘支施工的重要保障。我国竖井施工工艺与设备发展历经竖井建设初步发展（1949～1973 年）、三部（煤炭部、冶金部、一机部）竖井施工机械化配套科研攻关（1974～1982 年）、竖井短段掘砌混合作业施工配套设备研发（1983～2005 年）、千米深井凿井技术开发研究（2006～2015 年）等四个发展阶段[1]。在我国竖井建设发展初期，主要参考了 20 世纪 50 年代南非开发的以钻爆法为核心的竖井施工工艺[49]，采用手持式气动凿岩机、1.0～1.5m³ 吊桶、0.11m³ 抓斗、木制或轻型金属井架等小型设备，施工速度慢、效率低；进入竖井施工机械化配套科研攻关阶段，主要进行了建井设备更新、辅助作业系统开发，完成了建井设备与施工工艺的进一步融合，统计发现，机械化配套井筒施工较原井筒施工速度提高 43.4%；在竖井短段掘砌混合作业施工配套设备研发阶段，完成了"立井短段掘砌混合作业法及其配套施工设备的研究"国家科技攻关项目[50]，通过优选建井施工工艺参数与配套施工设备，并进行现场工业实验，成功验证了短段掘砌混合作业法在建井施工中的优越性，同时进行了短段掘砌混合作业法在全国基建单位的推广应用，总结了《立井冻结表土机械化快速施工工法》与《立井机械化快速施工工法》，研发了 HZ-6C 型中心回转抓岩机、DTQ 型系列通用抓斗等大型配套设备；进入千米深井凿井技术开发研究阶段，开展了"十一五"国家科技支撑计划课题"千米级深井基岩快速掘砌关键技术及装备研究"的研究工作，开发了掘进直径 9.0～15.0m，深度 800～1200m，掘进速度 100m/月的竖井施工技术与装备。目前，国内竖井建设循环进尺以 3～3.5m、4～5m 为主，采用短段掘砌及与之配套的伞钻、大型抓岩机、整体移动金属模板等成套工艺及技术参数进行掘砌正规循环作业，提高了竖井掘进效率，涌水量小于 10m³/h 条件下，月成井可达 80m。

1.3.1 国外深竖井施工现状

国外发展竖井施工机械化的过程，可分为三个阶段：20 世纪 50 年代以来，是使凿岩、装岩、支护等各项工序实现单项机械化；60 年代主要是改进配套，加大设备能力，实现平行作业，另一方面发展钻井法，实现竖井掘进全盘机械化；20 世纪 70 年代更趋向于发展大型遥控设备，竖井综合掘进机组，进一步完善和推广钻井法凿井。国外竖井施工机械化现状及发展趋势简述如下[51~53]：

（1）凿岩。目前国外竖井施工仍以凿岩爆破法为主。为了提高凿岩速度，节省劳力，国外已广泛的采用各种凿岩钻架，凿岩钻架一般安设 3～10 台重型凿岩机或液压自动凿岩机。瑞典为远距离操纵的环形钻架，美国、日本、加拿大、法国、澳大利亚、前苏联等国采用各种形式的风动和液压操纵的伞形钻架。炮眼的深度一般均在 3～4.5m 之间，最深已达 6m。炮眼直径前苏联为 45mm，南非为 42mm[54]。

（2）装岩。竖井施工中装岩占整个循环作业时间的 50% 左右，而且劳动强度最大。因此，国外十分重视创制新型装岩设备，而且取得了很大成绩[55]。概括起来国外抓岩机具有机械化程度高、斗容大、生产能力强（最高为 300m³/h）、种类多（抓斗式、铲斗式、中心回转、靠壁、环行轨道）等特点。国外竖井井筒装岩机械化水平提高较快，如波兰、前苏联竖井抓岩机械化程度达到 95% 以上[56]。而且抓岩机向着大型化发展，如前苏联抓斗容积最大为 1.25m³；南非布列切尔型抓岩机的斗容为 0.85m³；法国别诺特型斗容 0.6m³；英国卡克图斯为 0.565m³；瑞典 S-180 型液压抓岩机斗容 0.76m³。可用于直径 7~12m 的井筒，重量 2.7~3.2t，既可支在井壁上，也可挂在吊盘上。国外抓岩机的斗容均在 0.4~0.6m³ 之间。

除抓斗式抓岩机之外，南非、日本、美国等在竖井施工中还采用过后卸铲斗装岩机，主要用于大断面、多水平井筒中，有利于解决马头门掘进初期装岩问题。南非在井径 7m 竖井工程中，采用铲斗装岩机曾创月进 245m 纪录。随着装岩能力加大，凿井出渣吊桶容积也普遍加大，一般在 3m³ 以上，最大达 8m³，小时出渣能力可达 100~150m³/h。目前，国外抓岩机正向着大型遥控方向发展，而且多用液压驱动和电力传动[57]。

（3）支护。国外竖井临时支护多用金属网锚杆、喷浆或短段混凝土。永久井壁主要采用现浇混凝土，金属滑动模板配合管子下料或底卸式料斗，以实现支护施工机械化。目前主要是加大模板高度（6m 以上），改善模板结构，向着标准化、通用化方向发展，由工厂成批生产。施工中一般采用多层吊盘。南非曾采用高 20m 的 9 层吊盘，平行作业，一次浇灌 9m 混凝土井壁。近年来国外竖井支护也开始采用喷射混凝土。美国研究使用了一个竖井喷射混凝土施工机械化系统，从地面遥控在井筒内旋转的喷嘴，每小时可喷 10m 井壁，比用模板施工快 10 倍。国外生产的干式喷浆机主要有罐式（德国 BSM-603 型）、转子式（瑞士 ALIVA）和螺旋输送式（瑞士 BS-12 型），除干式喷射机外，美国、加拿大等还生产了湿式喷射机。国外喷射混凝土设备的研制趋向是，喷射机向高速连续性和多用性发展，既能喷浆、喷混凝土，又能向模板内输送混凝土，达到一机多用。与此同时，喷射机与给料、搅拌、输送等辅助设备配套，实现辅助工序机械化[58]。

（4）凿井设备。国外主要发展大功率提升绞车（3000~5000 马力），加快吊桶提升速度（15~18m/s），增加稳车能力、种类和容绳量。如前苏联 21K-20 型稳车，容绳量可达 3000~8000m，稳车能力一般为 10~45t。南非、捷克等多用井壁固定管路或采用一次成井的方式。

（5）施工管理。国外矿井建设和加工工业一样，也趋向于专业化。矿井作为一个成品，它是由许多专业公司如凿井公司、设计公司等的综合产物。国外认为施工专业化有利于提高施工队伍的技术和业务水平，符合建设现代化竖井对施工技术的要求。在竖井施工组织管理上，20 世纪 60 年代广泛应用运筹法，而 70 年代开始采用电子计算机确定最佳施工程序和作业图表。实践证明这种科学的方法，一般可使建井工期缩短 20% 以上[59]。

1.3.2 国内深竖井施工现状

我国的立井井筒施工，在 20 世纪 70 年代以前，主要采用手持式风动凿岩机、人工操作的 0.11m³ 的小抓斗等小设备施工，工效低、速度慢。70 年代初，为了加快新井建设的步伐，缓解煤炭的供需矛盾，1974 年开始的煤炭、冶金、一机三部立井施工机械化配套科研攻关会战，经过 12 年，取得了近百项科研成果。1986 年又开展短掘短砌混合作业的立井施工机械化配套综合试验，进一步充实和提高了凿井机械化水平，改进了工艺，使我国凿井技术又上了一个台阶[60~63]。

（1）提升系统。一般都配备两套提升系统，一主一辅，保证有足够的矸石提升能力，满足快速施工要求。目前有 JK2.5/20、JKZ2.8/15.5、ZJKZ3.0/15.5 和 ZJKZ3.2/13.3 四种凿井提升机可选用，其结构有轴向剖分式和径向剖分式，便于运输、安装、拆除，双筒凿井提升机还有调绳装置。与提升系统配套的还有新 W 形和 V 形凿井井架，可满足伞架进出、上下井、座钩翻矸装置和矸石仓漏斗布置要求。此外还有 7t、9t、11t 钩头和 $2m^3$、$3m^3$、$4m^3$、$5m^3$ 吊桶可选用。

（2）悬吊设备。通常采用稳车悬吊井内设施，现有 5t、10t、16t、25t 和 40t 等 8 种规格的单双筒和缠绕、摩擦两种结构的系列稳车。还有带活动基础的 10t 稳车，考虑了凿井拆除、安装的需要。使用这些稳车悬吊吊盘、模板、吊泵、抓岩机、安全梯及各种管线，再配以稳车集中控制装置，保证同步运行，安全作业。为了简化地面布置，节省稳车，还可利用各种井壁吊挂技术，满足深井施工需要。

（3）凿岩爆破。伞形钻架打眼与中深孔光面爆破工艺。现有 FJD4、FJD6、FJD6A、FJD6.7、FJD9 和 FJD9A 等 6 种伞形钻架，配 YGZ-70 独立回转凿岩机，55 硅锰钼成品钎杆，$\phi42mm$、$\phi55mm$ 钎头，可以打深 3.2m、4.2m 的钻孔；配 YGZ-55 型凿岩机可以打 40m 深的工作面预注浆钻孔。LBM 型模板钻架也可打 4m 深炮孔和 12m 深探水孔，供小直径立井施工用。高威力防水、乳化、水胶炸药，长脚线高精度 15 段毫秒雷管、电磁雷管、高频发爆器等火工新产品，为推广应用 3~4m 中深孔光面爆破技术提供了设备支持。

考虑到气动伞钻及凿岩机的噪声大，损害作业人员的身心健康；钻进能力有限，影响施工进度；能耗高等缺点。现在我国已经研发出 YSJZ 系列液压伞钻，配备 HYD 系列液压凿岩机，进行钻凿工作，并已得到良好的推广应用，取得了良好的经济效益。

（4）装岩。大型抓岩机装岩。$0.4m^3$、$0.6m^3$ 的大型抓岩机虽有 4 种结构 7 种规格的产品，但目前广泛应用的只有中心回转式和长绳悬吊式两种，$1m^3$ 抓岩机还没得到推广。1 井配 1 台可满足装岩能力 $50m^3/h$ 的需要。最新研制开发的 HZY 系列的液压驱动中心回转抓岩机已经在推广使用，装岩效率得到很大提高，工作环境得到很大程度的改善。

（5）砌壁模板。MJY 系列多用金属模板。它比原有的各种模板形式有了重大改进，不仅采用了独特结构，只设一个收缩口，有效地提高了抗变形能力，而且还可根据施工要求，组成直径 4.5~8.5m，高度 2.5~6.0m，刃脚高 0.2~0.3m 等 36 种不同规格的模板，一模多用。所用液压脱模技术，浇筑口改进，解决了浇筑困难、质量不稳定和接茬差的问题。与能力为 $40m^3/h$ 的混凝土集中搅拌和自动上料计量装置，管子下料，$1.0m^3$、$1.6m^3$、$2.4m^3$ 底卸式吊桶下料，井下混凝土分料器，振捣器等配套，更利于提高砌壁质量和效率[11]。

随着我国矿业的迅速发展，浅部资源量越来越少，急需开发深部资源。矿山开采深度不断增加，不论是新井开凿还是旧井延伸，都在向深井施工迈进。利用短段掘砌混合作业法为基础的机械化千米深井凿井技术，已成为凿井施工建设发展的基本趋势。

参 考 文 献

[1] 胡社荣，彭纪超，黄灿，陈培科，李蒙. 千米以上深矿井开采研究现状与进展 [J]. 中国矿业，2011，20（7）：105-110.

[2] The top ten deepest mines in the world [EB/OL]. https：//www.mining-technology.com/features/feature-

top-ten-deepest-mines-world-south-africa/. 2020-06-05.

[3] 闵伯雄. 程潮铁矿新副井延深施工方案的比选 [J]. 冶金矿山设计与建设, 1994 (5)：29-33.

[4] 走进"铜都" 访安徽铜陵有色金属集团控股公司冬瓜山铜矿 [EB/OL], http：//www. mequip. com/ zjyxia/html/？527. html, 2020.

[5] Lai X P, Cai M F, Xie M W. In situ monitoring and analysis of rock mass behavior prior to collapse of the main transport roadway in Linglong Gold Mine, China [J]. International Journal of Rock Mechanics & Mining Sciences, 2005, 43 (4)：640-646.

[6] 曾宪涛, 杨永军, 夏洋, 等. 会泽 3#竖井岩爆危险性评价及控制研究 [J]. 中国矿山工程, 2016, 45 (4)：1-8.

[7] 赵兴东. 超深竖井建设基础理论与发展趋势 [J]. 金属矿山, 2018 (4)：1-10.

[8] 李伟波. 大台沟铁矿超深地下开采的战略思考 [J]. 中国矿业, 2012, 21 (S)：247-271.

[9] 李夕兵, 姚金蕊, 宫凤强. 硬岩金属矿山深部开采中的动力学问题 [J]. 中国有色金属学报, 2011, 21 (10)：2551-2563.

[10] 刘石铮, 董华斌. 千米深井开采问题探讨 [J]. 河北煤炭, 2010 (3)：7.

[11] Alfred Carbogno. Mine hoisting in deep shafts in the 1st half of 21st Century [J]. Acta Montanistica Slovaca, 2002, 7 (9)：188-192.

[12] Hill F G, Mudd J B. Deep level mining in South African gold mines [C] //5th International Mining Congress, Moscow, 1967：1-20.

[13] Christopher Pollon. Digging deeper for answers [J]. CIM Magazine, 2017, 12 (2)：36-37.

[14] 何满潮. 深部软岩工程的研究进展与挑战 [J]. 煤炭学报, 2014, 39 (8)：1409-1417

[15] 姜晨光, 孙美芬, 刘波, 等. 竖井施工垂直度标高激光测控仪的研制 [J]. 仪器仪表学报, 2006 (S2). 424-425.

[16] 肖时如. 试论冶金矿山竖井施工设备的改进与研制 [J]. 冶金设备, 1981 (1)：51-54.

[17] 金华斌. 浅议井筒围岩稳定性评价方法 [J]. 山东工业技术, 2014 (10)：87-88.

[18] 王东, 刘长武, 丁玉乔. 玄武岩裸体斜井井筒围岩稳定性分析 [J]. 金属矿山, 2010 (5)：148-150.

[19] Bruneau G. The influence of faulting on the structural integrity of the X41 shaft, Copper Mine, Mount Isa, Australia [D]. 2000.

[20] 王平. 小官庄铁矿岩层移动角与地表移动范围研究 [D]. 沈阳：东北大学, 2015.

[21] 赵其祯, 郭慧高, 杨长祥. 大型坑采矿山主回风井修复技术研究与实践 [J]. 采矿技术, 2008, 8 (4)：83-86.

[22] 马凤山, 赵海军, 郭捷, 等. 山东望儿山矿区浅部复采对井筒稳定性影响的数值模拟 [J]. 黄金科学技术, 2012, 20 (4)：49-53.

[23] 虞咸祥. 大屯矿区立井井壁破裂原因分析和治理 [C]// 中国煤炭学会井筒破坏治理技术学术研讨会, 2000.

[24] 毕思文. 竖井变形破坏机理与对策研究 [J]. 地学前缘, 1996 (1)：111-118.

[25] Fairhurst C. On the determination of the state of stress in rock mass [C]// Proceedings of Conference on Drilling and Rock Mechanics, 1965.

[26] 何有巨, 经来旺. 深立井围岩稳定性分析 [J]. 中国矿业, 2006, 15 (6)：61-64.

[27] 屈平, 申瑞臣, 杨恒林, 等. 节理煤层井壁稳定性的评价模型 [J]. 石油学报, 2009, 30 (3)：455-459.

[28] 肖银武, 杨小燕. 井筒破坏机理分析及治理方案 [J]. 四川建材, 2012 (6)：64-65.

[29] 赵兴东, 李洋洋, 刘岩岩, 等. 思山岭铁矿 1500m 深副井井壁结构稳定性分析 [C]//全国矿山建

设年会，2015.

[30] 张建怡，卞政修．黄淮地区新构造活动与井壁损坏 [J]．煤炭科学技术，1992（3）：31-34.

[31] 张丁丁．深厚松散层底部含水层渗流与变形试验研究 [D]．西安：西安科技大学，2013.

[32] 王国明．注浆加固井壁的技术探讨 [J]．建井技术，1998，19（3）：31-32.

[33] 王东东．大直径钻井井筒钢板混凝土复合井壁结构研究与应用 [D]．淮南．安徽理工大学，2018.

[34] Zhang L，Cao P，Radha K C．Evaluation of rock strength criteria for wellbore stability analysis [J]．International Journal of Rock Mechanics & Mining ences，2010，47（8）：1304-1316.

[35] 徐光济．喷混凝土是立井临时支护的较好形式 [J]．煤炭科学技术，1982（4）：49-51.

[36] 王玉凤，赵关群．对立井锚喷作永久支护的看法 [J]．煤炭科学技术，1986（2）：46-48.

[37] 冯小虎．探讨锚喷网支护中的几个问题 [J]．科技信息，2010（13）：365.

[38] 龙志阳．立井井筒支护新技术 [C]// 中国煤炭学会矿井建设专业委员会99学术年会．中国煤炭学会，1999.

[39] 曲光春．从开滦冻结井筒的施工谈井壁结构设计的选择 [C]// 地层冻结工程技术和应用——中国地层冻结工程40年论文集，1995.

[40] 任彦龙．径向可缩井壁的力学特性和设计理论研究 [D]．北京：中国矿业大学，2009.

[41] Budavari S．Effects of time-dependent rock deformation on the lining pressure in underground excavations [J]．Aust Geomech J.，1973，G3（1）：9-14.

[42] Erasmus W P，Swanepoel C D，Munro D，et al．Shotcrete lining of South Deep shafts [J]．Journal-South African Institute of Mining and Metallurgy，2001，101（4）：169-176.

[43] Shtein M S．The state of stress near the bottom of a mine shaft [J]．Soviet Mining，1973，9（2）：123-128.

[44] Akopyan Z S．Nonaxisymmetric loss of stability in a vertical mine shaft [J]．Soviet Applied Mechanics，1976，12（5）：517-519.

[45] Kuliev G G，Asamidinov F M．Stability of horizontal mine workings of round cross section with biaxial compression of the rock massif [J]．Soviet Applied Mechanics，1977，13（4）：409-410.

[46] Konstantinova S A，Chernopazov S A．Mathematical modeling of pressure on the strengthening vertical shaft support in "Mir" mine located in the Charsk saliferous rock series [J]．Journal of Mining Science，2006，42（2）：113-121.

[47] 郑颖人．地下工程围岩稳定分析与设计理论 [M]．北京：人民交通出版社，2012.

[48] 肖瑞玲．立井施工技术发展综述 [J]．煤炭科学技术，2015（8）：13-17.

[49] 奥德布雷茨特 V E，王维德．南非和加拿大的竖井掘进技术 [J]．国外金属矿山，1996（8）：24-28.

[50] 龙志阳．立井短段掘砌混合作业法及其配套施工设备 [J]．建井技术，1998（3）：2-7.

[51] 安国梁．我国的竖井井筒施工技术 [M]．宁波：煤炭工业出版社，1999.

[52] 刘刚．井巷工程 [M]．徐州：中国矿业大学出版社，2005.

[53] 周兴旺．2007全国矿山建设学术会论文集 [M]．西安：西安地图出版社，2007.

[54] 张伟．竖井普通机械化连续快速施工 [J]．中州煤炭，2006，15（2）：35-36.

[55] 毛光宁，译．康拉兹堡竖井凿井技术 [J]．建井技术，2005，26（3）：86-88.

[56] 应大勇．竖井建造设备 [J]．探矿工程科技信息，1994，17（4）：10.

[57] 陈林．阿希金矿竖井提升系统的优化设计 [J]．新疆有色金属，2003，26（4）：44-45.

[58] 岳振忠．竖井井筒装备使用寿命的分析 [J]．陕西煤炭技术，1994，23（3）：25-27.

[59] 胡承璋．改进凿井辅助设备 提高竖井施工速度 [J]．煤炭科学技术，1993，21（10）：13-15.

[60] 黄明亮．新型竖井掘砌施工设备发展前景 [J]．建筑施工，2017，5（3）：318.

［61］孙显腾．思山岭矿深竖井施工方法及井壁围岩稳定性分析［D］．沈阳：东北大学，2015．

［62］袁宜勋，刘国栋，陈军，等．大直径竖井施工工艺探讨［J］．中国新技术新产品，2011（21）：79-80．

［63］徐海宁．超大直径深竖井施工技术优化研究［D］．上海：同济大学，2008．

2 工程地质与岩体质量分级

地质钻孔岩芯编录的目的是为了获取工程岩体的地质条件，掌握其工程响应特性，为工程设计与施工提供基础资料。地质岩芯（图 2-1）编录内容包括：地层颜色、风化程度、岩石结构、结构面间距、硬度、岩性以及赋存深度；结构面调查主要包括：结构面类型、张开度、是否存在充填物、粗糙度以及产状等；结构面填充物主要包括泥质、黏土等[1]。

图 2-1 地质岩芯

岩体质量分级是建立在丰富的工程实践经验和大量岩石力学试验基础上，综合考虑影响岩体稳定性的各种地质条件和岩石物理力学特性，通过工程地质调查（地应力、断层、节理裂隙、地下水等），据此划分岩体质量等级，对岩体稳定性进行评价。岩体质量分级广泛应用于不同类型的工程设计与施工中，例如采矿、隧道、边坡及地基工程等。工程岩体质量分级是指导岩体工程建设的科学依据，是确定工程岩体力学参数的基础，为岩体工程中最常用的支护设计提供依据。

2.1 地质岩芯编录

2.1.1 颜色

颜色是地层最明显的特征，是岩体描述最基本和最有用的一种特征。颜色对于岩层的相关性可提供充分的指示，帮助编录人员区分岩层，同时颜色变化也是岩体风化程度的基本指征。颜色是岩体最有用的性质之一，单一岩性可能存在多种颜色变化。在运用此岩石特征时，其仍然会为岩石的特性和组成提供有价值的指征。

因为岩石的颜色变化与含水量有关，因此在描述岩石和岩体颜色时，应掌握岩石或岩体的含水情况。岩芯的含水量往往通过干燥、轻微湿润、湿润、潮湿、非常潮湿进行描述[2]。为了保证岩芯结构面的代表性，应对新破碎产生的岩芯断面进行描述。应避免风化、污染物以及表面磨损对岩芯断面的影响，故在颜色描述前应对岩芯表面进行清洗。

颜色描述应尽可能简单，实际使用的颜色应尽可能与已接受的颜色图表一致，推荐使用孟塞尔颜色图表。岩石的基础颜色包括棕色、绿色、红色、粉色以及卡其色。复合颜色包括红褐色、灰绿色、黄卡其色等。对颜色色调的描述包括：较浅、浅、中等、深、较深，例如深红色、浅黄色以及黄褐色等。

在许多岩石类型中，特别是岩浆岩或变质岩，岩石纹理或可产生不明显的或变化的颜色。在此情况下，应对岩石主要矿物颜色或整个岩石表面的颜色进行描述，次要的特征应分开描述。次要特征经常以几何图形的方式出现，描述如下：

带状：近平行变化的颜色条带；

条纹：自由产状的颜色条纹；

斑点：存在大的不规则色块（$\phi > 75mm$）；

斑驳的：不规则的色块；

有斑点的：非常小，直径小于 10mm 的色块；

着色的：和其他特征有关的局部颜色变化，例如层理、节理等。

例如：淡绿色，灰色斑点，黑色和白色条纹。

重要特殊的结构像透镜体、脉状、杏仁状、气泡状以及分散的大块水晶状的颜色特征应该被描述，例如黑灰棕色斑驳的白色和粉红色的岩脉。

2.1.2　风化

岩石风化发生于水和空气共同作用下，在不同于岩石形成环境的环境中稳定性变差甚至丧失。其是力学、化学以及生物学作用的体现，其可以很大程度上影响岩石和岩体的工程特性。风化对岩石或岩体较为重要的影响包括强度、密度以及整体稳定性的减小以及变形、孔隙率以及耐候性的增加。风化一般开始于地球表面，但是其发展和范围取决于许多因素，最重要的包括岩性、气候环境以及岩石结构。风化区域的风化程度往往是变化不规则的或多边的。

风化程度定义见表 2-1。

表 2-1　风化等级

风化等级	碎裂程度	裂隙条件	裂面特征	岩石纹理	颗粒边界
未风化	无	闭合或着色	无变化	保存	紧密
轻微风化	<20%裂隙两侧间距	着色，可能存在薄层充填物	部分着色	保存	紧密
中等风化	>20%裂隙两侧间距	着色，可存在较厚充填物	部分至完全着色，坚固；低质量胶结岩体除外	保存	部分张开
强风化	遍布岩芯	—	易碎的，凹凸不平的	大部分保存	部分张开
完全风化	遍布岩芯	—	像土	部分保存	完全张开

注：土和岩的分界是通过强度或硬度进行定义的，而非风化。

不能仅仅只是对出现在岩芯盒中的岩芯进行描述，其余损失或丢失的岩芯也应考虑在内。风化程度的确定需考虑多种因素，因此需结合岩石类型、回收率、岩体强度以及裂隙间距等条件综合考虑，得出岩芯或岩体的真正的风化条件。

如果观察到的岩芯的崩解的程度或特征无法确定，那么将其特征和程度记在基本特征参数描述之后。如果钻孔孔壁岩体评价结果与相应岩芯评价结果不符，应于岩芯描述之后标出。例如：灰色微风化细粒、中等节理密度坚硬玄武岩（存在岩芯缺失以及裂隙充填，岩体强风化为球状砾石。50%砾石+50%岩石结构）。

2.1.3 岩石结构

岩石结构包括岩石的微观结构特征和纹理特征，可对岩石材料的力学特征产生微观影响，可在实验室的样品测试。大的结构特征用结构面描述，其不能在实验室内进行实验测试，对岩石的力学响应不起作用，只对岩体的力学响应起作用。结构描述被分成两部分，即纹理以及微观结构。

2.1.3.1 纹理

岩石是矿物的集合体，矿物颗粒的排列和尺寸形成了岩石独特的纹理。因为矿物颗粒的尺寸和排列可影响岩石的渗透性或内摩擦角，故对其进行评价是必要的。

较为重要的纹理特征是颗粒尺寸。大部分沉积岩名称包含了岩石颗粒尺寸。但砂岩的粒度分级，是基于放大镜可视水平的包含 5 个级别的岩石粒度分级（表 2-2）。该分级应用于岩浆岩和变质岩岩石矿物颗粒分级是合理的，当然只适用于岩浆岩或变质岩粗粒岩石矿物颗粒尺寸的分级中。

表 2-2 岩石粒度分级

分 类	尺寸/mm	定 义	等价土类型
非常细粒的	<0.06	通过放大镜颗粒无法可视	黏土/粉砂岩
细粒的	0.06~0.2	仅通过放大镜颗粒可见	细砂
中等粒度的	0.2~0.6	颗粒肉眼可见，放大镜清晰可见	中砂
粗粒的	0.6~2	颗粒可被肉眼清晰可见	粗砂
非常粗粒的	>2	颗粒可被测量	砾石

注：对于粗粒岩石，可记录其平均粒度尺寸。

2.1.3.2 微观结构面

许多岩石具有一定的结构特征，如沉积岩的层理、变质岩的片理或岩浆岩的岩脉或流带特征。诸如此类的优势产状特征使岩石具有了物理力学的各向异性，因此在岩芯描述中对岩芯的微观结构进行描述。人们认识到，这些特征中的许多尺度从非常小（可在实验室中影响岩石材料性能）到规模变化很大（影响岩体的力学响应特性，不能通过实验室测试来测量）。因此，小尺度特征被认为是岩石材料结构的一部分，而更大的尺度特征即为岩体不连续面的组成部分。

微观结构以及不连续结构面的间距分界线被定义为 10mm。具体定义见表结构面间距划分。

2.1.3.3 结构面间距

结构面又称不连续面，定义为岩体某些性质的不连续面，包括裂隙面、软弱面以及层面。这些不连续的岩体性质主要指力学性质。

裂隙是岩体任何力学性质不连续面的总称，包括节理、断层以及裂隙等。节理是单个、呈组或系统出现的连续岩体的地质断裂，只是平行于不连续面的运动无法被观察到。不连续面包含两个主要类型：一类是岩体固有的，如层理、片理或流带；另一类是构造作用的结果，包括节理、断层以及剪切带。

岩体的力学行为经常会受到结构面（不连续面）的控制和影响。因此有必要对岩芯的相关结构面信息进行描述。在最初的结构面描述中，仅仅涉及结构面的间距。如果需要更详细的结构面描述或编录信息，编录方法分别见表 2-3。

表 2-3 结构面间距划分

层理、片理及流带		
结构面性质描述	间距/mm	节理、断层以及其他裂隙特征
非常厚	>1000	非常宽
厚	300~1000	宽
中厚	100~300	中等
薄	30~100	密集
非常薄	10~30	非常密集
分层、片理或微裂隙面		
微观结构面特征描述	间距/mm	—
密集分层或层理、微裂隙	3~10	—
非常密集	<3	—

在确定结构面间距过程中，只记录原生结构面进行编录，但在特殊情况下，人工裂隙的间距有可能被分开编录，例如炮震裂隙。双重间距描述的例子为：薄层理、宽裂隙间距。这一描述适用于沉积岩岩体，层面间距 30~100mm 或自然裂隙间距，最可能是 300~1000mm 间距的节理。实际的间距数值应放置于描述语句的尾部，例如厚带状（1.8m）或密集层状（0.5mm）。

2.1.4 岩石硬度

在岩体工程中，岩石的强度对工程的稳定性起主导作用。开挖方法、允许的支护压力以及隧道支护需求常常取决于诸如岩体强度等性质参数。岩体的强度不仅取决于岩石材料的强度，同时取决于岩体结构面的影响。岩石硬度被定义为抗压痕或抗划痕的能力，其可作为测试的参数类型，以提供岩石材料强度的测量。Miller[3] 进行的研究显示，岩石的单轴抗压强度、硬度以及密度存在如下关系：

$$\ln\sigma_a(\text{ult}) = 0.00014\gamma_a R + 3.16$$

式中，γ_a 为岩石干密度；R 为施密特硬度（L-hammer）。

对于较软至中硬岩石，其硬度相较于强度在现场通过目测以及地质锤敲击和小刀刻画等简单力学测试更容易确定和描述。Jennings 等人指出在硬度和最小单轴抗压强度之间存在一定关系，如图 2-2 所示。

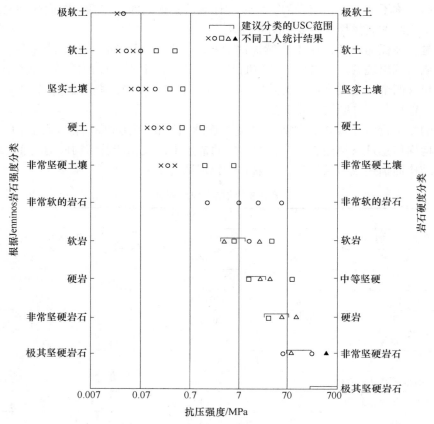

图 2-2 硬度与单轴抗压强度关系图示

已知岩石类型和岩石材料硬度后，有经验的工程师或工程地质专家可对岩石的材料强度做出较为精确的预测，这可以通过单轴抗压强度试验和点荷载强度试验进行验证。

鉴于点载荷试验装置易于测试和携带，建议将点载荷试验作为更精确的强度测试方法广泛应用于强度超过 25MPa 的岩样测试中。经验显示岩石强度一般存在两个岩石强度分区，地基设计与边坡稳定性分析处于低强度范围相近的岩体（石）的强度。对于隧道和采矿工程，应力集中较大，开挖工具和技术非常重要，一般需要高强度范围岩体岩石强度的详细的分级。为了适应强度范围两个方向上的岩石强度分区要求，含六类岩石硬度分区的分类标准是必要的（表 2-4）。

表 2-4 硬度分类与现场测试方法

分类	现场测试	最小单轴抗压强度/MPa
非常软	可被小刀刻画，用地质锤尖头敲击可致使其碎裂	1~3
软	可被小刀刻画，用地质锤点敲击可出现 2~4mm 凹痕	3~10

分类	现场测试	最小单轴抗压强度/MPa
中硬	不能被小刀刻画，手持试件可被地质锤敲碎	10~25
硬	进行点载荷实验进行强度等级划分，结果可通过单轴抗压强度进行验证	25~70
非常硬		70~200
极硬		>200

2.1.5 岩石类型和层位

岩石及其类型在岩芯编录过程中非常重要，不仅可以使技术人员区分岩石类型，还可以使人们很快对其工程响应特性有一个总体掌握。在片岩、辉绿岩、花岗岩进行工程施工是不同的。据已有经验，了解暴露泥岩风化造成的影响；可以区分于在松软黏土中粗粒玄武岩带来的问题；了解稀疏的软弱节理面对巨大花岗岩岩体的重要性。

建议个体岩芯编录人员运用通用标准进行岩芯编录。岩石运用化学、岩相学或成因方面的分类取决于分类目的。按成因分类，有三种岩石类型，即岩浆岩、变质岩和沉积岩。以矿物学和纹理为基础的岩浆岩、变质岩和沉积岩的标准分类图很容易获得。

从对岩芯的编录中，了解区域地质，对岩石进行初步划分和应用纯粹的描述性名称是比较容易的。简单的描述性语言通常是足够的。更精确的识别可能需要用显微镜来完成。

地层层位的重要性主要体现在工程角度上，例如博福特泥岩的崩解特性，也表明了在哪一深度范围可遇到何种类型的岩石。地层层位记录在岩石类型之后，每一类岩性的岩芯记录一次通常是足够的（图 2-3）。

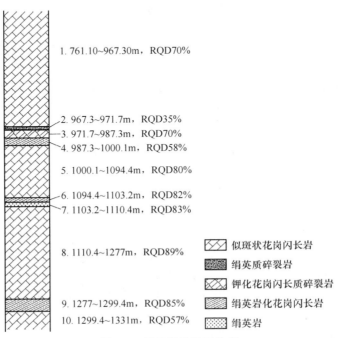

1. 761.10~967.30m，RQD70%

2. 967.3~971.7m，RQD35%
3. 971.7~987.3m，RQD70%
4. 987.3~1000.1m，RQD58%

5. 1000.1~1094.4m，RQD80%

6. 1094.4~1103.2m，RQD82%
7. 1103.2~1110.4m，RQD83%

8. 1110.4~1277m，RQD89%

9. 1277~1299.4m，RQD85%
10. 1299.4~1331m，RQD57%

似斑状花岗闪长岩
绢英质碎裂岩
钾化花岗闪长质碎裂岩
绢英岩化花岗闪长岩
绢英岩

图 2-3 某矿竖井地层分布

初步岩芯描述示例如下：

淡黄绿色条纹，灰色未风化密集层理，裂隙稀疏中硬泥岩[4]；

暗灰绿色斑点，白色微风化细粒，中等裂隙间距，非常坚硬杏仁状安山岩。

2.1.6 岩芯地质编录补充

岩体的工程表现一般受其内的结构面控制。结构面间距或密度一般是运用单一值描述结构面对岩体影响的最有效特征。因此，其被包含在岩体的最初的地质编录中。它不一定是控制任何特定类型岩体力学响应的最重要的特征。节理范围或者张开度或许影响岩体的渗透性，而产状和充填物或许影响岩体的剪切强度。

根据工程问题的性质进行岩芯编录，一些结构面特征或许应该包含在岩芯地质编录中，包括：（1）结构面类型；（2）结构面张开度；（3）是否存在充填物；（4）结构面粗糙度；（5）结构面产状。

2.1.6.1 结构面类型

不连续面是造成岩体物理性质不连续的岩体内的任意面。本部分将主要针对地质作用下形成的结构面进行描述，因钻孔过程及随后的岩芯移动造成的裂隙排除在外。

结构面特征（范围、张开度、充填物、粗糙程度、平整度以及产状）一般是其固有特征。根据岩石成因进行结构面类型识别是非常有用的，例如，在同一沉积岩中，层理分布范围明显要大于贯通节理的分布范围。Price[5]进行了结构面类型及其性质的全面总结。通过岩芯进行岩体结构面类型划分仅限于较易区分的结构面类型，其主要可划分为两类：

（1）结构面出现于岩石的产生过程中，像沉积岩中的层理、岩浆岩中的流纹以及变质岩或不同岩石类型或成岩年代岩性接触产生的叶理等，这类不连续面在很大范围性质是均匀的。

（2）因岩体局部应力过大致使岩石出现裂隙面。这类结构面是由剪切或张拉节理、垂向断层或切向断层或剪切带产生的构造应力产生的。若这些结构面位于沉积岩中，根据其结构面的平行或相交可将其划分为平行节理或交叉节理。若覆岩移除或冷却产生的应力，则会产生剥落和结构面冷却；若裂隙伴随岩浆侵入或物质二次沉积，岩脉、基石或矿脉或许是更合适的。

岩芯编录人员应注意结构面的类型，并能将其与其成因和性质相联系。结构面可单独存在，也可呈组存在，在描述时应对其性质或特征分别描述。

2.1.6.2 张开度

裂隙面张开度可控制互锁裂隙相对面的范围。在不存在裂隙面互锁的情况下，裂隙充填物将完全控制岩体沿裂隙面的剪切强度。随着裂隙张开度的降低，裂隙面起伏使其趋向锁紧，充填物和材料对裂隙剪切强度均有影响。

沿裂隙面的剪切强度取决于张开度、有无充填材料、裂隙面的自然起伏或粗糙度以及充填材料的性质。

裂隙张开度和充填物描述分级如下[6]：

（1）无张开、无充填：滑动完全沿着或通过岩体裂面进行，剪切强度完全取决于岩石材料；

（2）轻微张开（充填物出现染色）：充填物或张开度对岩体或岩石内摩擦角影响很大；

（3）明显张开（充填厚度可测量），但仍存在裂隙面起伏互锁：剪切强度受充填物或岩石强度的综合的复杂影响；

（4）完全分开，无裂隙面起伏互锁：充填物决定裂隙的剪切度。

推荐裂隙张开度描述语见表2-5。

表2-5　裂隙张开度描述

分类	裂隙张开/mm
闭合	0
非常窄	0~0.1
窄	0.1~1
宽	1~5.0
非常宽	5~25 以上

注：裂隙张开度大于25mm时，裂隙应被描述为主要裂隙。

2.1.6.3　裂隙充填物（存在与否）

出现在裂隙面间的各类型材料称为裂隙充填物。充填物包括：裂隙风化材料、断层区域材料以及沉积或侵入到断层面间的外来材料。只有充填物存在与否的情况被记录在结构面的初步描述中。

推荐描述充填物是否存在的术语见表2-6。

表2-6　充填物描述

描述	定义
无	无裂隙充填物
染色	仅岩石着色，无裂隙充填物
充填	裂隙由可识别的材料充填

2.1.6.4　粗糙度

如果裂隙不存在充填物，裂隙面间互锁的起伏将阻碍平均裂隙面的剪切运动。这种阻碍主要包含两种类型：小的高角度起伏在出现剪切位移期间被剪断，有效地增加了裂隙的峰值剪切强度；大的小角度起伏在剪切过程中不能被剪断，只能被跨过，改变了剪切位移的初始摩擦角。大角度的起伏在岩芯地质编录中无法量测，被称为波纹。

粗糙度存在基本的毫米级测量长度与幅度，推荐的描述见表2-7（图2-4）。

表2-7　粗糙度描述分类

分类	描述
光滑	裂隙面流畅，触摸基本平滑，或存在划痕

分类	描述
轻微粗糙	裂隙面起伏可见且可被感受到
中等粗糙	起伏清晰可视，裂隙面粗砺
粗糙	大角度的起伏，脊以及大角度的台阶较明显
非常粗糙	裂隙面上出现近乎垂直的台阶或脊

注：如果在裂隙面出现划痕，则在裂隙面的基本描述后应标注划痕方向。

图 2-4　岩芯节理面轻微粗糙

2.1.6.5　产状

定义结构面产状的充要条件为其倾向和倾角。当前对于钻孔结构面产状的确定存在许多专门方法。一种方法是运用岩芯定向筒从岩体中取出定向岩芯，或者可以使用定向钻孔潜望镜、相机或能够进行孔壁成像的装置测量钻孔结构面的产状。如果相对岩芯的倾向、倾角的结构面已知，例如平行或交叉结构面，则可用该条件进行岩芯定向。另一种方法是要求至少一个容易识别的结构出现在至少三个地质钻孔中。这种方法能够进行三维地质建模，掌握结构面的空间分布状况，但此方法成本较高，只有当结构面的空间分布对研究问题至关重要时采用。

结构面很少单独存在，经常以组的方式存在，多个节理组的定义以及它们之间的关系在岩体工程设计时是非常必要的。如果所有的现场读数都绘制在立体图上，则这些节理组的定义及其定向被简化。立体图保证单个节理面可见并可进行节理组定义以及定向。通过岩芯编录的结构面的倾向以及倾角被记录在结构面描述之后。

结构面描述示例如下：

层理，张开度窄，存在氧化物着色带，轻微粗糙，产状 $145°\angle30°$；

贯穿节理，无张开度，无充填物，非常粗糙，产状 $270°\angle10°$。

2.1.6.6　裂隙充填物

裂隙充填物的影响是双重的：

（1）取决于充填物厚度，充填物阻碍结构面起伏的互锁；

（2）取决于充填物固有性质，例如充填物剪切强度、渗透性和变形特征等。

前者可从裂隙面张开度以及粗糙度的描述中推导出来，后者的影响评估需对充填物进行充分的描述，包括湿度、颜色、硬度或连贯性、岩石类型及其来源。

含水量、连续性、岩石类型及其来源在描述时同 Jennings 等人[2]提出的土壤相应参数编录方法相一致。颜色、硬度以及岩石类型按照本文给出的方法进行描述。孔隙率是非常重要的，岩芯地质编录时孔隙率应以百分比的形式给出。

应该记住的是，用于回收岩芯的钻孔技术可能不适合于在岩体内相对较薄的较软的充填材料带的回收。因此，可能仅仅是部分裂缝填充物被采取，并且可能对充填材料的采取产生影响。在使用钻井泥浆或冲洗液的情况下，这可能污染填充材料并且水分条件被钻孔水改变。

2.1.7 钻孔编录图表

钻孔编录不仅包括对钻孔岩芯的描述，同时也包括其他相关信息：勘查孔钻进、钻孔或岩芯的测试。钻孔日志及岩芯地质编录表见表2-8，根据岩芯地质编录用途，可对表格内容进行调整。一般地，表格被绘制成竖直柱状，以允许对单个深度标尺依次记录各种钻孔细节。在表格底部，绘制注释栏用于各种测试符号的注释。考虑编录信息的记录顺序、编录的难易、交叉引用以及编录内容的易用性，确定各竖栏记录内容的顺序，阅读日志从左侧开始。

表 2-8 钻孔日志

东北大学				项目名称： 施工地点： 项目名称：		所用设备： 编录日期： 开始日期：		钻孔编号： 钻孔坐标： 中孔深度：	
施工单位：		施工负责人：		编 录 人：		结束日期：		钻孔走向：　　表格页码：	
钻孔方法及相关参数	岩芯采取率/%	RQD/%	裂隙线密度条/m	测试与取样	测试值	起止标高/m	图例	岩芯描述	
↓：标准渗透性测试　　□：标准渗透性测试　　■：未扰动岩样 ▽：赋存水位　　●：扰动岩样　　S：岩石强度测试								备注：	

　　岩芯编录的必须装备包括：钻工日志、纸、铅笔、公制磁针、罗盘、倾角尺、水、刷子或布、地质锤和放大镜。编录现场需要岩芯盒搬运人员较为必要。其他有用的装备包括：提前准备好的编录表格、地质罗盘、测斜仪、适用于岩芯的环形量角器、定向盒、杀虫剂瓶喷水以湿润岩芯、支撑岩芯盒的桌子、点载荷仪、相机和配件以及色卡。编录岩芯的最佳位置是在钻机机台边空地，以避免不必要的移动和岩芯扰动。由于岩芯及岩芯盒的快速变形，最佳的岩芯编录时间，即是岩芯在取芯管中取出后在岩芯编录前间隔时间越短越好。

　　当进行岩芯编录时，钻工在现场是较好的，以及时掌握钻孔和岩芯条件，获取岩芯编录所需信息。建议于岩芯编录表中填写以下注释信息：

　　(1) 钻孔方法及尺寸；

　　(2) 岩芯采取率、RQD 以及裂隙频率：这些测量项目一般在岩芯放置好后和岩芯取样之前进行，总长度达 3m 的钢尺是最有用的工具，建议将信息记录在一个特殊的表格中，并用空格进行计算并输入百分比，通过计算所有与沿岩芯画出的假想线相交的裂缝来计算断裂频率；

　　(3) 颜色：岩芯湿润通过类似杀虫剂喷雾瓶的喷雾设备进行喷雾，否则用盛水的桶和软刷、布替代；

　　(4) 风化程度和裂隙：需准备放大镜；

　　(5) 裂隙间距：通过计算与岩芯假想线所有裂隙的平均间距计算裂隙的平均间距；

　　(6) 岩石硬度通过小刀 (1~3MPa)、地质锤 (3~25MPa) 以及点荷载试验 (>25MPa) 进行确定。

　　岩芯地质力学分类指标调查表见表 2-9。

　　表 2-9 说明如下：

　　(1) 结构面类型：BG—层理、FP—片/叶理、VH—岩脉、JN—节理、FL—断层、FS—断层剪切带。

　　(2) 粗糙度：非常粗糙、粗糙、中等粗糙、轻微粗糙、光滑、有划痕。

　　非常粗糙——裂隙面上出现近乎垂直的台阶或脊；

　　粗糙——大角度的起伏，脊以及大角度的台阶较明显；

　　中等粗糙——起伏清晰可视，裂隙面粗砺；

　　轻微粗糙——裂隙面起伏可见且可被感受到；

　　光滑——裂隙面流畅，触摸基本平滑；

　　有划痕——裂隙面光滑有划痕。

　　(3) 平整度：平面连续、波状连续、不连续。

　　(4) 充填物：CN—无、SN—无充填物，仅被着色、C—方解石、Q—石英、G—泥、CL—黏土、BX—角砾岩；充填厚度：<1mm、1~5mm、>5mm。

　　(5) 张开度：<1mm、1~5mm、>5mm。

　　(6) 风化程度：未风化、轻微风化、中等风化、强风化、全风化。

　　未风化——岩石材料无可见蚀变特征，裂隙面以外的岩体可能会被污染或着色；

　　轻微风化——裂隙被污染或着色，同时可能含有薄层蚀变充填物，岩体着色从裂隙面开始最高达到裂隙间距的 20%；

　　中等风化——岩体着色从裂隙面开始至大于裂隙间距 20% 的位置；裂隙包含蚀变充填物；岩芯表面不易碎（除较差的沉积岩性外），并保留了岩石的原生纹理，或许可以观察到部分纹理界面张开；

表2-9 岩芯地质力学分类指标调查表

调查起始深度：　　调查长度：　　结构面组数：　　结构面间距：　　调查人员：　　调查日期：

序号	位置/m	岩石类型	结构面类型	产状/(°) 倾向	产状/(°) 倾角	结构面粗糙度	结构面平整度	充填物及厚度	结构面张开度	风化程度	蚀变程度

强风化——岩芯被完全着色，岩芯表面易碎且由于钻孔用水对强蚀变矿物的冲刷而出现凹陷，岩芯原生纹理大部分被保存下来，但已出现纹理张开；

全风化——岩芯完全着色，岩芯的外部表现为土，岩芯内部纹理部分被保留但已完全分开。

（7）蚀变程度：

1）节理面闭合（无矿物填充物，只有覆盖层）：

①节理紧密接触，坚硬，无软化，不渗透性充填物，如石英或绿帘石；

②节理面未蚀变，仅表面褪色；

③节理面轻度蚀变，不含软化的矿物覆盖层、砂粒、无黏土分解岩石等；

④粉砂质或砂质黏土覆盖层，含少量黏土颗粒（非软化）；

⑤软化或低摩擦黏土矿物覆盖层，即高岭石或石英，也可以是绿泥石、滑石、石膏、石墨等，以及少量膨胀性黏土（非连续覆盖层，厚度 ≤ 2mm）。

2）剪切错动 10cm 前是接触的（含薄层矿物填充物）：

①含砂粒、无黏土分解岩石等；

②含强超固结、软化的黏土矿物填充物（连续，但是厚度<5mm）；

③中等或低超固结、软化的黏土矿物填充物（连续，但是厚度<5mm）；

④膨胀性黏土填充物，即蒙脱石（连续，但是厚度<5mm）。J_a 值取决于膨胀性黏土颗粒所占百分数、含水量等。

3）剪切错动时节理面不接触（含厚层矿物填充物）：

①含区域或带状分解或压碎岩石和黏土（参见 2）②③④关于黏土状况描述）；

②含区域或带状粉砂质或砂质黏土、少量黏土颗粒（非软化）；

③含厚层、连续区域或带状黏土（参见 2）②③④关于黏土状况描述）。

2.2　水文地质

钻孔简易水文地质观测是结合水文地质钻孔获取水文地质资料的一项重要基础工作。水文地质钻探主要包括抽水试验孔、水位观测孔、动态观测孔、分层测水位孔和底板加深孔的施工。观测内容主要包括：

（1）观测钻进中的水位变化（每班至少观测一至两个回次）；详细记录钻进过程中发现的涌水、漏水、涌砂、逸气、掉块、塌孔、缩径、裂隙和溶洞掉钻等现象发生的层位和深度，并采取一定数量的溶洞充填物样品。

（2）描述岩芯的岩性、结构构造、裂隙性质、密度、岩石的风化程度和深度以及岩溶形态、大小、充填情况、发育深度，统计裂隙率、岩溶率。

（3）单一含水层（组）的钻孔应测定终孔稳定水位。涌水孔应停钻测量水头高度和涌水量、水温等，必要时进行自然降低的简易放水试验；发现热水时，应做孔口水温和孔内水温测量。

（4）小口径钻孔可采用测漏仪或水文测井等手段，取得有关的水文地质资料。

水文地质剖面图编制一般在地质剖面图基础上编制。标明水文地质钻孔位置，含水层、隔水层、构造破碎带、岩溶发育带和围岩蚀变带，抽水试验层、段部位，涌水量、降深、单位涌水量表、水化学图、物探测井曲线、工程地质岩样取样位置及试验结果。钻孔水文地质工程地质柱状图编制见表 2-10。

表 2-10 钻孔水文地质工程地质柱状图编制

矿区				
开孔日期	年 月 日	孔口坐标		钻孔水文地质工程地质柱状图
终孔日期	年 月 日		X	Y	Z
终孔孔深	m	钻孔方位		钻孔倾角	

| 回次号 | 回次 | | | 地层层位及代号 | 柱状图 | 水文地质工程地质描述 | 测井曲线结果 | 钻孔结构 | 简易水文地质观测 | | 特殊情况 |
	自 至	进尺/m	采取率/%	RQD/%						钻进过程中及终孔孔内水位曲线	冲洗液消耗量/L·s⁻¹	

记录人： 年 月 日　　编图人： 年 月 日　　审核人： 年 月 日

例：某矿竖井埋深 621. 70~1331. 70m，共有 3 个含水段。依次为 685. 30~761. 10m、967. 30~1000. 10m、1068. 8~1113. 20m，累计厚度为 153. 00m。裂隙发育，裂隙率为 0. 05%~0. 16%。967. 30~1000. 10m 为望儿山断裂蚀变带，望儿山主断裂面导水性较差，两侧蚀变带含脉状裂隙水，但由于后期硅质胶结，富水性差。水力性质属承压水。根据注水试验，水位抬升 245m，注水时间为 4. 5h，稳定注水量 1. 62L/s，该层渗透系数 $k_{cp} = 0. 0052m/d$。

根据含水层水质分析结果，水化学类型为 SO_4-Cl-Na 型，矿化度为 3. 43g/L，pH 值为 7. 10，SO_4^{2-} 为 1121. 5mg/L，Cl^- 为 2281. 4mg/L，无侵蚀性 CO_2。按 Ⅱ 类环境评价，地下水对混凝土结构弱腐蚀作用；按照地层渗透性影响，地下水对混凝土结构无腐蚀作用，对钢结构有中等腐蚀作用；对混凝土中钢筋在长期浸水环境中无腐蚀作用；干湿交替环境中有中等腐蚀作用。

2.3 地应力

地应力是存在于地层中的未受到工程扰动的天然应力，也称岩体初始应力、绝对应力或原岩应力。为了对各种岩体工程进行科学合理的开挖设计和施工，就必须对影响工程稳定性的各种因素进行充分调查。只有详细了解了这些工程影响因素，并通过定量计算和分析，才能做出既经济又安全实用的工程设计。在诸多影响地下工程稳定性的因素中，地应力是最重要最根本的因素之一。

地应力概念是由瑞士地质学者 Haim 在 1912~1950 年间首次提出来的，主要包括由岩体重量引起的自重应力和地质构造作用引起的构造应力等。地应力是在历史地质作用的发展下变化而形成的，与岩体的自重、构造、运动、地下水及温差等有关，同时又是随时间、空间变化的应力场。但在工程年代，应力场受这种地质作用时间的影响可以忽略。地应力是引起采矿工程围岩、支护变形和破坏、产生矿井动力现象的根本作用力。准确的地应力资料是确定工程岩体的力学属性，进行井筒围岩稳定性分析和计算，矿井动力现象区域预测，实现采矿决策和设计科学化的必要前提条件。

2.3.1 地应力估算

2.3.1.1 Haim 法则（海姆法则，1878）[7-10]

瑞士地质学家 Haim 在观察了大型越岭隧道围岩工作状态之后，认为原岩体铅垂应力为上覆岩体自重。在漫长的地质年代中，由于岩体不能承受较大的差值应力和时间有关的变形的影响，使得水平应力与垂直应力趋于均衡的静水压力状态。图 2-5 为岩体单元体的应力状态示意图。

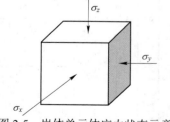

图 2-5 岩体单元体应力状态示意图

由 Haim 法则可知，

$$\sigma_z = \gamma h \tag{2-1}$$

式中，γ 为上覆岩层的平均容重，kN/m^3；h 为单元体距离地表的深度，m。

由于静水压力无剪应力，所以任意方向都是主应力方向，所以有如下公式：

$$\sigma_x = \sigma_y = \sigma_z = \gamma h \tag{2-2}$$

2.3.1.2 金尼克解（苏·A·H·Duhhuk，1925）

金尼克认为地下岩体为线弹性体，其铅垂应力等于上覆岩体自重，在水平方向上，岩层的侧向应力 σ_x 与 σ_y 相等，且水平方向上应变为零，即

$$\begin{cases} \sigma_x = \sigma_y \\ \varepsilon_x = \varepsilon_y = 0 \end{cases} \tag{2-3}$$

由广义虎克定律：

$$\begin{cases} \varepsilon_x = [\sigma_x - \mu(\sigma_y + \sigma_z)] = 0 \\ \varepsilon_y = [\sigma_y - \mu(\sigma_x + \sigma_z)] = 0 \\ \varepsilon_z = [\sigma_z - \mu(\sigma_x + \sigma_y)] \neq 0 \end{cases} \tag{2-4}$$

则可解出：

$$\sigma_x = \sigma_y = \frac{\mu}{1-\mu}\sigma_z = \frac{\mu}{1-\mu}h \tag{2-5}$$

令 $\lambda = \dfrac{\mu}{1-\mu}$，为侧压力系数，则有：

$$\sigma_x = \sigma_y = \lambda\sigma_z = \lambda\gamma h \tag{2-6}$$

2.3.1.3 Hoke-Brown 统计分析

近些年来，已经发明了许多测量原岩应力的方法，并且在世界各地进行了应用。Hoke-Brown 总结了世界各地的应力测量结果，并在此基础上查阅了大量相关文献[11-14]，绘制出了图 2-6 和图 2-7。

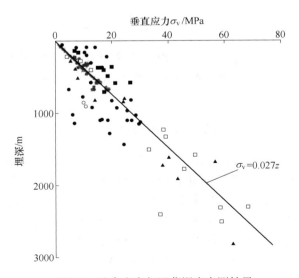

图 2-6 垂直应力与埋藏深度实测结果

从图 2-6 可以看出，实测所得的垂直应力值，与用一定高度的上覆岩层重量算的值十分吻合，也证实了 Haim 法则和金尼克解关于垂直应力解的正确性。岩体的垂直应力 σ_v 满

足下式：

$$\sigma_v = \gamma z \tag{2-7}$$

式中，γ 为上覆岩层容重，kN/m^3；z 为距离地表的深度，m。

令 k 为平均水平应力与垂直应力之比，图 2-7 表示 k 值与测点埋藏深度的关系曲线。

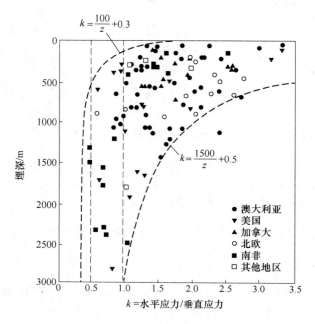

图 2-7　k 值与埋深度关系

$$\frac{100}{z} + 0.3 < k < \frac{1500}{z} + 0.5 \tag{2-8}$$

图 2-7 中曲线表明，在深度小于 500m 时，水平应力明显比垂直应力大，这与 Haim 和金尼克解的结果不符。当深度超过 1000m 时，像 Haim 法则所说的一样，水平应力与垂直应力趋于相等。

2.3.1.4　我国大陆实测深部地应力分布分析

李新平等人[11]共收集了 628 组深部实测地应力数据，这些数据大部分来自黑龙江、吉林、辽宁、山东、山西、陕西、河北、河南、安徽、云南、江苏、湖南、广东、内蒙古、新疆、宁夏等省，几乎覆盖了整个中国大陆地区，具有良好的代表性。

根据实测垂直应力数据，做出了垂直应力随深度分布的散点图（图 2-8）。

对所有实测垂直应力数据与埋深的关系进行线性回归，可得：

$$\sigma_v = 0.02808H + 2.195 (R = 0.982) \tag{2-9}$$

据实测水平应力数据，分别做出最大水平主应力与最小水平主应力散点图（图 2-9）。

σ_H 和 σ_h 与埋深 H 的线性回归方程为：

$$\begin{cases} \sigma_H = 0.0238H + 7.648 \ (R = 0.896) \\ \sigma_h = 0.018H + 0.948 \ (R = 0.963) \end{cases} \tag{2-10}$$

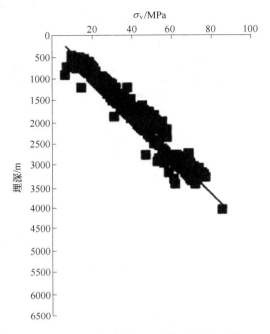

图 2-8 垂直应力随深度分布的散点图

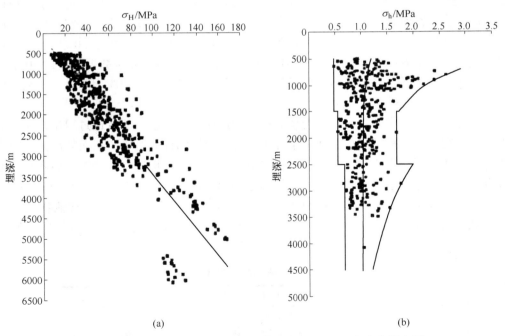

(a)   (b)

图 2-9 我国最大水平主应力和最小水平主应力随深度变化散点图
(a) 最大水平主应力; (b) 最小水平主应力

同时又有国内学者根据岩石种类的差异, 得出水平应力随深度变化规律, 水平应力与深度为一次函数关系。其中最大水平主应力为 σ_H，最小水平主应力为 σ_h（单位为 MPa）：

$$\sigma_{H(h)} = \gamma H + R \tag{2-11}$$

式中，γ 为相关性系数；R 为自由项，它们取值见表 2-11。

表 2-11　相关性系数 γ 及自由项 R 随岩性变化统计表

岩　石　种　类	相关系数 γ 取值	自由项 R 取值
岩浆岩最大主应力	0.0318	5.8950
岩浆岩最小主应力	0.0198	0.2325
沉积岩最大主应力	0.0240	4.9125
沉积岩最小主应力	0.0183	1.5673
变质岩最大主应力	0.0264	4.0567
变质岩最小主应力	0.0194	1.6859

2.3.2　地应力现场测量[15,16]

最早原位地应力的测量起始于 20 世纪 30 年代。1932 年，美国人劳伦斯（Lieurace）在胡佛坝（Hoover Dam）下面的一个隧道中采用岩体表面应力解除法首次成功进行了原岩应力的测量。此后，地应力测试技术一直停留在岩体表面应力测试上，发展十分缓慢。在 20 世纪 50 年代，哈斯特（Hast）采用应力解除法和压磁变形计在现场进行了大规模的地应力测量，首次测得近地表地层中水平应力高于垂直应力，从事实上否定了传统地应力理论假设。我国的地应力测量技术和设备的研制工作起步较晚，起始于 20 世纪 50 年代末期，而实测工作从 60 年代开始，到目前为止已经获得了大量的测量数据。经过 40 多年的发展，已经取得了长足进步，但和国际先进水平仍有一定差距，地应力测量和研究工作仍是广大科技人员面临的重大研究课题。

地应力测量方法主要有初始应力场分析法和地应力测试法。前者通过运用地质、数学或力学等进行理论分析，采用其他技术方法作为手段，如计算机等，从而得出其地应力的方法，它大体上可分为统计分析法、解析分析法、地质力学构造分析法等。后者直接通过仪器直接或间接进行地应力测量，直接测量法（观测应力）如扁千斤顶法、刚性包体应力计法、水压致裂法和声发射法；间接测量法（通过测量应变、变形及其他物理量转求应力）如应力解除法、孔径变形法、孔壁应变法和空心包体计法。各种岩体应力测试方法总结见表 2-12。

表 2-12　岩体应力测试方法

测量方法	被测量物理量	所用仪器、设备	用　　途
应力恢复法	应变或压力	（1）扁千斤顶； （2）钢弦或电阻式应变仪； （3）频率仪或应变仪	岩体表面应力测量
钻孔应力计法	应力	（1）玻璃应力计； （2）简易光弹仪	长期监测岩体内应力变化

	测量方法	被测量物理量	所用仪器、设备	用　途
应力解析法	孔底平面应变	应变	（1）孔底应变计； （2）电阻应变计	（1）已知主应力方向求岩体平面应力大小和方向； （2）用三个钻孔汇交测取三向应力分量
	孔壁应变	应变	（1）$\phi36$ 或 $\phi46$ 橡皮叉式三向应变仪； （2）电阻应变仪或应变采集系统	岩体三向应力大小和方向
	孔径变形	变形	（1）36-2 型钢环式孔径变形仪； （2）应变仪	用三孔汇交测求岩体的三向应变分量
物理方法	声波法	声速； 声衰减、声发射	（1）SYC3 型岩石声波参数仪； （2）声发射仪	（1）测量岩体三向应力； （2）长期观测应力变化； （3）探测岩体声发射源
	地震法	弹性波	（1）微震仪； （2）测震仪	（1）测量地质构造应力； （2）测量岩体动力特性

2.4 岩石力学

岩石单轴抗压强度、抗拉强度、黏聚力、内摩擦角、弹性模量和泊松比等基本力学参数，必须进行基本的岩石力学实验，包括容重和密度测定试验、单轴压缩试验、巴西盘试验和直剪试验等。根据新城金矿地质勘察报告及现场实际调查结果可知−930～−1271m 岩石岩性均属于花岗岩大类，以似斑状花岗闪长岩为主，在此区间挑选部分岩芯进行岩石力学实验。根据国际岩石力学学会推荐的试验方法对岩样进行加工，单轴压缩变形试验和剪切强度试验的试件为圆柱形，其尺寸高宽比为 2∶1。巴西盘劈裂试验的试件是 $\phi50mm\times25mm$ 的圆盘。

2.4.1 岩石容重测定

岩石密度，即单位体积的岩石质量，是试样质量与试样体积之比。

根据试样的含水量情况，岩石密度可分为烘干密度、饱和密度和天然密度。一般未说明含水情况时，即指烘干密度。

根据岩石类型和试样形态，分别采用下述方法测定其密度：

（1）凡能制备成规则试样的岩石，宜采用量积法。

（2）除遇水崩解、溶解和干缩湿胀性岩石外，可采用水中称重法。

（3）不能用量积法或水中称重法进行测定的岩石，可采用蜡封法。

用水中称重法测定岩石密度时，一般用同一试样测定岩石吸水率和饱和吸水率。

岩石单位体积（包括岩石内孔隙体积）的重量称为岩石的容重。本次实验利用量积法测定岩石密度，岩石容重 γ 利用其密度可推算出：

$$\gamma = \rho g \tag{2-12}$$

式中，ρ 为岩石密度，t/m^3；g 为重力加速度，取 $9.8m/s^2$。

2.4.2 单轴压缩实验

当无侧限岩石试样在纵向压力作用下出现压缩破坏时，单位面积上所承受的载荷称为岩石的单轴抗压强度，或称为非限制性抗压强度。即试样破坏时的最大载荷与垂直于加载方向的截面积之比。

岩石单轴抗压强度的计算公式：

$$\sigma_c = \frac{P}{A} \tag{2-13}$$

式中，σ_c 为单轴抗压强度；P 为岩石破坏时的最大轴向压力；A 为试件的横截面积。

在测定单轴抗压强度的同时，也可同时进行变形试验。岩石变形试验，是在纵向压力作用下测定试样的纵向（轴向）和横向（径向）变形，据此计算岩石的弹性模量和泊松比。

弹性模量是纵向单轴应力与纵向应变之比，规程规定用单轴抗压强度的50%作为应力和该应力下的纵向应变值进行计算。根据需要也可以确定任何应力下的弹性模量。泊松比是横向应变与纵向应变之比，规程规定用单轴抗压强度50%时的横向应变值和纵向应变值进行计算。根据需要也可以求任何应力下的泊松比。

2.4.3 巴西盘劈裂实验

岩石在单轴拉伸载荷作用下达到破坏时所能承受的最大拉应力称为岩石的单轴抗拉强度。岩石的拉伸破坏试验分为直接试验和间接试验。由于进行直接拉伸试验在准备试件方面要花费大量的人力、物力和时间，因此一些间接拉伸试验方法涌现出来，其中最著名的是巴西圆盘试验法，俗称劈裂试验法（图2-10）。

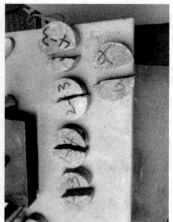

图 2-10 巴西盘劈裂试验加载试件过程及破坏模式

由劈裂试验求岩石抗拉强度的公式为：

$$\sigma_t = \frac{2P}{\pi d t} \tag{2-14}$$

式中，P 为试件劈裂破坏发生时的最大压力值，N；d 为岩石圆盘试件直径，m；t 为岩石圆盘试件的厚度，m。

2.4.4 直剪实验[15]

标准岩石试样在有正应力的条件下，剪切面受剪力作用而使试样剪断破坏时的剪力与剪断面积之比，称为岩石试样的抗剪强度。非限制性剪切强度试验在剪切面上只有剪应力存在，没有正应力存在；限制性剪切强度试验在剪切面上除了存在剪应力外，还存在正应力。角模压剪实验是一种最简单的限制性剪切强度试验（图 2-11）。

正应力及剪应力计算公式如下：

$$\sigma = \frac{P}{A}(\cos\alpha + f\sin\alpha) \qquad (2\text{-}15)$$

$$\tau = \frac{P}{A}(\sin\alpha - f\cos\alpha) \qquad (2\text{-}16)$$

式中，f 为滚珠与上下板之间的摩擦系数。

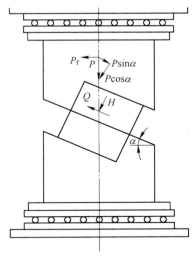

图 2-11　角模压剪实验示意图

2.5 岩体质量分级

2.5.1 RQD 及 ISRM 推荐的确定方法

早在 1964 年，笛尔（Deer）[17]基于 14 条隧洞工程实际提出岩石质量指标（RQD），RQD 是一种基于岩芯情况的无量纲参数，是岩芯中超过 10cm 部分的长度总和与岩芯总长度比值，广泛地应用于评价岩体的完整性，对岩体工程而言，该方法简单、有效评估岩体质量。

国际岩石力学学会（ISRM）推荐采用岩芯（54.7mm）确定 RQD（图 2-12）[18]：将长度在 10cm（含 10cm）以上的岩芯累计长度占钻孔总长的百分比。

$$RQD = \frac{\Sigma\ 岩芯长度 \geqslant 10cm}{岩芯总长度} \times 100\% \qquad (2\text{-}17)$$

例如：　　$\dfrac{29 + 15 + 13 + 32 + 24 + 33}{200} \times 100\% = 73\%$

虽然 RQD 值确定比较简单，但是它要求调查者了解如何钻进、测量岩芯长度和获取岩芯数目，关于 RQD 的最低标准是：

（1）良好的钻进技术；

（2）至少 NX（54.7mm）或 NQ（47.6mm）直径钻头；

（3）采用双壁钻杆，通常为了获得更高质量的数据钻杆长度应不超过 1.5m；

（4）只统计长度至少为 10cm 的岩芯；

（5）只统计质地坚硬且良好的岩芯；

（6）将机械破坏（钻进导致）的岩芯视为完整岩芯（图 2-13）；

（7）将天然碎石带例如节理组排除在外（图 2-14）；

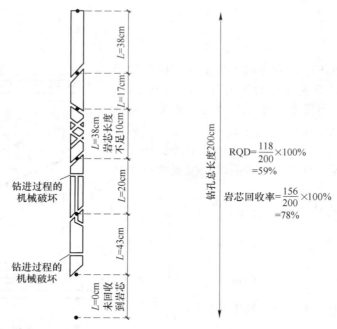

图 2-12　钻孔岩芯 RQD 计算示意图[18]

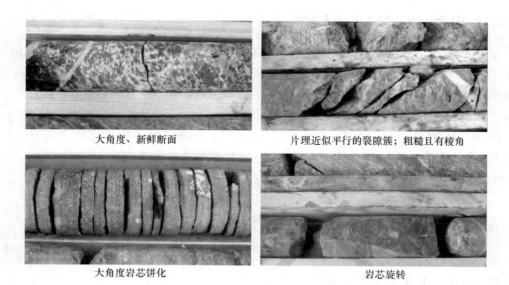

图 2-13　岩芯典型机械破段图

（8）如果有疑问可将破碎带视为天然破碎带；

（9）将沿岩芯轴向或近似平行的节理视为完整岩芯（图 2-14）；

（10）只统计天然的节理和裂隙；

（11）钻取岩芯后应立即进行 RQD 编录。

图 2-15 所示为破碎带岩芯编录实例。首先，区域 B 内的碎屑需要堆积在一起近似成

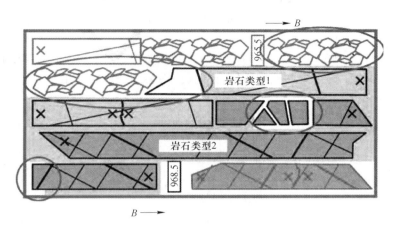

图 2-14　碎石带（圆圈内从 RQD 中排除）岩芯 RQD 编录步骤实例

为岩芯的形状。区域 B 的 RQD 值为 0。很显然，这是工程设计和建设中的软弱区域，需要进行岩体质量分级。

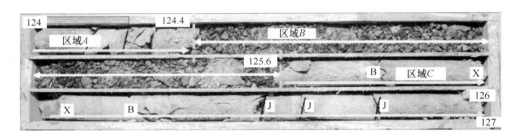

图 2-15　破碎带示意图

　　图 2-16 为钻探取芯遇到自然碎石带（节理组）的典型案例。建议可以将自然碎石带也包含在内，而且自然碎石带还应以主要地质构造的形式记录于地质编录表中。当每 10cm 岩芯中包含 4 组节理时，认为此处为碎石带。

图 2-16　天然碎石带（破碎区）图示

　　在利用钻孔岩芯进行 RQD 编录时，也可以确定节理产状（图 2-17）。获取岩芯结构面产状需要两种常用的技术，实施步骤如下：

一是在沙子里或机械夹具上将岩芯重定向，采用法向露头技术直接测量，该方法比较直接。

二是 α、β、γ 角测量。其中，α 为节理面与岩芯轴的夹角；β 为沿岩芯表面从方向线开始顺时针旋转的角；γ 为节理面椭圆长轴与椭圆面内某一条线的夹角。

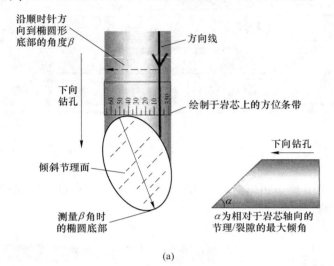

(a)

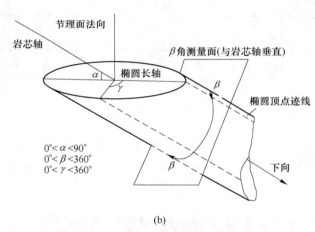

(b)

图 2-17　岩芯产状测量示意图

α 角测量：旋转岩芯直到节理面与岩芯轴成最大夹角时直接测量。

β 角测量：β 角是顺时针方向测得的方向线与节理面顶点迹线的夹角。精确地测量 β 角可采用特质的圆形量角器或更加简单的柔性包裹在岩芯表面的打印在纸上或非常透明的薄膜上的量角器（图 2-18）。使用时将柔性包裹在岩芯表面上的量角器的 0° 线与方向线重合，0° 刻度线上的箭头指向孔底。在例子中黑色方向线（带下向箭头）和层理面迹线（深色）之间的夹角 β 角为 295°。"下向孔"意为远离孔口位置的方向，不管地质上是向上或向下的。

某矿主井岩芯 RQD 值随钻孔深度变化见图 2-19。

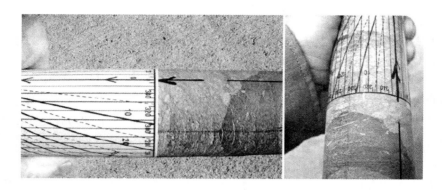

图 2-18 β 角测量图示

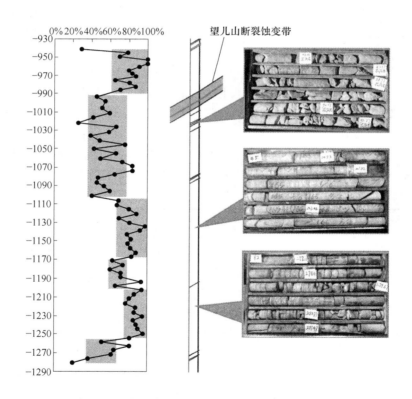

图 2-19 某矿主井岩芯 RQD 值随钻孔深度变化图

2.5.2 Q 系统分类方法[19]

根据矿井工程地质、水文地质条件以及矿体赋存条件、节理裂隙发育规律调查，采场、巷道地应力测量和岩石物理力学性质试验结果等，采用 Barton 岩体质量（Q）分类评价方法，对采场、巷道围岩进行岩体质量分级，Q 指标值由下式确定：

$$Q = \frac{RQD}{J_n} \cdot \frac{J_r}{J_a} \cdot \frac{J_w}{SRF} \tag{2-18}$$

式中，RQD 为岩石质量指标；J_n 为节理组数；J_r 为节理粗糙系数；J_a 为节理蚀变系数；J_w 为节理水折减系数；SRF 为应力折减系数。岩体的块体尺寸为 RQD/J_n；块体之间的剪切强度为 J_r/J_a；水与其他应力存在时对岩体质量的影响为 J_w/SRF。

应用此表应注意以下问题。当评估岩体质量系数（Q）时，应遵守下列规定：

（1）当钻孔岩芯不可靠时，RQD 值能从单位体积岩体含有节理数评估，对节理组按每米节理数计算。对于无黏性岩体 RQD 值简单转换关系为：$RQD = 115 - 3.3J_v$，式中，J_v 为岩体体积节理数（条/m^3）（对 $35 > J_v > 4.5$，$0 < RQD < 100$）。

（2）J_n 代表节理组数，主要受面理、片理、流劈理、层理等。如果节理极其发育，平行节理应被看作完整的节理组。然而，如果有几条节理，或者在岩芯偶尔仅存几个节理，评估 J_n 时，被看作自由节理。

（3）J_r 和 J_a（代表剪切强度）等同于最弱明显节理组或破碎带内不连续黏土充填物。然而，如果节理组或最小 J_r/J_a 值的不连续性偏于稳定方向。或多或少节理组或不连续性比较明显，评估 J_n 时，J_r/J_a 取大值。

（4）当岩体含有黏土时，评估 SRF 值适合松散荷载。在此种情况，不关心完整岩石强度。然而，当岩石节理最小或完全无黏土，完整岩石是最弱连接，其稳定性取决于围岩应力与岩石强度的比值。强不均匀应力场与稳定不匹配，注释（2）粗糙系数代表应力折减系数。

（5）如果适合当前或未来围岩条件，饱和条件下完整岩石的单轴抗压或抗拉强度应被计算。当暴露潮湿或饱和条件下时，应非常保守地评估岩石的强度。

Q 分级参数获取方法如下：

1. 岩石质量指标		RQD/%
A	非常差	0~25
B	差	25~50
C	一般	50~75
D	好	75~90
E	非常好	90~100

注：1. 当报告或实测 RQD ≤ 10（包括 0），采用名义上的值 10 来评价 Q。

2. RQD 间隔 5 取值就足够精确，比如 100、95、90 等。

2. 节理组数		J_n
A	整体性好，没有或含较少节理	0.5~1
B	一组节理	2
C	一组节理加随机节理	3
D	两组节理	4
E	两组节理加随机节理	6
F	三组节理	9
G	三组节理加随机节理	12

续表

2. 节理组数		J_n
H	四组或四组以上的节理、随机分布节理、严重节理化、岩体被切割成方糖块状等	15
J	粉碎状岩石、泥土状物	20

注：1. 对巷道交叉点，取 $3.0 \times J_n$；

2. 对入口，取 $2.0 \times J_n$。

3. 节理粗糙度		J_r
a）节理面完全接触		
b）节理面在剪切错动 10cm 前是接触的		
K	非连续节理	4
L	粗糙或不规则的波状节理	3
M	光滑的波状节理	2
N	带擦痕的波状节理	1.5
O	粗糙或不规则的平面状节理	1.5
P	光滑的平面状节理	1.0
Q	带擦痕的平面状节理	0.5

注：描述参考小尺度特征和中等尺度特征的顺序。

c）剪切过程中节理面不接触		
R	节理中含有足够厚的黏土矿物足以阻止节理面接触	1.0
S	节理中含有足够厚的砂、砾岩、岩石压碎区，足以阻止节理面接触	1.0

注：1. 如果相关节理组平均间距超过 3m，J_r 值需加 1.0。

2. 对于含线理的平面带擦痕的平面状节理，若线理与最小强度方向一致，则 J_r 取 0.5。

J_r 和 JRC_n 关系 下标表示块体尺寸大小(cm)	J_r	JRC_{20}	JRC_{100}
Ⅰ 粗糙	4	20	11
Ⅱ 轻微粗糙	3	14	9
Ⅲ 较光滑有擦痕	2	11	8
不连续			
Ⅳ 粗糙	3	14	9
Ⅴ 轻微粗糙	2	11	8
Ⅵ 较光滑有擦痕	1.5	7	6
起伏			
Ⅶ 粗糙	1.5	2.5	2.3
Ⅷ 轻微粗糙	1.0	1.5	0.9
Ⅸ 较光滑有擦痕	0.5	0.5	0.4
平直			

4. 节理蚀变系数		ϕ_r（近似值）	J_a
a) 节理面闭合（无矿物填充物，只有覆盖层）			
A	节理紧密接触，坚硬，无软化，不渗透性填充物，如石英或绿帘石	—	0.75
B	节理面未蚀变，仅表面褪色	25°～35°	1.0
C	节理面轻度蚀变，不含软化的矿物覆盖层、砂粒、无黏土分解岩石等	25°～30°	2.0
D	粉砂质或砂质黏土覆盖层，含少量黏土颗粒（非软化）	20°～25°	3.0
E	软化或低摩擦黏土矿物覆盖层，即高岭石或石英。也可以是绿泥石、滑石、石膏、石墨等，以及少量膨胀性黏土（非连续覆盖层，厚度 ≤2mm）	8°～16°	4.0
b) 剪切错动 10cm 前是接触的（含薄层矿物填充物）			
F	含砂粒、无黏土分解岩石等	25°～30°	4.0
G	含强超固结、软化的黏土矿物填充物（连续，但是厚度<5mm）	16°～24°	6.0
H	中等或低超固结、软化的黏土矿物填充物（连续，但是厚度<5mm）	12°～16°	8.0
J	膨胀性黏土填充物，即蒙脱石（连续，但是厚度<5mm）。J_a 值取决于膨胀性黏土颗粒所占百分数、含水量等	6°～12°	8～12
c) 剪切错动时节理面不接触（含厚层矿物填充物）			
K	含区域或带状分解或压碎岩石和黏土（参见 G、H、J 关于黏土状况描述）	6°～24°	6, 8 或 8～12
L	含区域或带状粉砂质或砂质黏土、少量黏土颗粒（非软化）	—	5.0
M	含厚层、连续区域或带状黏土（参见 G、H、J 关于黏土状况描述）	6°～24°	10, 13 或 13～20

5. 节理水折减系数		水压近似值/kg·cm⁻²	J_w
A	干燥开挖或较小渗流的水，即局部渗流量<5L/min	<1	1.0
B	中等流量或中等压力，偶尔发生节理填充物被冲刷现象	1～2.5	0.66
C	流量大或水压高，节理无充填物，岩石坚固	2.5～10	0.5
D	流量大或水压高，大量填充物均被冲出	2.5～10	0.33
E	爆破时，流量特别大或压力特别高，但随时间增长而减弱	>10	0.2～0.1
F	持续不衰减的特大涌水或特高水压	>10	0.1～0.05

注：1. C～F 项的数值均为粗略估计值，如采取排水措施，J_w 可适当取大一些。

2. 本表没有考虑结冰引起的特殊问题。

3. 针对远离开挖影响岩体的一般特征，推荐随着深度增加（即 0～5m，5～25m，25～250m 到>250m），J_w 取 1.0、0.66、0.5、0.33 等，认为具有较好的导水连通性，RQD/J_n 足够低（例如 0.5～25）。这将有益于考虑有效应力和水软化性与 SRF 合适特征值来修正 Q 值。随深度变化的静态弹性模量和地震波速相关性将会紧接着实践而被发展应用。

6. 应力折减系数		SRF
a) 软弱区穿切开挖体，当隧道掘进时可能引起岩体松动		
A	含黏土或化学分解的岩石的软弱区多处出现，围岩十分松散（深度不限）	10
B	含黏土或化学分解的岩石的单一软弱区（开挖深度≤50m）	5

	6. 应力折减系数			SRF
C	含黏土或化学分解的岩石的单一软弱区（开挖深度>50m）			2.5
D	岩石坚固（不含黏土），含多个剪切带，围岩松散（深度不限）			7.5
E	岩石坚固（不含黏土），含单一剪切带（开挖深度≤50m）			5.0
F	岩石坚固（不含黏土），含单一剪切带（开挖深度>50m）			2.5
G	松散、节理张开、严重节理化或呈"方糖块"状等（深度不限）			5.0

注：1. 如果有关的剪切带仅影响到开挖体，而不与开挖体交叉，则 SRF 值减少 25%~50%。

	b）坚硬岩石，应力问题	σ_c/σ_1	σ_θ/σ_c	SRF
H	地应力，近地表	>200	<0.01	2.5
I	中等应力，有利的应力条件	200~10	0.01~0.3	1
J	高应力，岩体结构非常紧密，通常有利于稳定，但对侧帮稳定性可能不利边墙稳定	10~5	0.3~0.4	0.5~2
K	岩体开挖后超过 1 小时发生中等层裂	5~3	0.5~0.65	5~50
L	岩体开挖几分钟后发生层裂和岩爆	3~2	0.65~1	50~200
M	岩体开挖后发生严重岩爆（应变型岩爆）和中等动力变形	<2	>1	200~400

注：2. 对于各向应力差别甚大的原岩应力场（若已测出的话）：$5 \leqslant \dfrac{\sigma_1}{\sigma_3} \leqslant 10$ 时，σ_c 减为 $0.75\sigma_c$，σ_t 减为 $0.75\sigma_t$；

当 $\dfrac{\sigma_1}{\sigma_3} > 10$ 时，σ_c 减为 $0.6\sigma_c$，σ_t 减为 $0.6\sigma_t$；其中 σ_c 为单轴抗压强度，σ_t 为抗拉强度，σ_1 和 σ_3 分别为最大和最小主应力；σ_θ 为最大切向应力（根据弹性理论估算）。

3. 可以找到几个地下深度小于跨度的案例记录。对于这种情况，建议将 SRF 从 2.5 增至 5（见 H 项）。

4. L、M、N 项通常与深埋硬岩隧道开挖支护密切相关，RQD/J_n 大约为 50~200。

	c）挤压性岩石，在高应力影响下不坚固岩石塑性流动	σ_θ/σ_c	SRF
O	挤压性微弱的岩石压力	1~5	5~10
P	挤压性很大的岩石压力	>5	10~20

注：5. 根据 Singh（1993），挤压性岩石案例可能发生在深度 $H>350Q^{1/3}$ 时。岩体抗压强度可通过 $\sigma_{cm} \approx 5\gamma Q_c^{1/3}$ MPa，式中，γ 为岩石密度，t/m^3；$Q_c = Q\sigma_c/100$（Barton，2000）。

	d）膨胀性岩石，化学性膨胀取决于水的存在与否	SRF
R	膨胀性微弱的岩石压力	5~10
S	膨胀性很大的岩石压力	10~15

在估算岩体质量 Q 的过程中，除遵照表内备注栏的说明以外，尚需遵守下列规则：

（1）如果无法得到钻孔岩芯，则对于无黏土充填物的岩体，其 RQD 值可由 $RQD = 115 - 3.3J_v$（近似值）估算，式中，J_v 为每立方米的节理总数，它可由每组节理每米长度内的节理数算得（当 $J_v<4.5$ 时，取 $RQD = 100$）。

（2）代表节理组数的参数 J_n 常常受劈理、片理、板岩劈理或层理的影响。如果这类平行的节理很发育，显然可视它们为一个节理组；但如果明显可见的节理很稀疏，或者岩芯中由于这些节理偶尔出现个别断裂，则在计算 J_n 值时，视它们为随机节理似乎更为合适。

（3）参数 J_r 和 J_a（代表抗剪强度）应与给定区域中最软弱的主要节理组或黏土填充的不连续面联系起来，但比值 $\dfrac{J_r}{J_a}$ 应该与最可能起始破坏的面有关。如果这些 $\dfrac{J_r}{J_a}$ 值最小的节理组或不连续面的方位对稳定性是有利的，这时方位比较不利的第二组节理或不连续面有时可能更为重要，在这种情况下，计算 Q 值时后者的较大的 $\left(\dfrac{J_r}{J_a}\right)$ 值。

（4）当岩体含黏土时，必须计算出适用于松散荷载的系数 SRF。在这种情况下，完整岩块的强度并不重要。但是，如果节理很少又完全不含黏土，则完整岩块的强度可能变成最弱的环节，这时稳定性完全取决于岩体应力与岩体强度之比。强各向应力场对于稳定性是不利的因素，这种应力场已在表中关于应力折减系数中做了粗略考虑。

（5）如果现实的或将来的现场条件均使岩体处于水饱和状态，则完整岩块的抗压和抗拉强度（σ_c 和 σ_t）应在水饱和状态下测定。若岩体受潮或在水饱和后即行变坏，则估计这类岩体的强度时应当更加保守一些。

2.5.3　岩体地质力学（CSIR）分级[20]

岩体地质力学（CSIR）分类指标值 RMR（Rock Mass Rating）的五个影响参数分别为：岩石抗压强度 R_1、岩石质量指标（RQD）R_2、节理间距 R_3、节理状态 R_4 和地下水状态 R_5。分类时，按各种指标的数值按表 2-13A 的标准评分，然后考虑到结构面方位对地下工程的影响而引入修正参数 R_6，表示节理走向对地下工程的影响，修正后进一步突出了节理、裂隙对岩体稳定性产生的不利影响。按表 2-13A 取值，按表 2-13B 的规定对总分做适当修正。计算公式如下：

$$RMR = R_1 + R_2 + R_3 + R_4 + R_5 + R_6 \tag{2-19}$$

最后用修正的总分对照表 2-13C 求得所研究岩体的类别及相应的无支护地下工程的自稳时间和岩体强度指标（c，φ）值。

表 2-13　岩体地质力学（RMR）分级表

A　分级参数及其评分值

分类参数			数　值　范　围					
1	完整岩石强度/MPa	点荷载强度指标	>10	4~10	2~4	1~2	对强度较低的岩石宜用单轴抗压强度		
		单轴抗压强度	>250	100~250	50~100	25~50	5~25	1~5	<1
	评分值		15	12	7	4	2	1	0
2	岩芯质量指标 RQD/%		90~100	75~90	50~75	25~60	<25		
	评分值		20	17	13	8	3		

分类参数		数 值 范 围				
3	节理间距/cm	>200	60~200	20~60	6~20	<6
	评分值	20	15	10	8	5
4	节理条件	节理面很粗糙，节理不连续，节理宽度为零，节理面岩石坚硬	节理面稍粗糙，宽度<1mm。节理面岩石坚硬	节理面稍粗糙。宽度<1mm，节理面岩石较弱	节理面光滑或含厚度<5mm的软弱夹层，张开度1~5mm，节理连续	含厚度>5mm的软弱夹层，张开度>5mm，节理连续
	评分值	30	25	20	10	0
5	地下水条件	每10m长的隧道涌水/L·min^{-1}	0	<10	10~25	25~125	>125
		节理水压力/最大主应力	0	0.1	0.1~0.2	0.2~0.5	>0.5
		一般条件	完全干燥	潮湿	只有湿气（隙水）	中等水压	水的问题严重
	评分值	15	10	7	4	0

B 节理方向修正评分值

节理走向或倾向		非常有利	有利	一般	不利	非常不利
评分值	隧道	0	-2	-5	-10	-12
	地基	0	-2	-7	-15	-25
	边坡	0	-5	-25	-50~60	

C 按总评分值确定的岩体级别及岩体质量评价

评分值	100~81	80~61	60~41	40~21	<20
分级	I	II	III	IV	V
质量描述	非常好的岩体	好岩体	一般岩体	差岩体	非常差岩体
平均稳定时间	（15m 跨度）20a	（10m 跨度）1a	（5m 跨度）7d	（2.5m 跨度）10h	（1m 跨度）30min
岩体内聚力/kPa	>400	300~400	200~300	100~200	<100
岩体内摩擦角/(°)	>45	35~45	25~35	15~25	<15

2.5.4 地质强度指标（GSI）[21]

地质强度指标（GSI）是用来估算不同地质条件下岩体的强度，它根据岩体结构、岩体中岩块的嵌锁状态和岩体中不连续结构面状态并综合各种地质信息进行估算的，该方法在岩体稳定性评价中应用非常广泛。地质强度指标（GSI）分类法最早是由 Hoek、Kaiser 和 Brown 于 1995 年提出建立的，它突破了 RMR、Q 等方法不能很好地应用于质量极差的破碎岩体的局限性，并且经修正后的 GSI 法还可用于受工程扰动的岩体。GSI 分类法修正了 Hoek-Brown 岩体破坏准则，可以估算不同地质条件下的岩体强度，为工程岩体数值模拟分析提供必要的岩体参数。GSI 反映了各种地质条件对岩体强度的削弱程度，用来细致地描述岩体的特性，它是一个确切的数值，变化范围从 0 到 100。

当前，地质强度指标 GSI 值的确定主要有两种方式：一、针对质量较好的岩体（GSI>25），利用 GSI 与 RMR 之间的经验关系式估算 GSI 值（GSI=RMR−5）。该公式取自 Bieniawski 的岩体评分系统，RMR 值取得时要求地下水参数为 15，节理方向调节系数为 0。根据地质描述查表判断 GSI 值，即根据野外地质调查确定岩石块体相互镶嵌程度和节理蚀变程度表征的岩体特征，然后确定岩体的 GSI 值，其准确性依赖于工程研究人员的经验及专业知识。

（1）利用 GSI 与 RMR 之间的经验关系式估算 GSI 值。当井筒围岩的 GSI>25 时，利用 GSI 与 RMR 之间的经验关系式 GSI=RMR−5 估算 GSI 值。

（2）根据现场调查实际情况，结合图 2-20 进行 GSI 取值。

2.6　岩体力学参数估算

岩体主要由结构面和岩块组成，岩体在结构面切割弱化的作用下，其力学参数与完整岩石的力学参数有较大差别，故室内岩石力学试验测得的岩石力学参数不能直接用于工程岩体计算中。虽然理论上岩体的力学参数可通过现场原位试验获得，但由于试验过程费时费力、成本高且不确定性因素较多，一般很少进行现场测试。另外考虑到原位岩体力学试验的方法、设备、手段与现场工程条件的差异性，其现场试验结果也不完全具有代表性和通用性。因此，常规上以工程岩体分级为基础，应用经验公式确定岩体力学参数，获得接近实际的岩体力学特性指标用于工程岩体计算。

针对岩石力学参数来获得实际岩体力学参数的研究，国内外学者在这方面进行了大量的工作，提出了各自的经验关系式。对于同一个工程，使用不同文献中的经验公式估算岩体参数值往往相差较大，岩体参数的确定仍存在较大的不确定性。因此，在 RMR、Q 和 GSI 岩体质量分级的基础上，应用经验公式估算岩体强度和变形参数。

2.6.1　Hoek-Brown 参数

Hoek-Brown 强度准则是由 Hoek 和 Brown 在 1980 年提出，在 Griffith 强度理论的基础上通过对 Bougainville 露天铜矿的几百组高强度的安山岩石三轴试验数据和大量现场岩体试验成果的统计分析所得到的，可反映岩石破坏时极限主应力之间的非线性经验关系[22]，其表达式为：

$$\sigma_1 = \sigma_3 + \sigma_{ci}\sqrt{m\sigma_3/\sigma_{ci} + s} \tag{2-20}$$

式中，σ_1 与 σ_3 分别为岩体破坏时的最大和最小主应力（压应力为正）；σ_{ci} 为岩块单轴抗压强度，可由室内试验确定；m 和 s 为材料常数；m 反映岩石的软硬程度，取值范围为 3~44，对于完整岩体取值为 44，对于严重扰动岩体取值为 3；s 反映岩体的破碎程度，对于完整岩块取 1，对于破碎岩体取 0。

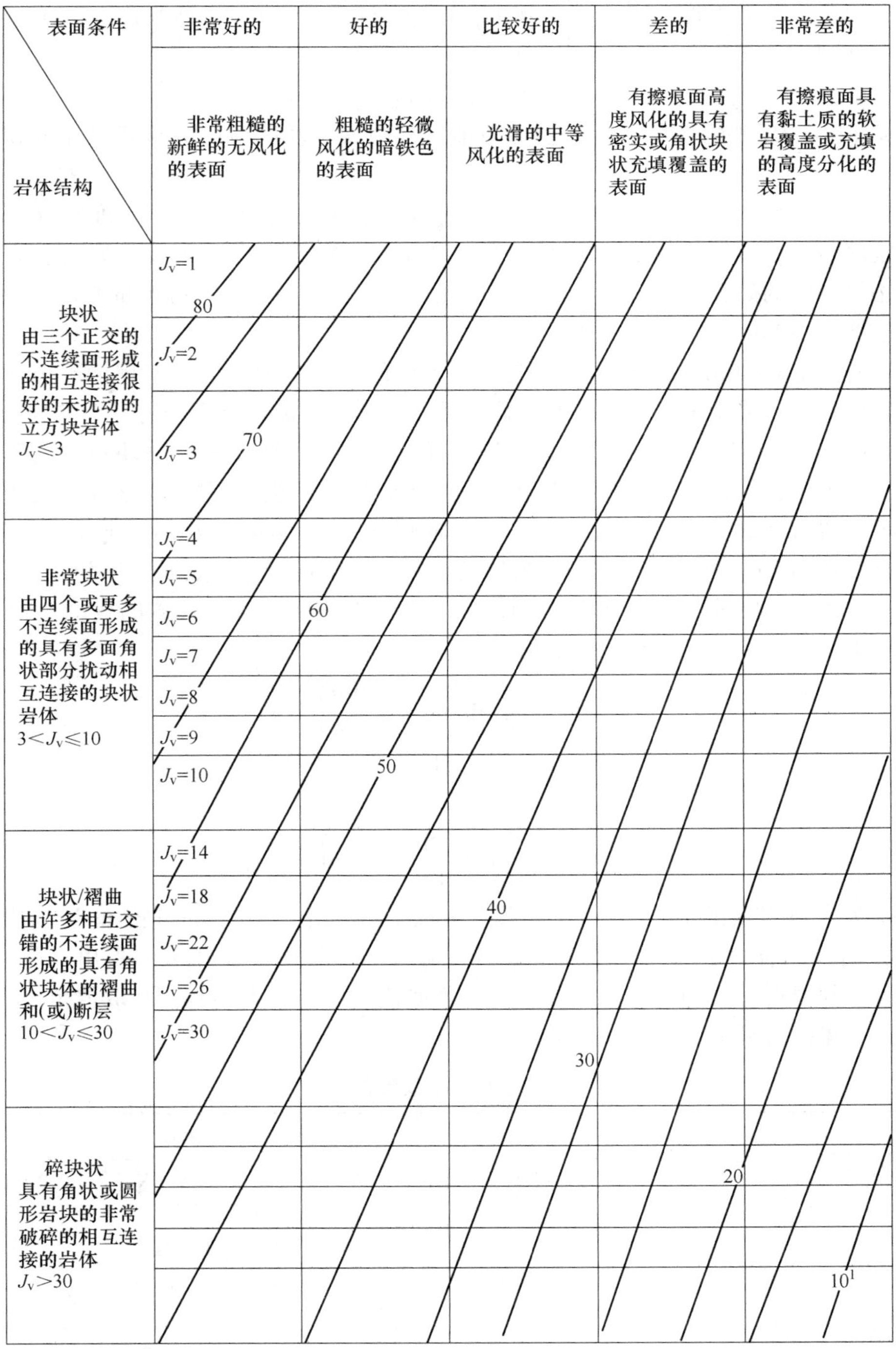

表面条件　　岩体结构	非常好的 非常粗糙的新鲜的无风化的表面	好的 粗糙的轻微风化的暗铁色的表面	比较好的 光滑的中等风化的表面	差的 有擦痕面高度风化的具有密实或角状块状充填覆盖的表面	非常差的 有擦痕面具有黏土质的软岩覆盖或充填的高度分化的表面
块状 由三个正交的不连续面形成的相互连接很好的未扰动的立方块岩体 $J_v \leq 3$	$J_v=1$ 80 $J_v=2$ $J_v=3$　70				
非常块状 由四个或更多不连续面形成的具有多面角状部分扰动相互连接的块状岩体 $3<J_v\leq10$	$J_v=4$ $J_v=5$ $J_v=6$　60 $J_v=7$ $J_v=8$ $J_v=9$ $J_v=10$　50				
块状/褶曲 由许多相互交错的不连续面形成的具有角状块体的褶曲和(或)断层 $10<J_v\leq30$	$J_v=14$ $J_v=18$ $J_v=22$　40 $J_v=26$ $J_v=30$　30				
碎块状 具有角状或圆形岩块的非常破碎的相互连接的岩体 $J_v>30$				20 10^1	

图 2-20　GSI 分级系统图表

初始的 Hoek-Brown 准则又称狭义的 Hoek-Brown 准则，是针对硬岩提出并不断的应用于工程实践中。而研究表明，当该准则应用于质量较差的岩体中时，会过高估计岩体的抗拉强度。因此，该准则被不断修正。其中，1992 年修改的版本被称为广义的 Hoek-Brown 岩体强度准则[23]，其表达式为：

$$\sigma_1 = \sigma_3 + \sigma_{ci} m_b \ (\sigma_3/\sigma_{ci} + s)^a \tag{2-21}$$

式中，m_b 和 a 为反映岩体特征的经验参数值，其中 m_b 类似于 m，a 为反映不同岩体的经验参数。

广义 Hoek-Brown 准则适用范围更广，它包含了狭义的 Hoek-Brown 准则（$a = 0.5$），可用于破碎岩体，特别是在低应力条件下。Eberhardt 对该强度准则及其岩石和岩体参数确定方法等方面的研究进行总结，讨论了其优点和不足。目前，该强度准则已成为国际岩石力学学会（ISRM）建议方法之一。

正确使用 Hoek-Brown 强度准则的关键在于如何针对各种特定的工程情况选取合适的岩石和岩体参数。采用该准则评估岩体强度及变形参数，需要首先确定三个参数：岩块单轴抗压强度 σ_{ci}、定义岩石摩擦特性的常数 m 和地质强度指标 GSI。岩块单轴抗压强度可由室内实验确定，但是对于软弱非均匀岩体，获取实验室测试试样较为困难，可由点载荷实验确定。岩石常数 m_i 一般通过岩石试样三轴测试或者 Hoek 和 Brown 建议的数值确定。确定岩石参数 m_i 后，可结合工程现场岩体的实际情况确定岩体参数 m_b、s 和 a。

Hoek 等结合地质强度指标 GSI 并引入了考虑爆破损伤与应力释放的扰动参数 D 的基础上提出了岩体参数 m_b、s 和 a 的取值方法：

$$m_b = m_i \exp\left(\frac{GSI - 100}{28 - 14D}\right) \tag{2-22}$$

$$s = \exp\left(\frac{GSI - 100}{9 - 3D}\right) \tag{2-23}$$

$$a = \frac{1}{2} + \frac{1}{6}\left[\exp\left(-\frac{GSI}{15}\right) - \exp\left(-\frac{20}{3}\right)\right] \tag{2-24}$$

式中，m_i 为完整岩块的 Hoek-Brown 常数。Hoek 和 Brown 给出了 m_i 取值的初步建议；此后，Hoek 等又结合大量工程地质人员来自实验室和工程的经验积累，提出比较全面的、可以覆盖多种岩石（质地和矿物成分）的详细取值方法，见表 2-14。D 取值范围为 0~1，岩体工程的建议值可参考表 2-15 选取。

表 2-14 m_i 取值表

岩石类型	分类		质 地			
			粗糙	中等	精细	非常精细
沉积岩	碎屑状		砾岩（21±3） 角砾岩（19±5）	砂岩 17±4	粉砂岩 7±2 硬砂岩（18±3）	黏土岩 4±2 页岩（6±2） 泥灰岩（7±2）
	非碎屑	碳酸岩	结晶灰岩（12±3）	粉晶灰岩（10±2）	微晶灰岩（9±2）	白云质（9±3）
		蒸发岩		石膏 8±2	硬石膏 12±2	
		有机物				白垩 7±2

岩石类型	分类		质 地			
			粗糙	中等	精细	非常精细
变质岩	非片理化		大理岩 9±3	角页岩（19±4） 变质砂岩（19±3）	石英岩 20±3	
	轻微片理化		混合岩（29±3）	闪岩 26±6	片麻岩 28±5	
	片理化①			片岩 12±3	千枚岩（7±3）	板岩 7±4
火成岩	深成类	浅色	花岗岩 32±3 花岗闪长岩(29±3)	闪长岩 25±5		
		深色	辉长岩 27±3 苏长岩 20±5	粗粒玄武岩(16±5)		
	半深成类		斑岩（20±5）		辉绿岩（15±5）	橄榄岩（25±5）
	火山类	熔岩		流纹岩（25±5） 安山岩 25±5	英安岩（25±3） 玄武岩（25±5）	黑曜岩（19±3）
		火山碎屑	集块岩 （19±3）	角砾岩 （19±5）	凝灰岩 （13±5）	

注：该表格为最新版本的估计值表；括号内的数值均为估计值。

①该行中的数值为完整岩块垂直于层面或片理面所测定；若岩体沿着软弱面破坏，则数值将会有极大不同。

表 2-15 岩体扰动参数 D 的建议值

参考图片	岩体描述	建议 D 值
	采用先进的控制爆破技术或通过隧道掘进机对隧道围岩产生极小的扰动	$D=0$
	在岩体质量差的区域（无爆破）进行机械或人工开挖对围岩产生极小扰动	$D=0$
	如左图所示，除非隧道地板施工一个临时性的衬砌拱，否则巷道受挤压将会造成严重底鼓、扰动	$D=0.5$
	非常差的爆破效果会导致硬岩巷道产生严重的局部破坏，甚至延伸至围岩中 2~3m	$D=0.8$

参考图片	岩体描述	建议 D 值
	岩石边坡工程中小规模爆破会导致岩体产生适度破坏，应力释放引起岩体扰动	$D = 0.7$ 爆破质量较好
		$D = 1$ 爆破质量较差
	较大的露天边坡由于大规模爆破和岩体爆破移除后产生应力释放造成严重扰动	$D = 1$ 生产爆破
	软弱岩体用撬挖或者机械方式开挖，对边坡损伤较低	$D = 0.7$ 机械开挖

2.6.2　岩体变形模量

采用现场原位试验确定岩体变形模量由于受时间和经费的限制十分困难。因此，一般采用基于岩体分级的工程经验法确定岩体变形模量。不同研究者所提出的经验公式见表 2-16。

表 2-16　岩体弹性模量 E_{mass} 估算的经验公式

研究者	年份	经验公式	适用条件	公式编号
Bieniawski	1978	$E_{mass} = 2RMR - 100$	RMR>50	(2-25)
Barton 等	1980	$E_{mass} = 25\lg Q$	$Q>1$	(2-26)
Serafim 和 Pereira	1983	$E_{mass} = 10^{(RMR-10)/40}$	RMR<50	(2-27)
Nicholson 和 Bieniawski	1990	$E_{mass} = \dfrac{E_i}{100}\left[0.0028RMR^2 + 0.9\exp\left(\dfrac{RMR}{22.8}\right)\right]$		(2-28)
Read 等	1999	$E_{mass} = 0.1(RMR/10)^3$		(2-29)
Hoek 等	2000	$E_{mass} = (1 - D/2)\sqrt{\sigma_{ci}/100}\,10^{(GSI-10)/40}$	$\sigma_{ci} \leqslant 100$	(2-30)
		$E_{mass} = (1 - D/2)10^{(GSI-10)/40}$	$\sigma_{ci} > 100$	
Barton 等	2002	$E_{mass} = 10Q_c^{1/3}$		(2-31)
Sonmez 等	2004	$E_{mass} = E_i(s^a)^{0.4}$		(2-32)
Hoek 和 Diederichs	2006	$E_{mass} = E_i\left[0.02 + \dfrac{1 - D/2}{1 + e^{(60+15D-GSI)/11}}\right]$		(2-33)

注：σ_{ci} 为完整岩石的单轴抗压强度，MPa；E_i 为岩石的弹性模量，GPa；$a = 0.16 \sim 0.35$，坚硬岩石取值 0.16，软弱岩石取值为 0.35。

2.6.3　岩体强度

岩体抗压强度主要与岩体分类有关，并通过经验公式计算获得，其中大多数关系式与完整岩块单轴抗压强度有关。其中的一些关系式见表 2-17。

表 2-17　岩体弹性模量 σ_{cmass} 估算的经验公式

研究者	年份	经验公式	适用条件	公式编号
Hoek 和 Brown	1980	$\sigma_{cmass}/\sigma_{ci} = \sqrt{\exp(RMR - 100)/9}$		(2-34)
Kalamara 和 Bieniawski	1993	$\sigma_{cmass}/\sigma_{ci} = \sqrt{\exp(RMR - 100)/24}$		(2-35)
Goel 等	1994	$\sigma_{cmass} = 5.5\gamma Q_N^{1/3}/B^{0.1}$		(2-36)
Bhasin 和 Grimstaad	1996	$\sigma_{cmass} = (\sigma_{ci}/100)7\gamma Q^{1/3}$	$Q > 10$	(2-37)
Singh 等	1997	$\sigma_{cmass} = 7\gamma Q^{1/3}$	$Q < 10$	(2-38)
Sheory 等	1997	$\sigma_{cmass}/\sigma_{ci} = \sqrt{\exp(RMR - 100)/20}$		(2-39)
Aydan 和 Dalgis	1998	$\sigma_{cmass}/\sigma_{ci} = RMR[RMR + 6(100 - RMR)]$		(2-40)
Hoek 等	2002	$\sigma_{cmass} = \sigma_{ci}s^a$		(2-41)
Barton 等	2002	$\sigma_{cmass} = 5\gamma Q_N^{1/3}$		(2-42)

注：γ 为岩石的容重，t/m^3。

另外，岩体单轴抗拉强度的估算方法较少，目前最为广泛使用的 Hoek-Brown 准则，估算方法如下：

$$\sigma_{tmass} = - s\sigma_{ci}/m_b \tag{2-43}$$

2.6.4　等效 Mohr-Coulomb 强度参数[23]

由于大部分岩土工程分析软件遵从莫尔-库仑模型强度准则，因此需要把 Hoek-Brown 准则参数转变成莫尔-库仑强度参数。内聚力 c' 和内摩擦角 φ' 可以通过式（2-44）和式（2-45）进行估算。

$$c' = \frac{\sigma_{ci}[(1 + 2a)s + (1 - a)m_b\sigma_{3n}](s + m_b\sigma_{3n})^{a-1}}{(1 + a)(2 + a)\sqrt{1 + 6am_b(s + m_b\sigma_{3n})^{a-1}/[(1 + a)(2 + a)]}} \tag{2-44}$$

$$\varphi' = \sin^{-1}\left[\frac{6am_b(s + m_b\sigma_{3n})^{a-1}}{2(1 + a)(2 + a) + 6am_b(s + m_b\sigma_{3n})^{a-1}}\right] \tag{2-45}$$

$$\sigma_{3n} = \sigma_{3max}/\sigma_c$$

式中，σ_c 为室内岩石单轴抗压强度；σ_{3max} 为 Hoek-Brown 准则与 Mohr-Coulomb 准则关系限制应力的上限值，可以通过式（2-46）进行计算：

$$\frac{\sigma_{3max}}{\sigma_{cmass}} = 0.47\left(\frac{\sigma_{cmass}}{\gamma H}\right)^{-0.94} \tag{2-46}$$

式中，σ_{cmass} 为岩体抗压强度，MPa；γ 为岩体的容重，MN/m^3；H 为埋深，m。当水平应力值超过垂直应力时，γH 由水平应力值代替。

参 考 文 献

[1] Core, Logging, Committee. A guide to core logging for rock engineering [J]. Environmental & Engineering

Geoscience, 1978, XV (3): 295-328.

[2] Jennings, J E, Bring, A B A, Williams, A A. Revised guide to soil profiling for civil engineering purposes in South Africa [J]. Siviele Ingenieurswese, 1973.

[3] Miller R P. Engineering classification and index properties for intact rock [D]. Univ. Illinois, 1965.

[4] South African code of stratigraphic terminology and nomenclature [J]. 1971, 74 (3): 111-131.

[5] Price N J. Fault and Joint Development in Brittle and Semi-Brittle Rock [M]. Pergamon, 1966.

[6] Piteau D R. Geological factors significant to the stability of slopes in rock [C] // Planning Openpit Mines. van Rensburg P W J, Balkema A A, ed. Capetown 1970: 33-53.

[7] 贾喜荣. 岩石力学与岩层控制 [M]. 徐州: 中国矿业大学出版社, 2010.

[8] 田柯, 田取珍. 锚杆支护参数对巷道围岩稳定性影响研究 [J]. 山西煤炭, 2011, 31 (5): 44-47.

[9] 田和平, 牛显, 王嘉乐. 松软破碎围岩大断面跨层巷道层位确定及其稳定性研究 [J]. 山西煤炭, 2012, 32 (5): 50-51.

[10] 戴俊. 岩石动力学特性与爆破理论 [M]. 北京: 冶金工业出版社, 2013.

[11] 李新平, 汪斌, 周桂龙. 我国大陆实测深部地应力分布规律研究 [C] // 第3届全国工程安全与防护学术会议论文集, 2012: 2875-2880.

[12] 李鹏, 苗胜军. 中国大陆金属矿区实测地应力分析及应用 [J]. 工程科学学报, 2017, 39 (3): 323-334.

[13] 景锋, 盛谦, 张勇慧, 等. 中国大陆浅层地壳实测地应力分布规律研究 [J]. 岩石力学与工程学报, 2007 (10): 2056-2062.

[14] 蔡增祥, 刘尉俊, 秦云东, 等. 千米深井深部地应力测量与分布规律探索 [J]. 中国矿业, 2019 (A01): 275-278.

[15] 蔡美峰. 岩石力学与工程 [M]. 北京: 科学出版社, 2002.

[16] 徐志英. 岩石力学 [M]. 2版. 北京: 水利电力出版社, 1986.

[17] Zienkiewicz O C, Stagg K G. Rock Mechanics in Engineering Practice [M]. Wiley, 1969.

[18] Goel R K. Engineering rock mass classification [J]. Petroleum, 2012, 251 (3): 357-365.

[19] Barton N. Application of Q-system and index tests to estimate shear strength and deformability of rock masses [C] // In Workshop on Norwegian Method of Tunnelling. New Delhi, 1993: 66-84.

[20] Kaiser P K, MacKay C, Gale A D. Evaluation of rock classifications at B. C. Rail Tumbler Ridge Tunnels [C] // Rock Mechanics and Rock Engineering, New York: Springer Verlag, 1986: 205-234.

[21] Hoek E, Brown E T. Practical estimates of rock mass strength [J]. International Journal of Rock Mechanics and Mining Sciences, 1997, 34 (8): 1165-1186.

[22] Hoek E. Hoek-Brown failure criterion-2002 edition [C] // Proceedings of the Fifth North American Rock Mechanics Symposium, 2002, 1: 18-22.

[23] Hoek E, Brown E T. The Hoek-Brown failure criterion-a 1998 update [J]. Journal of Heuristics, 1988, 16 (2): 167-188.

3　开挖井筒围岩力学性态分析

竖井建设过程井筒围岩的力学响应特征主要指开挖后井筒围岩的应力重分布规律及其致使井筒围岩变形破坏的特征，包括未支护井筒围岩横剖面的应力分布特征、纵剖面工作面附近井筒围岩应力的分布特征等，而变形特征主要指井筒围岩径向收敛规律，为开挖竖井井筒围岩的稳定性分析与控制提供基础。

井筒稳定与否是开挖扰动应力、地质特征、岩体条件以及开挖方式的共同作用结果。井筒开挖之前，岩体处于静止平衡状态；井筒开挖之后破坏了原岩应力平衡，井筒周围各点应力状态发生变化，应力重新分布、调整，达到新的应力平衡（图 3-1）。井筒围岩应力状态不仅与开挖前岩体的初始应力状态、井筒形状、岩体物理力学性质等因素有关，而且也与施工工艺、支护结构与力学性质等因素有关。当深竖井开挖扰动应力超过岩石单轴抗压强度时，井筒围岩将以稳定或不稳定方式发生不同性质的脆性破坏[2]，即深竖井开挖扰动致灾过程与高应力作用下岩体破坏响应直接相关，尤其是井筒开挖后其位移量变化及岩体高应变储能状态。

由此，掌握井筒开挖围岩应力响应特征对深竖井开挖围岩破坏失稳机制与控制至关重要。

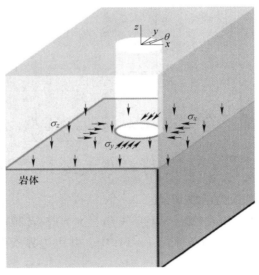

图 3-1　井筒围岩受力状态

3.1　井筒受力弹性力学分析

3.1.1　无衬砌时井筒围岩应力与变形分布特征

将井筒围岩看成是各向同性、连续、均质的线弹性体，弹性岩体中的井筒开挖后围岩应力重分布，应力可用柯西（Kirsh，1898）理论求解[1]，将其看作平面应变问题。

如图 3-2 所示，任取一点 $M(r, \theta)$ 按平面问题处理，不计体力，则平衡方程为：

$$\begin{cases} \sigma_r = \dfrac{1}{r}\dfrac{\partial \Phi}{\partial r} + \dfrac{1}{r^2}\dfrac{\partial^2 \Phi}{\partial \theta^2} \\[2mm] \sigma_\theta = \dfrac{\partial^2 \Phi}{\partial r^2} \\[2mm] \tau_{r\theta} = \dfrac{1}{r^2}\dfrac{\partial \Phi}{\partial \theta} - \dfrac{1}{r}\dfrac{\partial^2 \Phi}{\partial r \partial \theta} \end{cases} \tag{3-1}$$

式中，Φ 为应力函数，它是 x 和 y 的函数，也是 r 和 θ 的函数。

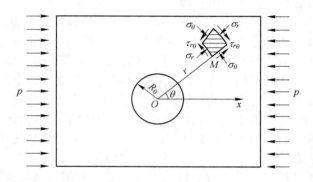

图 3-2   柯西理论分析示意图

边界条件：

（1）当 $r = R_0$ 时，

$$\sigma_r = \tau_{r\theta} = 0 \tag{3-2}$$

（2）当 $r \gg R_0$ 时，

$$\begin{cases} \sigma_r = \dfrac{\sigma_1 + \sigma_3}{2} + \dfrac{\sigma_1 - \sigma_3}{2}\cos(2\theta) = \dfrac{p}{2} + \dfrac{p}{2}\cos(2\theta) \\[2mm] \tau_{r\theta} = -\dfrac{\sigma_1 - \sigma_3}{2}\sin(2\theta) = -\dfrac{p}{2}\sin(2\theta) \end{cases} \tag{3-3}$$

设满足方程（3-1）的应力函数 Φ 为：

$$\Phi = A\ln r + Br^2 + (cr^2 + Dr^{-2} + F)\cos(2\theta) \tag{3-4}$$

将应力函数（3-4）代入平衡条件式（3-1）中，并由边界条件式（3-2）和式（3-3）解出待定系数为：

$$A = -\frac{pR_0^2}{2}, \ \ B = \frac{p}{4}, \ \ c = -\frac{p}{4}, \ \ D = -\frac{pR_0^4}{4}, \ \ F = \frac{pR_0^2}{2} \tag{3-5}$$

所以应力函数 Φ 为：

$$\Phi = -\frac{pR_0^2}{2}\left[\ln r - \frac{r^2}{2R_0^2} - \left(1 - \frac{r^2}{2R_0^2} - \frac{R_0^2}{2r^2}\right)\cos(2\theta)\right] \tag{3-6}$$

将其代入式（3-1）中可得各应力分量：

$$\begin{cases} \sigma_r = \dfrac{p}{2}\left[\left(1 - \dfrac{R_0^2}{r^2}\right) + \left(1 - \dfrac{4R_0^2}{r^2} + \dfrac{3R_0^4}{r^4}\right)\cos(2\theta)\right] \\[3mm] \sigma_\theta = \dfrac{p}{2}\left[\left(1 + \dfrac{R_0^2}{r^2}\right) - \left(1 + \dfrac{3R_0^4}{r^4}\right)\cos(2\theta)\right] \\[3mm] \tau_{r\theta} = -\dfrac{p}{2}\left[\left(1 + \dfrac{2R_0^2}{r^2} - \dfrac{3R_0^4}{r^4}\right)\cos(2\theta)\right] \end{cases} \tag{3-7}$$

参照图 3-3 井筒开挖围岩应力计算简图, 利用弹性力学求解井筒开挖后围岩应力重分布情况。分别计算出最大水平主应力 (σ_H)、最小水平主应力 (σ_h) 作用下井筒围岩的应力重分布情况如下:

(1) 由最小水平主应力 σ_h 产生的重分布应力

$$\begin{cases} \sigma_r = \dfrac{\sigma_h}{2}\left[\left(1 - \dfrac{R_0^2}{r^2}\right) - \left(1 - \dfrac{4R_0^2}{r^2} + \dfrac{3R_0^4}{r^4}\right)\cos(2\theta)\right] \\[3mm] \sigma_\theta = \dfrac{\sigma_h}{2}\left[\left(1 + \dfrac{R_0^2}{r^2}\right) + \left(1 + \dfrac{3R_0^4}{r^4}\right)\cos(2\theta)\right] \\[3mm] \tau_{r\theta} = \dfrac{\sigma_h}{2}\left[\left(1 + \dfrac{R_0^2}{r^2} - \dfrac{3R_0^4}{r^4}\right)\sin(2\theta)\right] \end{cases} \tag{3-8}$$

(2) 由最大水平主应力 σ_H 产生的重分布应力

$$\begin{cases} \sigma_r = \dfrac{\sigma_H}{2}\left[\left(1 - \dfrac{R_0^2}{r^2}\right) - \left(1 - \dfrac{4R_0^2}{r^2} + \dfrac{3R_0^4}{r^4}\right)\cos(2\theta)\right] \\[3mm] \sigma_\theta = \dfrac{\sigma_H}{2}\left[\left(1 + \dfrac{R_0^2}{r^2}\right) + \left(1 + \dfrac{3R_0^4}{r^4}\right)\cos(2\theta)\right] \\[3mm] \tau_{r\theta} = \dfrac{\sigma_H}{2}\left[\left(1 + \dfrac{R_0^2}{r^2} - \dfrac{3R_0^4}{r^4}\right)\sin(2\theta)\right] \end{cases} \tag{3-9}$$

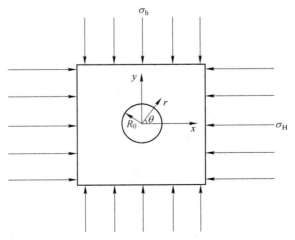

图 3-3 井筒开挖围岩应力计算简图

式 (3-8) 和式 (3-9) 进行叠加, 就得到了在 σ_H、σ_h 两向应力作用下的井筒开挖围岩应力重分布情况:

$$\begin{cases} \sigma_r = \dfrac{1}{2}(\sigma_h + \sigma_H)\left(1 - \dfrac{R_0^2}{r^2}\right) - \dfrac{1}{2}(\sigma_h - \sigma_H)\left(1 - 4\dfrac{R_0^2}{r^2} + 3\dfrac{R_0^4}{r^4}\right)\cos(2\theta) \\ \sigma_\theta = \dfrac{1}{2}(\sigma_h + \sigma_H)\left(1 + \dfrac{R_0^2}{r^2}\right) + \dfrac{1}{2}(\sigma_h - \sigma_H)\left(1 + 3\dfrac{R_0^4}{r^4}\right)\cos(2\theta) \\ \tau_{r\theta} = \dfrac{1}{2}(\sigma_h - \sigma_H)\left(1 + 2\dfrac{R_0^2}{r^2} - 3\dfrac{R_0^4}{r^4}\right)\sin(2\theta) \end{cases} \quad (3\text{-}10)$$

当 $r = r_0$ 时 (井壁处), 式 (3-10) 可化简为:

$$\begin{cases} \sigma_r = 0 \\ \sigma_\theta = \sigma_h + \sigma_H + 2(\sigma_h - \sigma_H)\cos(2\theta) \\ \tau_{r\theta} = 0 \end{cases} \quad (3\text{-}11)$$

式中, σ_H、σ_h 分别为水平最大、最小主应力; R_0 为井筒半径; r 为极坐标半径; θ 为极坐标的角度 (以水平的 x 轴起, 逆时针转动)。

与井筒围岩应力重分布弹性分析适用条件相同, 都适用于低应力下坚硬完整岩石。根据弹性理论, 利用平面应变与位移间的关系, 平面应变与平面应力的物理方程及弹性解的应力重分布, 得出井筒围岩变形弹性解:

$$\begin{cases} u = \dfrac{1 - \nu^2}{E_m}\left[\dfrac{\sigma_h + \sigma_H}{2}\left(r + \dfrac{r_0^2}{r}\right) - \dfrac{\sigma_h - \sigma_H}{2}\left(r - \dfrac{r_0^4}{r^3} + 4\dfrac{r_0^2}{r}\right)\cos(2\theta)\right] - \\ \qquad \dfrac{\nu(1 + \nu)}{E_m}\left[\dfrac{\sigma_h + \sigma_H}{2}\left(r - \dfrac{r_0^2}{r}\right) - \dfrac{\sigma_h - \sigma_H}{2}\left(r - \dfrac{r_0^4}{r^3}\right)\cos(2\theta)\right] \\ v = \dfrac{1 - \nu^2}{E_m}\left[\dfrac{\sigma_h - \sigma_H}{2}\left(r + \dfrac{r_0^4}{r^3} + 2\dfrac{r_0^2}{r}\right)\sin(2\theta)\right] + \\ \qquad \dfrac{\nu(1 + \nu)}{E_m}\left[\dfrac{\sigma_h - \sigma_H}{2}\left(r + \dfrac{r_0^4}{r^3} - 2\dfrac{r_0^2}{r}\right)\sin(2\theta)\right] \end{cases} \quad (3\text{-}12)$$

井壁处位移 ($r = r_0$):

$$\begin{cases} u_{r_0} = \dfrac{(1 - \nu^2)r_0}{E_m}\left[\sigma_h + \sigma_H - 2(\sigma_h - \sigma_H)\cos(2\theta)\right] \\ v_{r_0} = \dfrac{2(1 - \nu^2)r_0}{E_m}(\sigma_h - \sigma_H)\cos(2\theta) \end{cases} \quad (3\text{-}13)$$

式 (3-12) 和式 (3-13) 是天然应力与开挖卸荷作用下共同引起的围岩位移, 通常认为, 天然应力引起的位移在井筒开挖之前就已经完成了, 所以井筒围岩产生的位移完全是由开挖引起的。

因井筒开挖卸荷引起的位移 u 和应变 ε_r、ε_r 和 σ_r 的关系, 由弹性理论有:

$$\begin{cases} \varepsilon_r = \dfrac{\partial u}{\partial r} \\ \varepsilon_r = \dfrac{1 - \nu_{\mathrm{m}}^2}{E_{\mathrm{m}}}\left(\Delta \sigma_r - \dfrac{\nu_{\mathrm{m}}}{1 - \nu_{\mathrm{m}}}\Delta \sigma_{\theta}\right) \end{cases} \tag{3-14}$$

假设天然应力状态为 $\sigma_H = \sigma_h = \sigma_0$，得：

开挖前：

$$\sigma_{r1} = \sigma_{\theta 1} = \sigma_0 \tag{3-15}$$

开挖后（由 $\sigma_r = \sigma_0\left(1 - \dfrac{R_0^2}{r^2}\right)$ 得）：

$$\sigma_{r2} = 0,\ \sigma_{\theta 2} = 2\sigma_0 \tag{3-16}$$

所以，因开挖卸荷引起的径向和环向应力差（增量）为：

$$\begin{cases} \Delta \sigma_r = \sigma_{r2} - \sigma_{r1} = -\sigma_0 \\ \Delta \sigma_{\theta} = \sigma_{\theta 2} - \sigma_{\theta 1} = \sigma_0 \end{cases} \tag{3-17}$$

那么由（$\Delta \sigma_r$）和（$\Delta \sigma_{\theta}$）引起的径向应变和位移增量为：

$$\varepsilon_r = \frac{\partial u}{\partial r} = \frac{1 - \nu_{\mathrm{m}}^2}{E_{\mathrm{m}}}\left(-\sigma_0 - \frac{\nu_{\mathrm{m}}}{1 - \nu_{\mathrm{m}}}\sigma_0\right) = -\frac{1 + \nu_{\mathrm{m}}}{E_{\mathrm{m}}}\sigma_0 \tag{3-18}$$

上式两边积分后可得：

$$u_{r_0} = \int_{r_0}^{0} \frac{-(1 + \nu_{\mathrm{m}})}{E_{\mathrm{m}}}\sigma_0 \mathrm{d}r = \frac{1 + \nu_{\mathrm{m}}}{E_{\mathrm{m}}}\sigma_0 r_0 \tag{3-19}$$

式中，u_{r_0} 为圆形井筒围岩（ $r = r_0$ ）因开挖卸荷引起的径向位移；r_0 为井筒半径；E_{m}，ν_{m} 为围岩的弹性模量和泊松比。

3.1.2 有衬砌时井筒围岩应力与变形分布特征

由于井筒开挖面的空间效应，围岩应力与位移还未得到充分释放。因此可以假定衬砌外径 r_0 与井筒半径相等，衬砌与开挖同时完成。衬砌的相关参数加角标 c，忽略衬砌与围岩接触面间的摩擦力。图 3-4 所示为计算示意图，计算过程如下[2]。

已知衬砌内壁 $r = r_1$：$\sigma_{cr} = 0$；$\tau_{cr\theta} = 0$；衬砌外壁 $r = r_0$：$\sigma_r = \sigma_{cr}$，$u = u_c$，$\tau_{r\theta} = \tau_{cr\theta} = 0$。

则围岩内部 $r = \infty$：

$$\sigma_r = \frac{p}{2}(1 + \lambda) + \frac{p}{2}(1 - \lambda)\cos(2\theta) \tag{3-20}$$

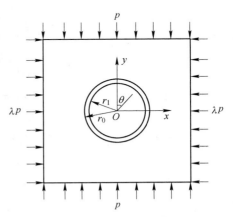

图 3-4 井筒围岩与衬砌计算示意图

$$\sigma_{\theta} = \frac{p}{2}(1 + \lambda) - \frac{p}{2}(1 - \lambda)\cos(2\theta) \tag{3-21}$$

$$\tau_{r\theta} = -\frac{p}{2}(1 - \lambda)\sin(2\theta) \tag{3-22}$$

由上述边界条件，进一步可求得相应介质的应力分量和位移分量。

则围岩的应力与位移为：

$$\sigma_r = \frac{p}{2}\left[(1+\lambda)\left(1-\frac{\gamma r_0^2}{r^2}\right)+(1-\lambda)\left(1-\frac{2\beta r_0^2}{r^2}-\frac{3\delta r_0^4}{r^4}\right)\cos(2\theta)\right] \qquad (3-23)$$

$$\sigma_\theta = \frac{p}{2}\left[(1+\lambda)\left(1+\frac{\gamma r_0^2}{r^2}\right)-(1-\lambda)\left(1-\frac{3\delta r_0^4}{r^4}\right)\cos(2\theta)\right] \qquad (3-24)$$

$$\tau_{r\theta} = -\frac{P}{2}(1-\lambda)\left(1+\frac{\beta r_0^2}{r^2}+\frac{3\delta r_0^4}{r^4}\right)\sin(2\theta) \qquad (3-25)$$

$$u = \frac{p r_0^2}{8Gr}\left\{2\gamma(1+\lambda)+(1-\lambda)\left[\beta(k+1)+\frac{2\delta r_0^2}{r^2}\right]\cos(2\theta)\right\} \qquad (3-26)$$

$$v = -\frac{p r_0^2}{8Gr}(1-\lambda)\left[\beta(k-1)-\frac{2\delta r_0^2}{r^2}\right]\sin(2\theta) \qquad (3-27)$$

衬砌的应力与位移为：

$$\sigma_{cr} = (2A_1+A_2r^{-2})-(A_5+4A_3r^{-2}-3A_6r^{-4})\cos(2\theta) \qquad (3-28)$$

$$\sigma_{c\theta} = (2A_1-A_2r^{-2})+(A_5+12A_4r^{-2}-3A_6r^{-4})\cos(2\theta) \qquad (3-29)$$

$$\tau_{c\theta} = (A_5+6A_4r^2-2A_3r^{-2}+3A_6r^{-4})\sin(2\theta) \qquad (3-30)$$

$$u_c = \frac{1}{2G_c}\left\{\left[(k_c-1)A_1r-A_2r^{-1}\right]+\left[(k_c-3)A_4r^3-A_5r+(k_c+1)A_3r^{-1}-A_6r^{-3}\right]\cos(2\theta)\right\}$$

$$\qquad (3-31)$$

$$v_c = \frac{1}{2G_c}\left[(k_c+3)A_4r^3+A_5r-(k_c-1)A_3r^{-1}-A_6r^{-3}\right]\sin(2\theta) \qquad (3-32)$$

上式中：

$$\gamma = \frac{G[(k_c-1)r_0^2+2r_1^2]}{2G_c(r_0^2-r_1^2)+G[(k_c-1)r_0^2+2r_1^2]} \qquad (3-33)$$

$$\beta = 2\frac{GH+G_c(r_0^2-r_1^2)^3}{GH+G_c(3k+1)(r_0^2-r_1^2)^3} \qquad (3-34)$$

$$\delta = -\frac{GH+G_c(k+1)(r_0^2-r_1^2)^3}{GH+G_c(3k+1)(r_0^2-r_1^2)^3} \qquad (3-35)$$

$$H = r_0^6(k_c+3)+3r_0^4r_1^2(3k_c+1)+3r_0^2r_1^4(k_c+3)+r_1^6(3k_c+1) \qquad (3-36)$$

$$A_1 = \frac{p}{4}(1+\lambda)(1-\gamma)\frac{r_0^2}{r_0^2-r_1^2} \qquad (3-37)$$

$$A_2 = -\frac{p}{2}(1+\lambda)(1-\gamma)\frac{r_0^2r_1^2}{r_0^2-r_1^2} \qquad (3-38)$$

$$A_3 = \frac{3p}{4}(1-\lambda)(1+\delta)\frac{r_0^2r_1^2(2r_0^4+r_0^2r_1^2+r_1^4)}{(r_0^2-r_1^2)^3} \qquad (3-39)$$

$$A_4 = \frac{p}{4}(1-\lambda)(1+\delta)\frac{r_0^2(r_0^2+3r_1^2)}{(r_0^2-r_1^2)^3} \qquad (3-40)$$

$$A_5 = -\frac{3p}{2}(1-\lambda)(1+\delta)\frac{r_0^2(r_0^4 + r_0^2 r_1^2 + 2r_1^4)}{(r_0^2 - r_1^2)^3} \tag{3-41}$$

$$A_6 = \frac{p}{2}(1-\lambda)(1+\delta)\frac{r_0^2 r_1^4(3r_0^4 + r_0^2 r_1^2)}{(r_0^2 - r_1^2)^3} \tag{3-42}$$

假使 $\lambda = 1$，在衬砌支护的情况下，围岩应力与位移计算结果为：

$$\sigma_r = p\left(1 - \gamma\frac{r_0^2}{r^2}\right) \tag{3-43}$$

$$\sigma_\theta = p\left(1 + \gamma\frac{r_0^2}{r^2}\right) \tag{3-44}$$

$$\tau_{r\theta} = 0 \tag{3-45}$$

$$u = \frac{pr_0^2}{2Gr}\gamma \tag{3-46}$$

$$v = 0 \tag{3-47}$$

由式（3-33）可以看出，γ 总是小于1，则有衬砌支护的井筒围岩位移 u 总小于无衬砌围岩的位移。由于无衬砌条件下 $\sigma_r < \sigma_\theta$，有衬砌状态下，围岩径向应力 σ_r 比无衬砌时增大，切向应力 σ_θ 减小，则应力差（$\sigma_r - \sigma_\theta$）减小，所以围岩的稳定性因此提高。因此，衬砌的存在，更多的是改变围岩的应力状态。

令模量比（衬砌材料弹性模量 E_c 与围岩弹性模量 E 之比）$m = \dfrac{E_c}{E}$，衬砌厚径比 $n = \dfrac{t}{r_0}$，则根据式（3-33）可绘制 γ 随模量比 m 与衬砌厚径比 n 的变化曲线，如图3-5所示。

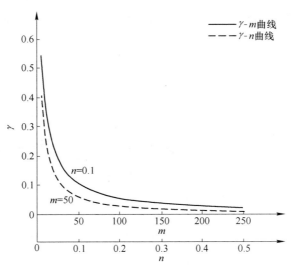

图3-5　γ 值随模量比 m 与厚径比 n 的变化曲线

由图3-5得，γ 值随着衬砌材料弹性模量及衬砌厚度的增加而降低。当 m 及 n 较小时，γ 值的降低速率较大，当 m 及 n 较大时，γ 的降低速率显著减小。曲线斜率的变化说明：模量比 m 及厚径比 n 达到一定值后，继续提高衬砌材料弹性模量或增加衬砌厚度并不能有效地减少井筒围岩位移及应力差（$\sigma_r - \sigma_\theta$）。因而试图通过采用高弹性模量的衬砌材料或增加衬砌截面厚度，以保证井筒稳定性的做法效果并不明显，且不够经济。

$\lambda = 1$ 时，井筒衬砌的应力及位移为：

$$\sigma_{cr} = p(1-\gamma)\frac{r_0^2}{r_0^2 - r_1^2}\left(1 - \frac{r_1^2}{r^2}\right) \tag{3-48}$$

$$\sigma_{c\theta} = p(1-\gamma)\frac{r_0^2}{r_0^2 - r_1^2}\left(1 + \frac{r_1^2}{r^2}\right) \tag{3-49}$$

$$\tau_{cr\theta} = 0 \tag{3-50}$$

$$u_c = \frac{p}{4G_c}(1-\gamma)\frac{r_0^2}{r_0^2 - r_1^2}\left[(k_c - 1)r + \frac{2r_1^2}{r}\right] \tag{3-51}$$

$$v_c = 0 \tag{3-52}$$

由以上公式可得，在给定的围岩应力条件下，井筒衬砌的应力及位移与衬砌混凝土的剪切模量和浇筑厚度有关（混凝土泊松比一般为 0.2）。通过上述公式，计算不同强度和厚度的混凝土衬砌内边缘应力与位移。

3.2 井筒围岩弹塑性分析

围岩内塑性区的出现，一方面使应力不断地向围岩深部转移，另一方面又不断地向井筒方向变形并逐渐解除塑性区的应力，井筒弹塑性围岩中的应力状态如图 3-6 所示。与开挖前的初始应力相比，围岩中的塑性区应力可分为两部分：塑性区外圈是应力高于初始应力的区域，它与围岩弹性区中应力升高部分合在一起称作围岩承载区；塑性区内圈引起低于初始应力的区域称作松动区。松动区内应力和强度都有明显下降，裂隙扩张增多，容积扩大，出现了明显的塑性滑移，这时若没有足够的支护抗力就不能使围岩维持平衡状态，松动区内出现破裂而整体破坏。

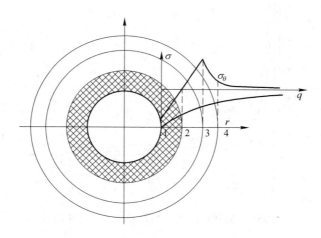

图 3-6 弹塑性围岩应力状态图

1，2—塑性区；3，4—弹性区

1—松动区；2，3—承载区；4—初始应力区

3.2.1 围岩塑性状态的判断[3,4]

直观意义上分析，无支护情况下，当井筒周边切向应力满足下式时，即认为围岩进入塑性状态：

$$\sigma_\theta = 2q \geq R_c \tag{3-53}$$

式中，R_c 为岩石抗压强度。

莫尔-库仑准则是目前岩石力学中用得最多的塑性屈服准则。屈服条件在平面上可表示成一条直线，称为抗剪强度包线，它对 σ 轴的斜率为 $\tan\varphi$，在 τ 轴上的截距为 c。若岩体中某平面上作用的法向应力与剪应力所绘成的应力圆与抗剪强度包线相切，则岩体将沿该平面发生塑性滑动。这个条件的数学表达式可写成：

$$\tau_f = c + \sigma\tan\varphi \tag{3-54}$$

式中，σ 为作用在滑动面上的法向应力；τ 为作用在滑动面上的剪应力；c 为岩石内聚力；φ 为岩石内摩擦角。

对于复杂应力状态，上式使用起来有所不便，所以常采用主应力的表达方式：

$$\sigma_1 - \frac{1 + \sin\varphi}{1 - \sin\varphi}\sigma_3 - \frac{2\cos\varphi}{1 - \sin\varphi}c = 0 \tag{3-55}$$

式中，σ_1、σ_3 分别为大、小主应力。

通过几何关系，进行三角运算，还可写成另一形式：

$$\frac{\sigma_3 + c\cot\varphi}{\sigma_1 + c\cot\varphi} = \frac{1 - \sin\varphi}{1 + \sin\varphi} \tag{3-56}$$

由于不考虑构造应力，井筒围岩分析为轴对称问题，没有剪应力，所以切向正应力和径向正应力就是最大、最小主应力。所以莫尔-库仑准则又可写成：

$$\frac{\sigma_r^p + c\cot\varphi}{\sigma_\theta^p + c\cot\varphi} = \frac{1 - \sin\varphi}{1 + \sin\varphi} \tag{3-57}$$

3.2.2 静水压力条件下井筒围岩应力与变形分布特征[2]

为了方便起见，直接分析有衬砌情况下的围岩的应力位移问题，得出结果后，令支护力等于零，即得无支护情况下的围岩的应力和变形，及塑性区半径。

由于荷载及井筒断面都是轴对称的，因此无论是弹性区还是塑性区，应力与变形均仅是 r 的函数，而与 θ 无关，且塑性区可被视为等厚圆。计算简图如图 3-7 所示。为了分析方便，假定塑性区 c、φ 值均为常数。先重点研究围岩的弹塑性应力变形问题，所以衬砌简化成作用在衬砌与围岩界面上的支护抗力 p_i。

根据弹性力学的圆对称平面问题，考虑 r 方向的平衡有：

$$\frac{\partial\sigma_r}{\partial r} + \frac{\sigma_r - \sigma_\theta}{r} + \frac{1}{r}\frac{\partial\tau_{r\theta}}{\partial\theta} + f_r = 0 \tag{3-58}$$

此次研究的问题是轴对称问题，所以 $\tau_{r\theta} = 0$，不考虑体力（即 $f_r = 0$）时的平衡方程为：

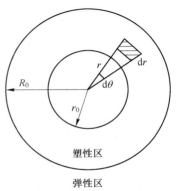

图 3-7 塑性区计算简图

$$\frac{\partial \sigma_r}{\partial r} + \frac{\sigma_r - \sigma_\theta}{r} = 0 \tag{3-59}$$

塑性区应力除了满足平衡方程外，还需要满足莫尔-库仑塑性屈服准则，即式（3-57）。

联立得（下文角标 e 表示弹性分量，角标 p 表示塑性分量）：

$$\ln(\sigma_r^p + c\cot\varphi) = \frac{2\sin\varphi}{1 - \sin\varphi}\ln r + C_1 \tag{3-60}$$

然后通过边界条件确定参数 C_1。

边界条件为：$r = r_0$（支护与围岩界面）时，$\sigma_r^p = p_t$。

解得：

$$C_1 = \ln(p_i + c\cot\varphi) - \frac{2\sin\varphi}{1 - \sin\varphi}\ln r_0 \tag{3-61}$$

代入既得塑性区应力：

$$\sigma_r^p = (p_i + c\cot\varphi)\left(\frac{r}{r_0}\right)^{\frac{2\sin\varphi}{1-\sin\varphi}} - c\cot\varphi \tag{3-62}$$

$$\sigma_\theta^p = (p_i + c\cot\varphi)\left(\frac{1 + \sin\varphi}{1 - \sin\varphi}\right)\left(\frac{r}{r_0}\right)^{\frac{2\sin\varphi}{1-\sin\varphi}} - c\cot\varphi \tag{3-63}$$

可以看出，塑性区将随着 c、φ 及 p_i 的增大而增大，而与原岩应力无关。

塑性区和弹性区交界面上的应力协调条件，如图 3-8 所示。

若令塑性区半径为 R_0，则当 $r = R_0$ 时，有：

$$\sigma_r^e = \sigma_r^p = \sigma_{R_0}, \quad \sigma_\theta^e = \sigma_\theta^p \tag{3-64}$$

对于弹性区（$r \geq R_0$）围岩的应力与变形为：

$$\sigma_r^e = q\left(1 - \gamma'\frac{R_0^2}{r^2}\right) \tag{3-65}$$

$$\sigma_\theta^e = q\left(1 + \gamma'\frac{R_0^2}{r^2}\right) \tag{3-66}$$

$$u^e = \gamma'\frac{qR_0^2}{2Gr} \tag{3-67}$$

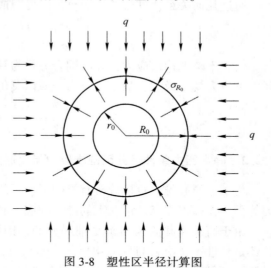

图 3-8　塑性区半径计算图

$$\gamma' = 1 - \frac{\sigma_{R_0}}{q} \tag{3-68}$$

式中，σ_{R_0} 为弹塑性交界面的径向应力。

将式（3-65）和式（3-66）相加，得：

$$\sigma_r^e + \sigma_\theta^e = 2q \tag{3-69}$$

同理，在弹塑性界面（$r = R_0$）上也有：

$$\sigma_r^p + \sigma_\theta^p = 2q \tag{3-70}$$

上式与莫尔-库仑塑性屈服准则（3-57）联立，整理可得 $r = R_0$ 处的应力：

$$\sigma_r = q(1 - \sin\varphi) - c\cot\varphi = \sigma_{R_0} \tag{3-71}$$

$$\sigma_\theta = q(1 - \sin\varphi) + c\cot\varphi = 2q - \sigma_{R_0} \tag{3-72}$$

上式表明弹塑性界面上应力是一个取决于 q、c、φ 值的函数，而与 p_i 无关。

将 $r = R_0$ 代入式（3-62），并结合式（3-71），得到塑性区半径 R_0 与 p_i 的关系式：

$$p_i = (q + c\cot\varphi)(1 - \sin\varphi)\left(\frac{r_0}{R_0}\right)^{\frac{2\sin\varphi}{1-\sin\varphi}} - c\cot\varphi \tag{3-73}$$

或

$$R_0 = r_0\left[\frac{(q + c\cot\varphi)(1 - \sin\varphi)}{p_i + c\cot\varphi}\right]^{\frac{1-\sin\varphi}{2\sin\varphi}} \tag{3-74}$$

式（3-73）和式（3-74）就是修正的芬纳公式，描述了支护抗力 p_i 与 R_0 的关系。从公式可知，p_i 越小，则 R_0 越大；反之，R_0 越大，则为维持极限平衡状态所需的支护抗力 p_i 就越小。

若令

$$R_c = \frac{2c}{\tan\left(45° - \dfrac{\varphi}{2}\right)} \tag{3-75}$$

$$\xi = \frac{1 + \sin\varphi}{1 - \sin\varphi} \tag{3-76}$$

式中，R_c 为围岩单轴抗压强度。

则塑性区围岩应力、支护抗力及塑性区半径的表达式就变换为：

$$\sigma_r^p = \left(p_i + \frac{R_c}{\xi - 1}\right)\left(\frac{r}{r_0}\right)^{\xi-1} - \frac{R_c}{\xi - 1} \tag{3-77}$$

$$\sigma_\theta^p = \left(p_i + \frac{R_c}{\xi - 1}\right)\xi\left(\frac{r}{r_0}\right)^{\xi-1} - \frac{R_c}{\xi - 1} \tag{3-78}$$

$$p_i = \frac{2}{\xi^2 - 1}\left[R_c + q(\xi - 1)^{\xi-1}\right] - \frac{R_c}{\xi - 1} \tag{3-79}$$

塑性区半径 R_0

$$R_0 = r_0\left[\frac{2}{\xi - 1} \cdot \frac{R_c + q(\xi - 1)}{R_c + p_i(\xi - 1)}\right]^{\frac{1}{\xi-1}} \tag{3-80}$$

上式即为卡斯特奈的计算公式。

由式（3-71）和式（3-72）可知：

$$\gamma' = 1 - \frac{\sigma_{R_0}}{q} = \sin\varphi + \frac{c}{q}\cos\varphi \tag{3-81}$$

令弹塑性界面上的应力差为 M，即：

$$\sigma_\theta^p - \sigma_r^p = M = 2q\sin\varphi + 2c\cos\varphi \tag{3-82}$$

所以 γ' 还可写成：

$$\gamma' = \frac{M}{2q} \tag{3-83}$$

代入得围岩弹性区应力与位移的表达式：

$$\sigma_r^e = q\left(1 - \frac{M}{2P} \cdot \frac{R_0^2}{r^2}\right) = q - (q\sin\varphi + c\cos\varphi)\frac{R_0^2}{r^2} \tag{3-84}$$

$$\sigma_\theta^e = q\left(1 + \frac{M}{2P} \cdot \frac{R_0^2}{r^2}\right) = q + (q\sin\varphi + c\cos\varphi)\frac{R_0^2}{r^2} \tag{3-85}$$

$$u^e = \frac{MR_0^2}{4Gr} = \frac{(q\sin\varphi + c\cos\varphi)R_0^2}{2Gr} \tag{3-86}$$

弹性区和塑性区的参数中，只剩下一个塑性区位移 u^p。实际情况中，岩体存在剪胀现象，塑性区将扩容。但为了方便求解，可假定在小变形情况下，塑性区体积不变，即 $\varepsilon = \varepsilon_r^p + \varepsilon_\theta^p + \varepsilon_z^p = 0$。

将几何方程代入，得：

$$\frac{\partial u^p}{\partial r} + \frac{u^p}{r} = 0 \tag{3-87}$$

该微分方程的通解为：

$$u^p = \frac{A}{r} \tag{3-88}$$

式中，A 为待定常数，由弹塑性界面（$r = R_0$）上的变形协调条件可求得 A。

$r = R_0$ 时：$\qquad\qquad\qquad\qquad u^p = u^e$

将弹性区的位移表达式（3-86）和式（3-88）代入通解中，即可求得：

$$A = \frac{(q\sin\varphi + c\cos\varphi)R_0^2}{2G} = \frac{MR_0^2}{4G} \tag{3-89}$$

因而塑性区围岩位移为：

$$u^p = u = \frac{(q\sin\varphi + c\cos\varphi)R_0^2}{2Gr} = \frac{MR_0^2}{4Gr} \tag{3-90}$$

其中，$r_0 \leqslant r \leqslant R_0$。

至此，弹性区和塑性区的应力和位移的表达式全部求出。

以上所求的应力与位移的公式中，均含有未确定的支护抗力 p_i 和塑性半径 R_0。为了确定这两个参数，必须考虑支护和围岩的共同作用。

为了方便使用边界条件，先定义一下井壁位移 $u_{r_0}^p$，应该是支护外壁位移 u_{cr_0} 和支护前井筒围岩已释放了的位移 u_0 之和。即在井壁 $r = r_0$ 上有：

$$u_{r_0}^p = u_{cr_0} + u_0 \tag{3-91}$$

式中，u_0 为与支护施工条件及岩性有关，它可由实际量测、经验估算或考虑空间与时间效应的计算方法确定；$u_{r_0}^p$ 为 $r = r_0$ 时的塑性区位移，即 $u_{r_0}^p = \frac{MR_0^2}{4Gr_0}$。

所以：

$$u_{cr_0} = u_{r_0}^p - u_0 = \frac{MR_0^2}{4Gr_0} - u_0 \tag{3-92}$$

由弹性有衬砌情况下的围岩应力位移式（3-9）可得，当 $r = r_0$ 时，

$$\sigma_{cr_0} = p_i = \sigma_{r_0} = q(1 - A) \tag{3-93}$$

$$u_{cr_0} = u_{r_0} = \frac{qr_0}{2G} \cdot A = \frac{qr_0}{2G} \cdot \frac{G[(1 - 2\mu_c)r_0^2 + r_1^2]}{G_c(r_0^2 - r_1^2) + G[(1 - 2\mu_c)r_0^2 + r_1^2]} \tag{3-94}$$

为了与上式联立方便求解，引入支护刚度系数 K_c：

$$K_c = \frac{2G_c(r_0^2 - r_1^2)}{r_0[(1 - 2\mu_c)r_0^2 + r_1^2]} \tag{3-95}$$

将 u_{cr_0} 转化为：

$$u_{cr_0} = \frac{q(1 - A)}{K_c} \tag{3-96}$$

因此：

$$p_i = K_c u_{cr_0} \tag{3-97}$$

将式（3-92）代入式（3-97）可得：

$$p_i = K_c\left(\frac{MR_0^2}{4Gr_0} - u_0\right) \tag{3-98}$$

代入式（3-80）即可得塑性区半径：

$$R_0 = r_0\left[\frac{(q + c\cot\varphi)(1 - \sin\varphi)}{K_c\left(\frac{MR_0^2}{4Gr_0} - u_0\right) + c\cot\varphi}\right]^{\frac{1-\sin\varphi}{2\sin\varphi}} \tag{3-99}$$

可以通过试算等方法求出 R_0、p_i，然后代入前述公式即可确定围岩弹性区和塑性区的应力、位移。

下面确定衬砌结构的应力和位移情况。

由式（3-93）和式（3-98）可得：

$$q(1 - A) = p_i = K_c\left(\frac{MR_0^2}{4Gr_0} - u_0\right) \tag{3-100}$$

将式（3-100）代入弹性有衬砌情况下的衬砌应力和位移公式中得：

$$\sigma_{cr} = \left(\frac{MR_0^2}{4Gr_0} - u_0\right)\frac{K_c r_0^2}{r_0^2 - r_1^2}\left(1 - \frac{r_1^2}{r^2}\right) \tag{3-101}$$

$$\sigma_{c\theta} = \left(\frac{MR_0^2}{4Gr_0} - u_0\right)\frac{K_c r_0^2}{r_0^2 - r_1^2}\left(1 + \frac{r_1^2}{r^2}\right) \tag{3-102}$$

$$u_{cr} = \frac{1}{2G_c}\left(\frac{MR_0^2}{4Gr_0} - u_0\right)\frac{K_c r_0^2}{r_0^2 - r_1^2}\left[(K_c - 1)\frac{r}{2} + \frac{r_1^2}{r}\right] \tag{3-103}$$

上式即为衬砌支护的应力和位移表达式。

无衬砌即支护抗力 $p_i = 0$，由相关公式可得无衬砌情况下的弹性区和塑性区的应力、位移表达式。

由式（3-62）和式（3-63）得塑性区围岩应力表达式为：

$$\sigma_r^p = c\cot\varphi\left[\left(\frac{r}{r_0}\right)^{\frac{2\sin\varphi}{1-\sin\varphi}} - 1\right] \tag{3-104}$$

$$\sigma_\theta^p = c\cot\varphi\left[\left(\frac{1+\sin\varphi}{1-\sin\varphi}\right)\left(\frac{r}{r_0}\right)^{\frac{2\sin\varphi}{1-\sin\varphi}} - 1\right] \tag{3-105}$$

也可以代入卡斯特奈计算公式，结果相同。

由式（3-74）得塑性区半径表达式为：

$$R_0 = r_0\left[\frac{(q+c\cot\varphi)(1-\sin\varphi)}{c\cot\varphi}\right]^{\frac{1-\sin\varphi}{2\sin\varphi}} \tag{3-106}$$

3.2.3 非静水压力条件下塑性区范围

由于原岩应力不是轴对称的，破裂带半径当然也不是轴对称的，而是 θ 的函数。可采用应力分解的办法，把破裂带半径看成两部分组成，一部分是与 θ 无关的 R_1，另一部分是与 θ 有关，也与侧应力有关。经最终推导得出：

$$R_1 = R_0\left\{\frac{[\sigma_0(1+\lambda)+2c_m\cot\varphi_m](1-\sin\varphi_m)}{2c_m\cot\varphi_m}\right\}^{\frac{1-\sin\varphi_m}{2\sin\varphi_m}}$$

$$\left\{1+\frac{(1-\sin\varphi_m)\sigma_0(1-\lambda)\cos(2\theta)}{\sin\varphi_m[\sigma_0(1+\lambda)+2c_m\cot\varphi_m]}\right\} \tag{3-107}$$

当 $\lambda<1$，在 σ_0 方向上，即 $\theta=90°$，R_1 较小，在 $\lambda\sigma_0$ 方向上，即 $\theta=0°$，R_1 较大，塑性区范围有接近椭圆形的，如图 3-9 所示。也有其他如蝴蝶形等。此式不适用于 $\lambda>1$，如果水平方向的应力大于竖直方向的应力，则以水平应力为 σ_0；铅垂应力为 $\lambda\sigma_0$ 进行计算。

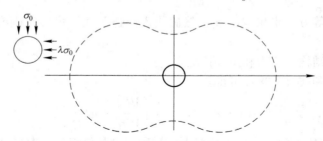

图 3-9 塑性区分布范围示意图

3.3 井筒围岩破坏特征

不同井筒围岩的岩层类型、破坏模式不仅影响着井筒设计而且还影响建设施工。掌握拟建竖井所穿过的岩层类型和无支护井筒围岩破坏模式对于井筒开挖方式的选择和支护系统的设计至关重要。

3.3.1 井筒围岩破坏类型

在矿山竖井井筒掘支施工过程中，可能遇到的岩层类型见表 3-1。根据井筒开挖围岩的重分布应力和岩体强度的相对大小，可将井筒围岩划分为高应力岩体以及非高应力岩体两大类。软弱的高应力岩体即为挤压岩体（软岩大变形岩体）[5]，而坚硬完整的高应力岩体则可能会出现岩爆（硬岩岩爆）。其中，井筒围岩应力超过岩体强度的岩体则称之为高应力岩体（非挤压岩体）。

表 3-1　井筒地层条件分类[7]

编号	地层类别	分级	岩 体 表 现
1	非过载、可自支撑	—	绝大部分不需要支护
2	过载、非挤压	—	节理岩体需支护以保证井筒的稳定
3	脱落	—	岩体开挖后，岩块或薄片将穿过支护结构掉落
4	挤压	轻度挤压：$u_a/a = 1\% \sim 2.5\%$；严重挤压：$u_a/a = 2.5\% \sim 5\%$；非常严重挤压：$u_a/a = 5\% \sim 10\%$；极严重挤压：$u_a/a > 10\%$（Hoek，2001）	井筒围岩将由于塑性挤压产生径向位移，这一现象具有时间效应，挤压程度取决于岩体过载程度，此可能发生于浅埋软弱岩层（像页岩、黏土），高应力岩体深埋地层条件则可能发生岩爆
5	膨胀	—	岩体吸水、体积增加并向井筒内部扩展
6	垮落	—	碎裂岩体在急倾斜的剪切区域是不稳定的
7	流动/突然流出	—	黏土和水的混合物流进井筒，其可从工作面井筒围岩流入井筒，完全充填井筒，在一些情况下则可掩埋设备，充填速度达到 $10 \sim 100L/s$，就像"泥石流"，同时可能沿厚大剪切区域或软弱岩体形成"岩层性"垮落空区
8	岩爆	—	当在高应力条件下，大范围脆性坚硬 II 类岩体将出现突然失稳破坏

　注：u_a 为井筒径向位移；a 为井筒半径；u_a/a 为标准化的井筒闭合百分比。II 类岩体单轴压缩试验应力应变曲线在应力峰值后应变出现反转。

　　非高应力岩体存在两种情况：一种是自稳、不需支护的岩体；一种是需要支护维持稳定的岩体。挤压岩体可分为四类，分别为轻度挤压、严重挤压、非常严重挤压以及极其严重挤压[6]。挤压地层的井筒掘进是非常缓慢且危险的过程，因为井筒围岩在应力作用下已失去其固有的强度，这会使支护结构支护压力增大，井筒收敛量变大。而对于非挤压岩体或稳固岩体，由于岩体固有的强度被维持，井筒围岩会非常安全稳固。因此，判定井筒围岩为挤压岩体与否在井筒的设计和施工过程中非常重要。

　　Bhasin 和 Grimstad[8]根据岩体强度、原岩应力以及岩体质量建立了岩层类型判定图表如图 3-10 所示。

　　结合岩层类型判断结果，结合表 3-2，可对井筒围岩潜在的破坏类型进行判定。

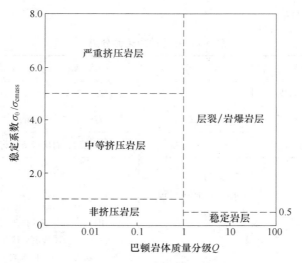

图 3-10 岩层类型判定图表

表 3-2 井筒围岩潜在的破坏类型[9]

编号	破坏类型	开挖无支护井筒潜在破坏类型
1	稳定	岩体稳定，存在局部松散岩块的掉落或滑落
2	结构面控制型破坏	沿结构面破坏或失稳，伴随岩块的滑动或掉落；局部存在剪切破坏
3	浅部应力诱发破坏	浅埋应力诱发脆性剪切破坏，常和结构面控制型破坏同时出现
4	深部应力诱发破坏	深部高应力诱发脆性剪切破坏，伴随岩体大位移出现
5	岩爆	由高应力脆性岩石快速释放积聚的弹性能而产生的突然且剧烈的破坏
6	膨胀破坏	密集结构面岩体的剪切膨胀破坏
7	低围压剪切破坏	潜在的超挖和伴随烟囱型破坏的渐进式剪切破坏，常常是由侧压力不足导致的
8	剥落	干燥或湿润的低内聚力的密集裂隙的岩石或土的流动
9	流动	密集裂隙的岩石或土伴随的大量水的流动
10	膨胀	随时间变化岩体体积膨胀，岩石和水的物理反应，结合开挖应力释放，岩体向临空面发生位移
11	多种破坏类型频繁转变	岩体应力和变形快速地变化，其是由不均一的地层条件或构造作用混杂的岩石造成的（脆性断层区域）

注：参考 Solak，2009。

3.3.2 井筒围岩破坏形态及深度

3.3.2.1 破坏形态

井筒围岩的破坏形态分三种，分别为耳形、椭圆形以及蝴蝶形。根据图 3-11 可对井筒围岩破坏形态进行判定。

研究表明，当井筒围岩的破坏形态为非蝴蝶形时，非对称应力作用下的井筒围岩的平均塑性区半径与大小为该非对称应力的平均应力的静水压力作用下的井筒围岩塑性半径相一

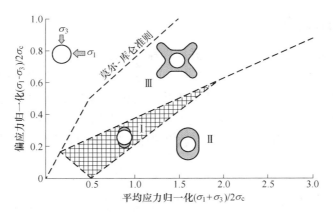

图 3-11　井筒围岩破坏形态判定图表

致[10]，此时采用静水压力作为应力边界绘制围岩特性曲线，可以简化井筒支护设计流程。

3.3.2.2　破坏深度

井筒围岩的破坏深度对井筒围岩稳定性分析与支护设计起着至关重要的作用。目前井筒围岩破坏深度计算方法主要有三种：理论公式法、经验公式法和数值模拟法。

理论公式法和经验公式法首先要确定井筒围岩破坏形态，当破坏形态为Ⅰ型和Ⅱ型时，可根据 3.2.2 节和 3.2.3 节中理论公式和图 3-12 所示的经验公式计算围岩破坏厚度；数值模拟法主要通过岩土数值模拟软件建立模型利用弹塑性本构模型对破坏深度进行计算，对围岩破坏形态无限制。

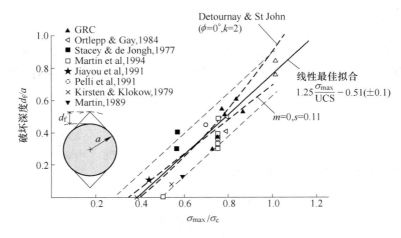

图 3-12　井筒围岩破坏深度数据拟合情况

开挖后井筒围岩破坏深度可通过如下经验公式确定[11,12]：

$$\frac{d_{\mathrm{f}}}{a} = 1.25\frac{\sigma_{\max}}{\sigma_{\mathrm{c}}} - 0.51 \tag{3-108}$$

式中，d_{f} 为井筒围岩破坏深度；a 为井筒开挖半径；$\sigma_{\max}$ 为井筒围岩切向应力；σ_{c} 为岩石单轴抗压强度。

3.4 井筒围岩岩爆倾向性分析

岩爆现象是在硬脆完整岩体内，由井筒埋深大或地壳运动可能使岩体中的应变能产生大量的聚集，形成很大的初始应力，在施工开挖过程中，聚集在岩体中的应变能突然释放，伴有巨大响声，多有岩块弹射，成透镜状，岩块飞出或岩块体积膨胀。在理论分析和现场探测相结合的基础上，国内外学者提出了多种岩爆判据和岩爆分级，主要有弹性能量法、脆性系数法、弹性指数法、基于井筒围岩理论解析解的岩爆倾向性分析等。

3.4.1 弹性能量法[13]

根据能量守恒原则，试件在单轴抗压条件下发生变形，岩石所存储的能量等于地应力作用下其围岩应力所做的功。对于标准岩石试件（ϕ50mm×100mm）加载条件下其储存的能量为：

$$E = W = \sigma_c \varepsilon V \tag{3-109}$$

式中，σ_c 为岩石单轴抗压强度，Pa；ε 为试件压应变；V 为试件体积，m^3；W 为围岩应力所做的功。

岩爆能量判定标准：

$$\begin{cases} E < 7.85J & \text{弱岩爆倾向} \\ 7.85J \leqslant E < 19.625J & \text{中等岩爆倾向} \\ 19.625J \leqslant E < 39.25J & \text{强烈岩爆倾向} \\ E > 39.25J & \text{极强烈岩爆倾向} \end{cases} \tag{3-110}$$

3.4.2 脆性系数法[14]

根据实验测得的岩石单轴抗压强度和抗拉强度，利用岩石脆性系数指标，即单轴抗压强度与抗拉强度的比值 B 来衡量井筒围岩岩爆倾向性。其岩石脆性系数计算公式为：

$$B = \frac{\sigma_c}{\sigma_t} \tag{3-111}$$

式中，σ_c 为岩石单轴抗压强度，MPa；σ_t 为岩石单轴抗拉强度，MPa。

据已有研究表明，通常采用如下判断准则：

$$\begin{cases} B < 10 & \text{无岩爆倾向} \\ 10 \leqslant B < 14 & \text{弱岩爆倾向} \\ 14 \leqslant B < 18 & \text{中等岩爆倾向} \\ B \geqslant 18 & \text{强烈岩爆倾向} \end{cases} \tag{3-112}$$

3.4.3 E. Hoek 方法判据[15]

对于深竖井工程，可利用 E. Hoek 方法判据来判别井筒在何种情况下发生岩爆以及若可能发生岩爆时其严重程度如何。判别方法如下：

$$\begin{cases} \sigma_{\tau\max}/R_c < 0.20 & \text{无岩爆} \\ 0.20 \leqslant \sigma_{\tau\max}/R_c < 0.30 & \text{弱岩爆} \\ 0.30 \leqslant \sigma_{\tau\max}/R_c < 0.55 & \text{中等岩爆} \\ \sigma_{\tau\max}/R_c \geqslant 0.55 & \text{强岩爆} \end{cases} \qquad (3\text{-}113)$$

式中，$\sigma_{\tau\max}$ 为竖井开挖断面的最大切向应力；R_c 为岩石抗压强度。

3.4.4 弹性指数法[16]

根据卸载试验记录应力-应变曲线，用图形积分求出弹性变形能量储能与塑性变形耗能之比，即为弹性能量指数。公式如下：

$$W_{et} = \frac{\phi_{sp}}{\phi_{st}} \qquad (3\text{-}114)$$

式中，ϕ_{sp} 为卸载曲线与 ε 轴围成的面积，代表滞留的弹性应变能；ϕ_{st} 为加载曲线和卸载曲线围成的面积，代表损耗的应变能，如图 3-13 所示。

通常采用如下判断准则：

$$\begin{cases} W_{et} < 2.0 & \text{无岩爆倾向} \\ 2.0 \leqslant W_{et} < 3.5 & \text{弱岩爆倾向} \\ 3.5 \leqslant W_{et} < 5 & \text{中等岩爆倾向} \\ W_{et} \geqslant 5.0 & \text{强烈岩爆倾向} \end{cases} \qquad (3\text{-}115)$$

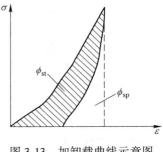

图 3-13 加卸载曲线示意图

3.4.5 应力分析法（α 判别法）[17]

岩爆倾向性应力分析法是挪威的 Barton 等人提出的 Q 系统分类中的 α 判别法，它是最简单的方法之一，表达式如下：

$$\begin{cases} \alpha = \dfrac{\sigma_c}{\sigma_1} \\ \beta = \dfrac{R_t}{\sigma_1} \end{cases} \qquad (3\text{-}116)$$

式中，σ_c 为岩石单轴抗压强度；R_t 为抗拉强度；σ_1 为最大地应力。

具体评价指标见表 3-3。

表 3-3 岩爆倾向性评价指标表

α	β	岩爆倾向性
$\alpha > 10$	$\beta > 0.66$	无岩爆
$5 < \alpha \leqslant 10$	$0.33 < \beta \leqslant 0.66$	轻微岩爆
$2.5 < \alpha \leqslant 5$	$0.16 < \beta \leqslant 0.33$	中等岩爆
$\alpha \leqslant 2.5$	$\beta \leqslant 0.16$	强烈岩爆

参 考 文 献

[1] Karl T, Richart F E. Stresses in rock about cavities [J]. Géotechnique, 1952, 3 (2): 57-90.

[2] 郑颖人. 地下工程围岩稳定分析与设计理论 [M]. 北京: 人民交通出版社, 2012.

[3] 蔡美峰. 岩石力学与工程 [M]. 北京: 科学出版社, 2002.

[4] 徐志英. 岩石力学 [M]. 2 版. 北京: 水利电力出版社, 1986.

[5] Dube A K, Singh B. Study of squeezing pressure phenomenon in a tunnell—Ⅱ [J]. Tunneling & Underground Space Technology Incorporating Trenchless Technology Research, 1986, 1 (1): 35-39.

[6] Hoek E. Big tunnels in hard rock, the 36th Karl Terzaghi Lecture [J]. Journal of Geotechnical and Geo-environmental Engineering, 2001, 127(9): 726-740.

[7] Singh B, Goel R K. Rock Mass Classification: A Practical Approach in Civil Engineering [M]. Amsterdam: Elsevier Science Ltd. , 1999.

[8] Bhasin R, Grimstad E. The use of stress-strength relationship in the assessment of tunnel stability [C] // Proceedings of the Recent Advances in Tunnelling Technology, New Delhi, 1996: 93-98.

[9] Tülin S. Ground behavior evaluation for tunnels in blocky rock massess [J]. Tunnelling and Underground Space Technology, 2009, 24 (3): 323-330.

[10] Carranza T C, Fairhurst C. Application of the convergence−confinement method of tunnel design to rock masses that satisfy the Hoek-Brown failure criterion [J]. Tunnelling and Underground Space Technology, 2000, 15 (2): 187-213.

[11] Martin C D, Kaiser P K, Mccreath D R. Hoek-Brown parameters for predicting the depth of brittle failure around tunnels [J]. Revue Canadienne De Géotechnique, 1999, 36 (1): 136-151.

[12] Diederichs M S. The 2003 Canadian Geotechnical Colloquium: Mechanistic interpretation and practical application of damage and spalling prediction criteria for deep tunnelling [J]. Canadian Geotechnical Journal, 2007, 44 (9): 1082-1116.

[13] 于虎, 宋文志, 刘潭州, 等. 金青顶矿区深部开采诱发岩爆倾向性分析[J]. 有色矿冶, 2016, 32 (2): 24-27.

[14] 冯涛, 谢学斌, 王文星, 等. 岩石脆性及描述岩爆倾向的脆性系数 [J]. 矿冶工程, 2000, 20 (4): 18-19.

[15] 张镜剑, 傅冰骏. 岩爆及其判据和防治 [J]. 岩石力学与工程学报, 2008, 27 (10): 2034-2042.

[16] 郭雷, 李夕兵, 岩小明, 等. 基于 BP 网络理论的岩爆预测方法 [J]. 工业安全与环保, 2005, 31 (10): 32−35.

[17] 宫凤强, 李夕兵, 张伟. 基于 Bayes 判别分析方法的地下工程岩爆发生及烈度分级预测 [J]. 岩土力学, 2010, 31 (S1): 370-387.

4　深竖井设计

井筒工程是矿井建设主要连锁工程项目之一。井筒工程量一般占全矿井井巷工程量的15%左右，而施工工期却占矿井施工总工期的 30%～50%，同时井筒是整个矿山建设的咽喉[1]，因此，井筒工程设计与施工，直接关系到矿山建设的成败和生产时期的正常使用。

4.1　井筒位置和数量

矿山井筒的数目取决于日生产矿石量和矿区面积。为了使生产成本最低，必须在资本支出和运营成本之间找到一个最佳的经济盈亏点。

通常将井筒设计在矿区中央位置为最佳，因为井筒布置在矿区中央位置，运输成本（矿石、物料、人员）最低，并且到工作面的通风路径的加权平均距离也短。但井筒布置在矿区中央会造成井筒保护矿柱和地表设备保护矿柱两方面的损失。对于缓倾斜或水平层状矿床在适合的深度单层开采时，采用中央式布置最有效[2]。

井筒位置选择首要是测绘矿区地表地形特征。井筒必须布置在基础设施集中建设区域。有时需要特殊考虑，例如，矿山位于一个湖的下面或是靠近主断层。其次是确定拟建井位置岩石性质，通过钻取的岩芯得到可靠的工程地质资料。对钻孔进行水文地质测试，确定井筒穿越含水层的数量、厚度和水压等。通过对岩芯岩土力学测试确定孔隙性、RQD、岩层倾角等参数。这些探测孔布置在初定井筒坐标周围 10～30m 范围内，以确保测试结果能代表井筒的凿井条件。

井筒的布置是在建设成本、运输距离和矿体回采率之间权衡。水平产状的板状矿体在适当深度单层开采时，在矿区的中央安设井筒能最有效地减少井下的运输距离和到工作面的风流距离。然而这种中央式布置的结果是井筒周围需要留设安全矿柱，由于它们不能被开采，所以降低了矿体的回采率。增加矿体回采率的一个可用方案是将井筒放在矿体边界，安全矿柱是用废石构成的。但是这时有另一个权衡，到井筒的运输距离和通风需求会显著增加。在通风路径同步延长的条件下，侧翼式布置相对于中央式布置在生产运输成本方面增加了大约 50%[2]。但是，对于埋深大的矿体需要大量井筒保护矿柱时，侧翼式布置的矿床储量不会受到影响。

考虑井筒稳定和安全的原因，大多数井筒都设计在矿体的下盘。但如果岩石性质或水文地质条件不符合标准，井筒也可以设计在上盘。通常主井位置在矿体形状的中心附近，但可以根据实际情况平移 60m 或更多。对于深部矿体，主井和通风井同时开凿并且位置大约相距 100m。

井筒方位：矩形井筒的长轴应该调成与矿体走向正交（法线）。垂直矩形井筒的长轴应该调成与岩体层面或明显的片理正交（法线），如果其接近垂直，矩形井筒的长轴应该调成局部构造应力或岩石层理的法向。

4.1.1 双井筒布置[3]

双竖井布置中，优先考虑生产、运人和材料以及进风的井筒，其次才是回风井。井筒可以位于矿床中心区域或者主轴沿走向方向矿体的下盘（图 4-1）。

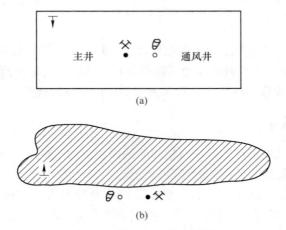

(a)

(b)

图 4-1 双井筒中央式布置（a）和急倾斜矿体下盘布置（b）

井筒位置位于矿区中央是最有利的，因为运输成本（矿石、物料、人员）最低，并且到工作面的通风路径的加权平均距离也短。但是中央式布置会造成可采矿体在井筒保护矿柱和采场上方保护矿柱的损失。在板状矿床中，在合适的深度单层开采时，中央式布置最有效。

在通风路径同步延长的条件下，侧翼式布置（图 4-1（b）和图 4-2）相对于中央式布

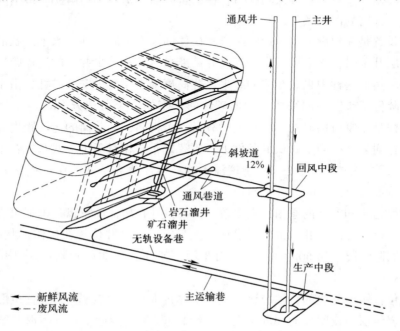

图 4-2 磁铁矿井筒侧翼式布置所需的额外的开拓工程

置在生产运输成本方面增加了大约50%（图4-1（a））。但是，对于埋深大矿体需要大量井筒保护矿柱时，这种布置方式的矿床储量方面不会受到影响。

4.1.2 三井筒布置

当开采区域增大到双井筒布置不能提供所需风量时，需要采用三井筒设计。此布置方式，进风井需要更大的截面积（如直径7~8m），并且回风井的截面积应当比之稍小一些（例如直径5.5~6.0m）。布置在中央的进风井可作为主井（人员/材料井）。当矿体走向长度是倾向长度的两到三倍时，回风井应该沿走向方向布置（图4-3（a））。矿体沿走向延伸的情况下，主井布置在矿体中间下盘侧。回风井布置在矿体的两端之外（图4-3（b））。当矿体是沿着倾向延伸时，主井和一条回风井布置在中部，同时第三条竖井（第二条回风井）布置在矿体最靠近地表的位置（图4-3（c））。

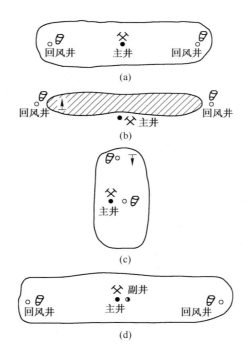

图4-3　三井筒和四井筒布置

（a）主轴平行于走向的细长矿体；（b）主轴平行于走向的急倾斜矿体；

（c）主轴垂直于走向的细长矿体；（d）主轴平行于走向的细长矿体（四井筒布置）

4.1.3 四井筒布置

当矿体范围更大，并且计划产量大约是双井筒矿山的两倍时，采用四井筒布置。四条竖井的直径应该近似并且包括以下功能：（1）一条负责生产进风的竖井；（2）一条行人和材料的竖井；（3）两条回风井。前两条竖井布置在中央，同时两条回风井布置在走向方向的两端。

对于急倾斜厚大矿体，四竖井的布置可以参照三竖井布置的相关原则（图4-3（b））。另一个可行的布置方案是回风井布置在矿体埋深最小的位置，且位于矿体下盘部分。当采矿区域沿倾向方向延伸时，竖井的具体布置如图4-3（d）所示：三条竖井布置在中央（生产、人员/材料、回风），第四条（回风井）布置在矿体的上部区域。

4.2 井筒深度

竖井深度主要由提升钢丝绳和通风系统的《安全规程》来确定（图4-4和图4-5）。多年实践证明，竖井比较经济合理的提升深度为1600m。从这个深度起点，盲竖井必须达到下一个相似深度，最终第三段竖井达到开采极限深度。该提升系统要求开凿大的井下提升硐室、罐道和矿石（废石）运输，这会增加成本和耗时。随着提升深度的增加，所需的提升能力也增加。双滚筒单绳提升不适用，需要多绳提升系统。

井筒深度要保证有1800天的开采储量。

近垂直矿体的第一段提升应该接近610m。如果矿体地表有露头，考虑到重力自动给料和阶段间矿柱，井筒就要接近762m深。如果露头已经或是计划露天开采，那么应该从阶段矿柱的顶部开始测量。如果矿体没有露头，从它的顶端开始测量。

在加拿大地区，矩形木支护井筒能够满足610m深度。从610m到1220m，不确定是否适用。如深度进一步增加矩形木支护井筒不能再使用。

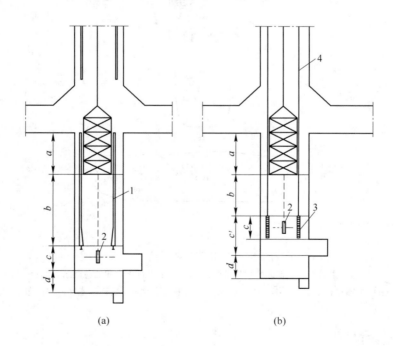

(a)　　　　　　　　　　　(b)

图 4-4　井底深度确定（1）

（a）使用刚性罐道1的副井；（b）使用钢丝绳罐道4的材料井
（必须提供尾绳的空间2和钢丝绳罐道重量3）

（深度＝$a+b+c+d$。式中，$a=(n-1)w$，$b=(1\sim1.5)w$，$c=2\sim10m$，$d=3m$，n为罐笼层数，w为罐笼层间距，v为最大提升速度，单位为m/s，b为自由段（最大10m），c为轮间隙）

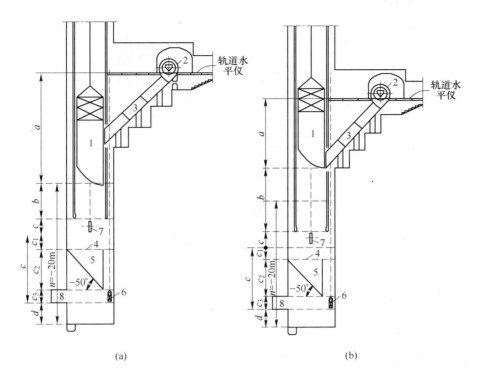

图 4-5 井底深度确定（2）

（a）材料提升；（b）人员提升箕斗井

（深度 = $a+b+c+d$，但包括额外的空隙）

1—箕斗；2—倾卸装置；3—计量装置；4—保护层；

5—溢出仓；6—辅助提升吊桶；7—尾绳轮；8—井底水窝

4.3 井筒断面设计

4.3.1 井筒内装备

竖井井筒装备是指在井筒内安装的罐道梁、罐道、梯子间和管路电缆等。罐道、罐道梁、井底支承结构、过卷装置、托罐梁等都是为罐笼或箕斗的稳定、安全、高速运行而设，梯子间则是为井内设备的安装和维修或辅助安全行人通道而设。由于竖井是整个矿山的主要通道，风、水、电等管缆也都架设在竖井内。

4.3.1.1 提升容器（图 4-6）

在竖井中提升容器的类型有罐笼和箕斗，提升容器类型的选择主要依据井筒的用途和生产能力。罐笼用途多，可以提升矿石、废石、设备、人员，但罐笼的生产能力低，一般用作副井的提升容器。箕斗用来提升矿石或废石，提升速度高，生产能力大，用于产量高的主井。主井生产能力大的用箕斗，生产能力小的用罐笼。罐笼有单层、多层，每层又有单车、多车，罐笼的规格视矿车而定。提升容器的数量有单容器和多容器，根据生产能力确定。

罐笼   箕斗

图 4-6   提升容器

A   提升容器的选择

在选择提升容器之前，需先求出小时提升量：

小时提升量：

$$A_S = \frac{CA_n}{t_r t_n} \tag{4-1}$$

式中 C ——不均匀系数，箕斗提升时取 $C=1.15$，罐笼提升时取 $C=1.2$，兼作副提升时取 $C=1.25$；

　　A_n ——矿石年产量，t/a；

　　t_r ——年工作日数，矿山非连续工作制时取 $t_r=306\mathrm{d/a}$，连续工作制时取 $t_r=330\mathrm{d/a}$；

　　t_n ——每日工作小时数（按三班工作计），h/d。

箕斗提升：提升一种矿石时，不超过 19.5h；提升两种矿石时，取 18h；

罐笼提升：作主提升时，取 18h；兼作主副提升时，取 16.5h，只作副提升时，取 15h；混合提升：有保护隔离措施时，箕斗与罐笼均取 18h；无隔离措施时或不完善时，按单一提升时减 1.5h 考虑。

B   箕斗规格的选择

根据采用的罐道类型的不同，又分为刚性罐道箕斗以及钢丝绳罐道箕斗。钢丝绳罐道箕斗有单绳和多绳两种形式。箕斗规格的选择主要是根据矿山的生产能力确定箕斗的容积，常用箕斗的规格和参数见表 4-1。箕斗的规格可以通过类比法和计算法进行选择。

双箕斗提升时一次提升量：

$$Q' = \frac{A_S}{3600}\left(K_1\sqrt{H} + u + \theta\right) \tag{4-2}$$

单箕斗提升时一次提升量：

$$Q' = \frac{A_S}{1800}(K_1 \sqrt{H} + u + \theta) \qquad (4\text{-}3)$$

箕斗容积的计算值为:

$$V' = \frac{Q'}{P_s C_m} \qquad (4\text{-}4)$$

式中　H——最大提升高度, m;

　　　u——箕斗在卸载曲轨处低速爬行的附加时间, 取 $u = 10 \sim 15s$;

　　　P_s——矿石松散密度 (松散容重), t/m^3;

　　　C_m——箕斗装满系数, 取 $C_m = 0.85 \sim 0.9$;

　　　K_1——系数, 取 $K_1 = 3.7 \sim 2.7$; 当 $H < 200$ 时取上限, 当 $H > 600$ 时取下限;

　　　θ——箕斗装载停歇时间, 数据如下:

箕斗容积/m³	<3.1	3.1	3.1~6	6~8	>8
漏斗类型	计量	不计量	计量	计量	计量
停歇时间	8	8	10	16	20

　　　Q'——箕斗提升时一次提升量, t。

算出箕斗容积的计算值 V' 后, 应选择与 V' 相近的箕斗容积的标准值 V, 然后再计算出一次有效提升量 Q (单位为 t):

$$Q = P_s C_m V \qquad (4\text{-}5)$$

最后按速度图计算每小时提升量, 验算 Q 是否满足提升任务要求。

表 4-1　常用箕斗的规格和参数简表

名称	型　号	名义载重 /t	外形尺寸/mm			箕斗自重 /t	罐道形式 和布置方式	备注
			长	宽	高			
立井单绳提升箕斗	JL (Y)-6	6	2200	1100	7390	5.00	钢丝绳罐道 四角布置	同 (异) 侧装卸
	JL (Y)-8	8	2200	1100	8520	5.50		
	JLG-6	6	1846	1590	7 875	5.40	钢轨罐道 两侧布置	同侧装卸
	JLG-8	8	1846	1590	8752	6.01		
立井多绳提升箕斗	JDS-9/110×4	9	2300	1300	13350	10.70	钢丝绳罐道 四角布置	同侧装卸
	JDSY-9/110×4					11.60		异侧装卸
	JDG-9/110×4					10.70	型钢罐道 端面布置	同侧装卸
	JDGY-9/110×4					11.60		异侧装卸
	JDS-16/150×4	16	2400	1550	15690	16.90	钢丝绳罐道 四角布置	同侧装卸
	JDSY-16/150×4					17.80		异侧装卸
	JDG-16/150×4					16.90	型钢罐道 端面布置	同侧装卸
	JDGY-16/150×4					17.80		异侧装卸
	JD-20/4 (Y)	20	2800	1500	14600	19.90	型钢罐道 端面布置	同 (异) 侧装卸
	JD-20/6 (Y)							
	JD-25/6Y	25	3290	1640	15030	28.50	型钢罐道 端面布置	异侧装卸

C 罐笼规格的选择

当罐笼作为主提升时，应根据提升矿车的外形尺寸选择其规格，一般选用单层罐笼，只有当产量较大时，才考虑用双层罐笼。常用罐笼的规格和参数见表 4-2。

表 4-2 常用罐笼的规格和参数简表

名称	型号	矿车型号和数目	外形尺寸/mm			罐笼自重/t	允许载人	罐道形式及布置方式	备注
			长	宽	高				
立井单绳罐笼	GLS(Y)-1×1/1	MGC1.1-6×1	2550	1156		2.30	12	钢丝绳罐道四角布置	同(异)进出车
	GLS(Y)-1×2/2	MGC1.1-6×2	2550	1156		3.90	24		
	GLS(Y)-1.5×1/1	MGC1.7-6×1	3000	1354		3.30	17		
	GLS(Y)-1.5×2/2	MGC1.7-6×2	3000	1354		5.50	34		
	GLS(Y)-3×1/1	MGC3.3-9×1	4000	1636		5.50	28		
	GLS(Y)-3×2/2	MGC3.3-9×2	4000	1636		8.00	56		
	GLG(Y)-1×1/1	MGC1.1-6×1	2550	1156		2.30	12	型钢罐道端面布置	同(异)进出车
	GLG(Y)-1×2/2	MGC1.1-6×2	2550	1156		3.90	24		
	GLG(Y)-1.5×1/1	MGC1.7-6×1	3000	1354		3.30	17		
	GLG(Y)-1.5×2/2	MGC1.7-6×2	3000	1354		5.50	34		
	GLG(Y)-3×1/1	MGC3.3-9×1	4000	1636		5.50	28		
	GLG(Y)-3×2/2	MGC3.3-9×2	4000	1636		8.00	56		
立井多绳罐笼	GDG1/6/1/2 GDG1/6/1/2K	MGC1.1-6×2	4750	1024 1704	2930	4.57 5.80	23 38	型钢罐道端面布置	
	GDG1/6/2/2 GDG1/6/2/2K	MGC1.1-6×2	2240	1024 1504	5800	4.28 4.91	20 28	型钢罐道端面布置	
	GDG1/6/2/4 GDG1/6/2/4K	MGC1.1-6×4	4440	1024 1704	6100	9.03(9.16) 9.28(9.34)	46 76	型钢罐道端面布置	括号内数值为6绳罐笼自重
	GDS1/6/2/4 GDS1/6/2/4K	MGC1.1-6×4	4440	1024 1704	6100	8.07(8.09) 9.28(9.37)	46 76	钢丝绳罐道四角布置	括号内数值为6绳罐笼自重
	GDG1.5/6/1/2	MGC1.7-6×2	5270	1200	3900	8.04	62	型钢罐道端面布置	
	GDG1.5/6/2/2 GDG1.5/6/2/2K	MGC1.7-6×2	2850	1204 1674	6280	6.56 7.58	34 46	型钢罐道端面布置	
	GDG1.5/6/2/4 GDG1.5/6/2/4K	MGC1.7-6×4	4980	1204 1674	6563	10.78 11.91	65 88	型钢罐道端面布置	
	GDG1.5/6/3/4 GDG1.5/6/3/4K	MGC1.7-6×4	4980	1204 1674	9813	12.57 13.93	96 132	型钢罐道端面布置	
	GDG1.5/9/2/4 GDG1.5/9/2/4K	MGC1.7-9×4	4980	1274 1674	6563	10.93 11.88	65 88	型钢罐道端面布置	

名称	型号	矿车型号和数目	外形尺寸/mm			罐笼自重/t	允许载人	罐道形式及布置方式	备注
			长	宽	高				
立井多绳罐笼	GDG1.5/9/3/4 GDG1.5/9/3/4K	MGC1.7-9×4	4980	1274 1674	9813	12.77 13.98	102 132	型钢罐道端面布置	
	GDG3/9/1/1 GDG3/9/1/1K	MGC3.3-9×1	4470	1474 1704	3919	8.35(8.41) 8.70(8.75)	33 38	型钢罐道端面布置	括号内数值为6绳罐笼自重
	GDG3/9/2/2 GDG3/9/2/2K	MGC3.3-9×2	4470	1474 1704	6619	11.35(11.37) 12.14(12.16)	66 76	型钢罐道端面布置	括号内数值为6绳罐笼自重
	GDG3/9/3/2 GDG3/9/3/2K	MGC3.3-9×2	4470	1474 1704	9869	13.45(13.47) 14.35(14.37)	99 114	型钢罐道端面布置	括号内数值为6绳罐笼自重

概算罐笼所能完成的小时提升量时，仍用式（4-2）和式（4-3），此时式中 $u=0$。

当罐笼作为副提升时，一般应根据矿车容积选定罐笼规格。但必须保证在 45min 内（特殊情况按 60min 考虑）将一班人员升降完毕。升降人员的停歇时间为：单罐笼取 (n_r+10)s；双层罐笼取 (n_r+25)s，式中，n_r 为一次乘罐人数。当单面车场无人行绕道时，停歇时间应增加 50%。

对于副井提升，尚需根据其他提升工作量：如提升废石、下放材料、运送设备和其他非固定任务等做出罐笼每班提升平衡时间表。若不能满足升降人员的时间要求或辅助工作量大，而且平衡表的总时数超过规定时，可考虑采用双层罐笼。

4.3.1.2 罐道

罐道是提升容器在井筒中运行时的导向装置，它必须有一定的强度和刚度，以减小提升容器的横向摆动。罐道分刚性罐道和柔性罐道等两类。在刚性罐道中，又有木罐道、钢轨罐道、型钢组合罐道、整体轧制罐道和复合材料罐道等。柔性罐道主要指钢丝绳罐道。

A 刚性罐道

刚性罐道的类型及性能见表 4-3，刚性罐道截面形式见图 4-7。罐道和罐道梁与提升容器的相对位置有多种方式，罐道可以布置在提升容器的两侧、两端、单侧、对角或其他位置，原则是保证提升容器的稳定高速运行并尽量提高竖井断面的利用率。罐道和罐道梁的选择计算，可以按照静载荷乘以一定的倍数，或按动载应力计算。无论用哪种方式计算，选择的余地并不大，一般在常用的几种类型中选择即可。

刚性罐道断面选择，一般不进行计算。我国矿山常用的刚性罐道材料和规格为：

（1）钢轨：38kg/m、33kg/m；

（2）型钢组合：有槽钢组合、角钢组合等。

矿山一般多用钢轨罐道。型钢组合的罐道多用在滚动罐耳的情况下。钢轨作为罐道时，根据总弯曲强度条件校核罐道受力的稳定性。

表 4-3 刚性罐道的类型及性能

罐道类型	规格	材料特点	适用条件	适用罐梁层距/m
木罐道	矩形断面，160mm×180mm左右，每根长6m	易腐蚀，使用年限不长，宜先行防腐处理	井筒内有侵蚀性水，中小型金属矿山	2
钢轨罐道	常用规格为38kg/m、33kg/m或43kg/m，标准长度4.168m	强度大，使用年限长	箕斗井或罐笼井中多采用	4.168
型钢组合罐道	由槽钢或角钢焊接而成的空心钢罐道	抵抗侧向弯曲和扭转阻力大，罐道刚性增加	配合弹性胶轮滚动罐耳，运行平稳磨损小，用于提升终端荷载和提升速度大的井中	
整体轧制罐道	方形钢管罐道	具有型钢组合罐道的优点，并优于其性能，自重小，寿命长	用于提升终端荷载和提升速度大的井中	
复合材料罐道	方形复合材料罐道	有型钢组合罐道的优点，重量轻，安装方便，寿命长	用于提升终端荷载和提升速度大的井中，使用已越来越多	

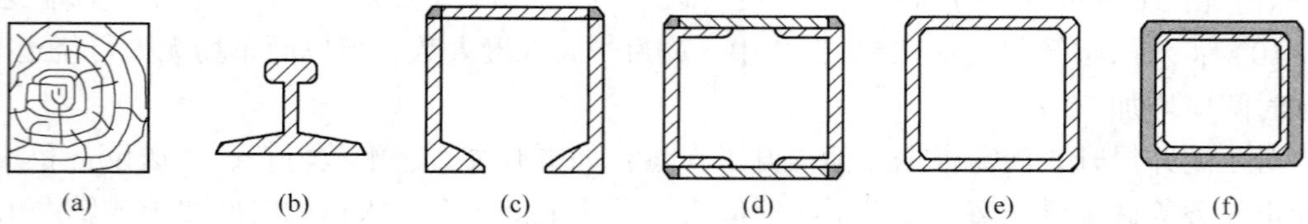

(a)　　　　(b)　　　　(c)　　　　(d)　　　　(e)　　　　(f)

图 4-7 罐道截面形式

(a) 木罐道；(b) 钢轨罐道；(c)(d) 型钢组合罐道；(e) 整体轧制罐道；(f) 复合材料罐道

B 柔性罐道

a 钢丝绳罐道的优缺点

钢丝绳罐道的优点：

(1) 结构简单，能节省井筒装备用的钢材或木材，便于安装，可缩短建井工期；

(2) 磨损较轻，使用寿命长，维修费用低；

(3) 井筒通风阻力小；

(4) 如井筒发生变形时，在容器和井壁的间隙未超过允许范围时，提升工作不受影响；

(5) 提升容器的导向器和罐道绳之间的摩擦阻力小，运转平稳；

(6) 比木罐道防火性能好。

但目前还存在一些缺点：

(1) 当井筒偏斜较大时，采用钢丝绳罐道有困难；

(2) 当拉紧装置设在井底时，水窝较深，水窝的清理工作较困难；

(3) 由于悬挂钢丝绳及其拉紧装置，增加了井架的负荷；

(4) 当井筒较深时，和刚性罐道相比，两容器之间隙、容器和井壁之间隙稍有增加，井筒断面有所增加；

（5）当单绳提升人员时，需设绳索式防坠装置；

（6）多中段作业时，需设中间中段的稳罐装置。

柔性罐道实质上是用钢丝绳做罐道，不用罐道梁。目前使用的钢丝绳罐道主要是异型股不旋转钢丝绳和密封钢丝绳。这两种钢丝绳表面光滑，耐磨性强，具有较大的刚性。在钢丝绳罐道的一端有固定装置，另一端有拉紧装置，以保证提升容器的正常运行。柔性罐道结构简单，安装、维修方便，运行性能也很好。不足之处是井架的载荷大，要求安全间隙大（增大井筒直径）。

罐道钢丝绳应有 20~30m 备用长度；罐道的固定装置和拉紧装置应定期检查，及时串动和转动罐道钢丝绳。采用钢丝绳罐道的罐笼提升系统，中间各中段应设稳罐装置。凿井时，两个提升容器的钢丝绳罐道之间的间隙，应不小于 $250+H/3$（H 为以米为单位的井筒深度的数值）mm，且应不小于 300mm。

柔性罐道的布置方式与刚性罐道类似，有单侧、双侧、对角布置，另外在提升容器每侧还可以布置单绳或双绳。柔性罐道设计时应选择计算钢丝绳的直径、拉紧力和拉紧方式。钢丝绳直径可先按表 4-4 中的经验数据选取，然后按式（4-6）验算：

$$m = \frac{Q_1}{Q_0 + qL} \geq 6 \qquad (4-6)$$

式中　m——安全系数；

　　　Q_1——罐道绳全部钢丝拉断力的总和，kg；

　　　Q_0——罐道绳下端的拉紧力，kg；

　　　q——罐绳的单位长度重量，kg/m；

　　　L——罐道绳的悬垂长度，m。

表 4-4　罐道绳直径选取经验值

井深/m	终端荷载/t	提升速度/m·s⁻¹	罐道绳直径/mm	钢丝绳类型
250~200	3~5	3~5	$\phi 28 \sim 32$	6×7+1 普通钢丝绳，密封或半密封钢丝绳
200~300	5~8	5~6	$\phi 30.5 \sim 35.5$	密封或半密封钢丝绳
300~400	6~12	6~8	$\phi 35.5 \sim 40.5$	密封或半密封钢丝绳
>400	8~12 或更大	>8	$\phi 40.5 \sim 50$	密封或半密封钢丝绳

罐道绳的拉紧方式参照表 4-5，拉紧力按式（4-7）计算：

$$Q_0 = \frac{qL}{e^{\frac{4q}{K_{min}}} - 1} \qquad (4-7)$$

式中　Q_0——每根罐道绳上的拉紧力，kg；

　　　L——罐道绳悬垂长度，m，L=井深（H_0）+（20~50）m；

　　　q——罐道绳单位长度质量，kg/m；

　　K_{min}——罐道绳最小刚性系数，K_{min} = 45~65kg/m，一般 K_{min} = 50kg/m；对终端荷载和提升速度较大的大型井或深井，K_{min} 应选取大些，反之取小些。

钢丝绳罐道，应优先选用密封式钢丝绳。每根罐道绳的最小刚性系数应不小于 500N/m。各罐道绳张紧力应相差 5%~10%，内侧张紧力大，外侧张紧力小。

表 4-5 罐道绳拉紧方式

拉紧方式	罐道绳上端	罐道绳下端	特点及适用条件
螺杆拉紧	在井架上设螺杆拉紧装置,上端用此拉紧螺杆固定	用绳夹板固定在井底钢梁上	拧紧螺杆,罐道绳产生张力。拉紧力有限,一般用于浅井中
重锤拉紧	固定在井架上	在井底用重锤拉紧,拉紧力不变,无须调绳检修	因有重锤及井底固定装置,要求井筒底部较深以及排水清扫设施。拉力大,适用于中、深井中
液压螺杆拉紧	在井架上,此液压螺杆拉紧装置将罐道绳拉紧	用倒置的固定装置固定在井底专设的钢梁上	利用液压油缸调整罐道绳拉紧力,调绳方便省力,但安装和换绳较复杂。此方式使用范围较广

b 钢丝绳罐道提升容器间隙计算

一套提升的提升容器之间最小间隙 Δ_1:

$$\Delta_1 = 250 + Q\sqrt{H} \tag{4-8}$$

两套相邻提升的提升容器之间最小间隙:

$$\Delta_1 = 250 + \frac{Q_1 + Q_2}{2}\sqrt{H} \tag{4-9}$$

提升容器与井壁之间最小间隙 Δ_2:

$$\Delta_2 = 0.8\Delta_1 \tag{4-10}$$

式中 Q_1,Q_2——最大终端负荷,t;

H——提升高度,m;

Δ_1——提升容器之间的间隙,mm,在任何情况下 Δ_1 不得小于 300mm,如果计算结果大于 700mm 时,则选用 700mm;

Δ_2——井壁与提升容器之间的间隙,mm;在任何情况下 Δ_2 不得小于 240mm,如果计算结果大于 500mm 时,选用 500mm。

提升容器之间最小间隙及提升容器与井壁之间最小间隙实例见表 4-6 和表 4-7。

表 4-6 两容器之间的最小间隙

井型	条件	两容器间最小间隙/mm	井筒个数	矿 山 名 称
小型矿井	井深小于 150m;绳端荷重小于 3t;提升速度 2~3m/s	130~200	6	王家岭、大众主井、白莲坡主副井、广兴、黑山三号井
		220~250	3	查扉村、东风岭黑山二号井
		270~290	2	白龙岗、康山
		310	1	铜冶主井
大中型矿井	井深 150~300m;绳端荷重 5~8t;提升速度 5~6m/s	180~200	2	王封、龙泉
		270~300	4	李封、青山、卧牛山、新河
		320~340	3	演马庄、冯营、王家河
		374	1	蛇形山
		460	1	大窑沟

表 4-7 容器与井壁间的最小间隙实例

井型	条件	两容器间 最小间隙/mm	井筒个数	矿 山 名 称
小型矿井	煤矿	130~165	3	王家岭、白莲坡主副井、查匣村
		205~235	3	铜冶副井、大众主副井
		320~350	4	铜冶主井、白龙岗、康山、黑山三号井
		410~490	3	查匣村、广兴、东风岭
大中型矿井	煤矿	225~250	2	王封、龙泉
		270~320	4	蛇形山、青山、卧牛山、王家河
		380	1	大沟
		425~465	4	新河、演马庄、冯营、李封

提升容器的导向槽（器）与罐道之间的间隙，应符合下列规定：

（1）木罐道，每侧应不超过 10mm；

（2）钢丝绳罐道，导向器内径应比罐道绳直径大 2~5mm；

（3）型钢罐道不采用滚轮罐耳时，滑动导向槽每侧间隙不应超过 5mm；

（4）型钢罐道采用滚轮罐耳时，滑动导向槽每侧间隙应保持 10~15mm。

4.3.1.3 罐道梁

井筒内为固定罐道而设置的水平梁，称为罐道梁（简称罐梁）。最常用的为金属罐梁，也有用钢筋混凝土罐梁的；中小型金属矿山的方井中，个别也用木罐梁。罐梁沿井筒全深每隔一定距离布置一层，一般都采用金属材料。罐梁按截面形式分，有工字钢罐梁、型钢组合封闭空心罐梁、整体轧制的封闭空心罐梁和异型罐梁等多种（见图 4-8）。

 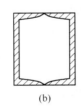 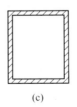 

图 4-8 罐梁的截面图

（a）工字钢罐梁；（b）型钢组合封闭空心罐梁；（c）整体轧制的封闭空心罐梁；（d）异型罐梁

罐梁与井壁的固定方式有梁窝埋设、预埋件固定或锚杆固定三种。

A 罐道梁的层间距

常用罐道梁层间距，见表 4-8。

B 罐道梁长度计算（图 4-9）

$$L = L_1 + 2a = 2(\sqrt{R^2 - D^2} + a) \tag{4-11}$$

式中　R——井筒净半径，mm；

　　　D——AB 梁边与井筒中心线之间的距离，mm；

a ——罐梁嵌入井壁深度，mm；

L_1 ——罐梁的净跨长度，mm。

表 4-8 常用罐道梁层间距表

罐道梁材料	使用条件	罐道梁层间距	
		钢罐道	木罐道
钢材	大于 15 年	4.168，3.126	2.0，2.5，3.0
木材	10~15 年		1.0，1.5，2.0，3.0

罐梁的长度计算如下：

（1）工字钢梁的净跨度长度按梁的中心线取，梁埋入井壁的深度也以梁的中心线为准；

（2）槽钢梁的净跨长度按罐梁埋入井壁最短边取；

（3）计算长度的单位一律取到 mm，然后调整到 cm。

罐梁埋入井壁深度 a 的确定如下：

（1）埋入深度等于井壁厚度的 2/3 倍；

（2）埋入深度等于罐梁的高度，取上述两者较大值，单位调整到 cm。

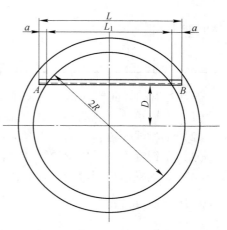

图 4-9 罐梁长度的计算简图

4.3.1.4 梯子间

有安全出口作用的竖井必须设梯子间。梯子间除用作安全出口外，平时用于竖井内各种设备检修。梯子间一般布置在罐笼井中，箕斗井中可不设梯子间。梯子间通常布置在井筒的一侧，并用隔板与提升间、管缆间隔开。梯子间的布置，按上下两层梯子安设的相对位置可分为并列、交错、顺列三种形式（图 4-10）。梯子倾角不大于 80°；相邻两梯子平台的距离不大于 8m，通常按罐梁层间距大小而定；上下相邻平台的梯子孔错开布置，梯子口尺寸不小于 0.6m×0.7m；梯子上端应高出平台 1m；梯子下端离开井壁不小于 0.6m，脚踏板间距不大于 0.4m；梯子宽度不小于 0.4m。梯子的材质可以是金属或木质。

4.3.1.5 管缆间布置

排水管、压风管、供水管、下料管等各种管路和动力、通讯、信号等各种电缆通常布置在副井中，并靠近梯子间。动力电缆和通信、信号电缆间要有大于 0.7m 的间距，以免相互干扰。管子与管子梁的间距，按管路中最大零件的最外尺寸距梁边为 100mm；管子与井壁的距离一般不小于 350~400mm；管子和管子梁用管卡固定。

4.3.1.6 提升容器四周的间隙

提升容器是竖井中的运动装置，与其他装置间保持必要的间隙是提升容器安全运行所必需的。绳罐道运行时的摆动量较大，所以间隙应大些。提升容器与刚性罐道的罐耳间的

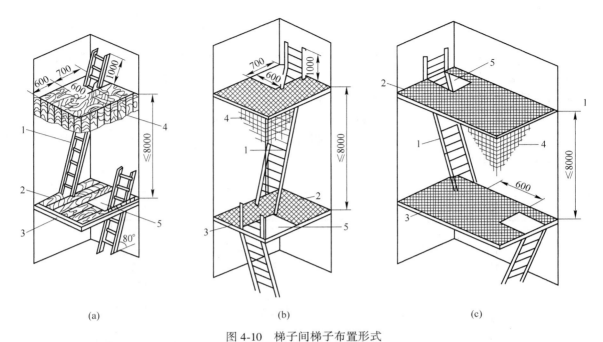

图 4-10 梯子间梯子布置形式

（a）并列布置，$S_小 = 1.3 \times 1.2 m^2$；（b）交错布置，$S_小 = 1.3 \times 1.4 m^2$；（c）顺列布置，$S_小 = 1 \times 2 m^2$

1—梯子；2—梯子平台；3—梯子梁；4—隔板（网）；5—梯子口

间隙不能太大，钢轨罐道的罐耳与罐道间的间隙不大于 5mm，木罐道的罐耳与罐道间隙不大于 10mm，组合罐道的附加罐耳每侧间隙为 10~15mm。钢绳罐道的滑套直径不大于钢丝绳直径 5mm。冶金矿山提升容器与井内装置间的间隙参见表 4-9。

表 4-9 提升容器与井内装置间的最小间隙 　　　　　　　　　　（mm）

罐道和罐梁布置方式		容器和井壁间	容器和容器间	容器和罐梁间	容器和井梁间	备　注
罐道在容器一侧		150	200	40	150	罐耳和罐道卡之间为 200
罐道在容器两侧	木罐道	200		50	200	有卸载滑轮的容器，滑轮和罐梁间隙增加 25
	钢轨罐道	150		40	150	
罐道在容器正面	木罐道	200	200	50	200	
	钢轨罐道	150	200	40	150	
钢绳罐道		350	450		350	①

①设防撞绳时，容器之间的最小间隙为 250mm，当提升高度和终端荷载很大时，提升容器之间的间隙可达 700mm。

4.3.2 井筒断面选择

竖井断面主要有三种形状：圆形、椭圆形和矩形。形状的详细设计受使用寿命、通风、地质条件和成本等影响。选定的形状也会影响井筒设计。

4.3.2.1　矩形断面[4]

在 19 世纪初，大多数竖井都设计成矩形断面，主要因为用在竖井上的许多设备的形状，例如罐笼、箕斗和平衡锤都是方形或者矩形，因此竖井断面选择矩形（图 4-11）。但选用矩形断面存在的主要问题是开拓速度较低。

矩形井筒一般使用木支护。木支护和混凝土块是常用的井筒衬砌类型，这些井筒处于稳定的岩石中，且使用寿命较短。但在高侧向应力的岩体中，这些衬砌不太适用，因为沿着长边存在弯矩。

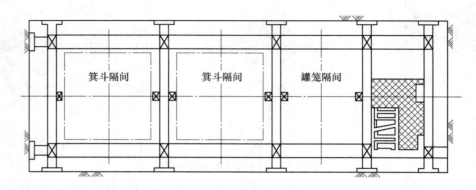

图 4-11　矩形竖井断面[4]

4.3.2.2　圆形断面[5,6]

由浅部延伸至深部的中大型-井中，对于尺寸较大的情况必须提供足够的支护。当井筒直径超过 4.5m 时，一般选择圆形井筒设计（De Souza，2009）（图 4-12）。考虑到侧向压力，圆形断面能使开挖部分周围的应力重新分配。尽管较大的水平压力很少并且深度浅（曾经在浅部开始开拓），但是圆形设计仍然有优越性。混凝土衬砌的情况，圆形设计本质上是自我支撑和调节的。圆形断面能充分利用混凝土的结构特性。

当前，硬岩矿井选用圆形断面，主要因为圆形断面能够为风流提供良好的几何通道，并且承压能力强，圆形断面易于施工，便于工程资金流动。

圆形井筒是最常见的井筒类型（图 4-13）。如果井筒很深并且直径超过 4.5m，圆形断面是最好的选择。

4.3.2.3　椭圆形断面[7]

椭圆形竖井设计可替代大断面圆形竖井，通过沿主轴方向增加长度，可以减少圆形断面的开挖工程量，从而降低开拓成本（图 4-14）。

4.3.2.4　三种断面的使用情况

常用的竖井形状有宽矩形、窄矩形或者方形，圆形和椭圆形（或准椭圆形，即拉伸的圆形）。

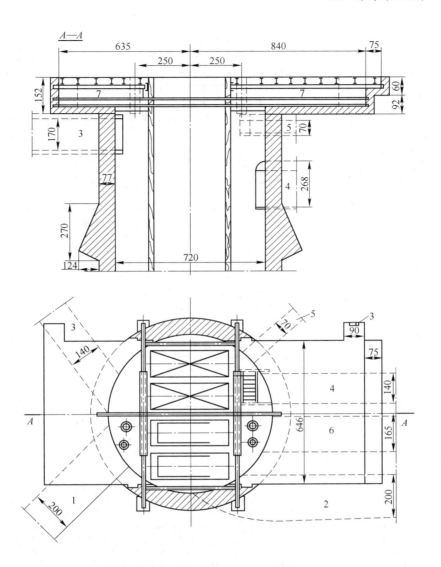

图 4-12　主井断面尺寸 7.2m（单位为 cm）

1—加热空气通道 I；2—加热空气通道 II；

3—水管道；4—梯子间出口；5—电缆道；

6—压缩空气管道；7—推车器硐室

表 4-10 编辑了由 Jamieson 等人提供的竖井数据信息。

最初，由于开发出了清渣设备，竖井形状越来越多选用圆形和椭圆形；后来，因为凿井工作可以与衬砌工作同时进行，进一步促进了这两种类型的推广应用。从通风的角度来看，圆形是最有效率的。因此，矩形断面仅在断面面积小于 30m² 的情况下才被选用。由于椭圆形断面具有与圆形断面相同的优点，它又重新受到人们的喜欢。它能够增加断面的使用率，并且如果有必要，可以使风墙更短。因此，在某些情况下，椭圆形断面比圆形断面更受青睐。

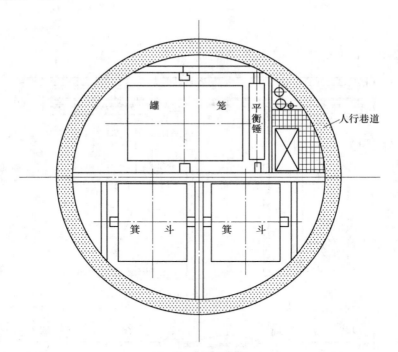

图 4-13　圆形井筒

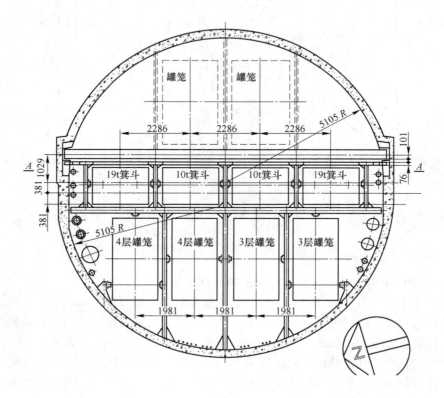

图 4-14　椭圆形竖井断面布置（南非 President Steyn 矿，1973）[7]

表 4-10 在 1961~1971 年之间开挖的垂直竖井相关统计信息

（a）竖井种类与功能总表

竖井的种类与功能	竖井的断面积/m²				总　计
	非常小 <20	小型 20~35	中等 35~50	大型 >50	
矩 形 竖 井					
主井	17	2	无	无	19
副井	9	无	无	无	9
煤矿副井	2	无	无	无	2
矩形竖井总计	28	2	无	无	30
圆 形 竖 井					
主井	12	5	22	8	47
副井	10	6	8	3	27
盲主井	3	2	18	3	26
盲副井	12	3	无	1	16
煤矿副井	25	15	5	无	45
圆形竖井总计	62	31	53	15	161
椭 圆 竖 井					
盲主井	2	2	1	1	6
盲副井	5	无	无	1	6
煤矿副井	1	无	无	无	1
主盲竖井	无	无	无	2	2
椭圆总计	8	2	1	4	15
分类总计	98	35	54	19	206
所占比例/%	47.6	17.0	26.2	9.2	100.0

（b）竖井种类百分比

竖井种类	每种类型的百分比/%			总　计
	矩形	圆形	椭圆	
非常小	28.57	63.27	8.16	100%
小型	5.71	88.58	5.71	100%
中型	无	98.15	1.85	100%
大型	无	78.95	21.05	100%
各种形状，数目	30	161	15	206
百分比	14.56	78.16	7.2	100%

（c）不同竖井种类数量

时期		竖井种类			总　计
		矩形	圆形	椭圆	
1910~1947 年	数量	341	41	7	389
	百分比/%	87.7	10.5	1.8	100
1947~1960 年	数量	51	72	5	128
	百分比/%	39.8	56.3	3.9	100
1961~1971 年	数量	30	161	15	206
	百分比/%	14.6	78.2	7.2	100

4.3.3　圆形断面的布置形式

　　井筒是矿井通达地表的主要进出口，是矿井生产期间提升矿（废）石、运送人员、材料和设备以及通风和排水的主要通道。依据用途不同，竖井可分为主井、副井和风井等（表 4-11）。主井用于提升矿石，一般装配着一对箕斗（图 4-15（a））；副井用于提升材料、设备、废石、升降人员、兼作通风、排水等，一般装配罐笼（图 4-15（b）（c））；风井专门用于入风和出风并兼作安全出口；主副井也兼作入风井，而风井也有用于通行人员或材料的；在一个井筒内，同时装备有箕斗和罐笼，兼有主、副井功用的井称为混合井（图 4-15（d））。井筒中既有运行设备，又有固定的管路、梯子等设施。为此，将井筒断面分成不同的区间，例如提升间、管道间等，有时根据需要还留有将来向下延伸井筒的延伸间。井筒断面形状一般为圆形，很少采用方形。圆形断面有利于维护，但断面利用率较低。

表 4-11　井筒用途及设备配置

井 筒 类 型	用 　 途	井 内 装 设 情 况
主井（箕斗或罐笼井）	提升矿石	箕斗或罐笼，有时设管路间、梯子间
副井（罐笼井）	提升废石，上下人员、材料、设备	罐笼、梯子间、管路间
混合井	提升矿石、废石，上下人员、材料、设备	罐笼、梯子间、管路间
风井	通风，兼作安全出口	井深小于 300m 时，设梯子间；井深大于 300m 时，设紧急提升设备
盲井	无直接通达地表的出口，一般作提升井用	根据生产需要装设

　　整个井筒自上而下是由井颈、井身和井底三个基本部分组成（图 4-16）。井颈是指井筒从第一个壁座起至地表的部分。通常位于表土层中。根据实际情况，其深度可以等于表

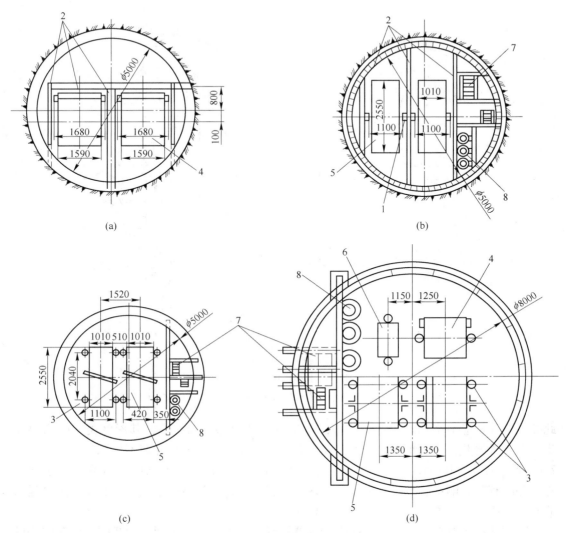

图 4-15 各种井筒内的装备情况
(a) 箕斗井；(b)(c) 罐笼井；(d) 混合井
1—刚性罐道；2—罐道梁；3—柔性（钢丝绳）罐道；
4—箕斗；5—罐笼；6—平衡锤；7—梯子间；8—管路

土的全厚，或厚表土层中的一部分。由于井颈多处于坚固性差或是大量含水的表土层、风化带内，所受地压大；由于井架基础位于井径上，使它承受着井架、提升载荷的作用，因此井颈部分的支护需要加强，通常井壁做成阶梯状，最接近地表的部分称为锁口盘，厚度可达 1m 以上。一般竖井井颈深度为 15~20m、壁厚 1.0~1.5m，斜井井颈部分应延深至基岩层内至少 5m。

金属矿山的特点是多水平（中段）开采，各中段巷道都要和井筒连通。从最低中段至井颈部分的井筒称为井身，多位于基岩中。井筒与中段相连部分称为马头门。此外，井筒还与计量硐室、井底水泵房、排水硐室相连通。在这些情况下，连接处都有应力集中，

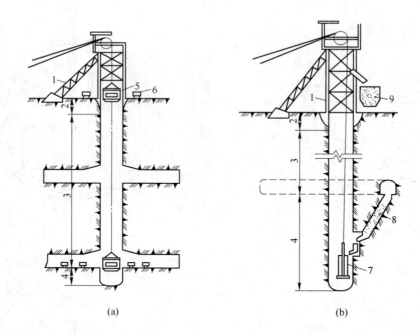

图 4-16　竖井井筒纵断面

（a）罐笼井；（b）箕斗井

1—井架；2—井颈；3—井身；4—井底；

5—罐笼；6—矿车；7—箕斗；8—矿仓；9—地面矿仓

此处井壁支护应适当加厚。从最低中段水平以下井筒部分叫井底，其深度视实际需要而定。对于罐笼井，井底集存井壁淋水和提升过卷缓冲作用。如果井筒不延深，井底至少留2m。提升人员的井筒设托罐架，其下应留 4m 水窝，水由专门水泵排至水仓。对于箕斗井，井底有装载硐室、水泵硐室以及清理井底斜巷等，其深度一般为 30~50m。需要延深的井筒，依据延深方法，井底深为 10~15m。

　　竖井断面布置形式指竖井内的提升容器、罐道、罐梁、梯子间、管缆间、延深间等设施在井筒断面的平面布置方式。决定竖井断面布置方式的因素很多，如竖井的用途、提升容器数量和类型以及井内其他设施的类型和数量，都对竖井断面的布置有很大影响。所以，竖井断面布置方式变化较大，也比较灵活。这里只列举一些典型的布置形式（图4-17和表 4-12）和某些竖井断面布置实例（图 4-18 和表 4-13）。

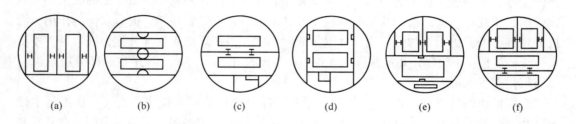

图 4-17　竖井断面布置形式示意图

表4-12 竖井断面布置形式

竖井断面布置 形式示意图	提升容器	竖 井 设 备	备注
图 4-17 （a）	一对箕斗	金属罐道，罐道梁双侧布置，设梯子间或延深间	箕斗主井最常用 形式
图 4-17 （b）	一对罐笼	金属罐道梁，双侧木罐道，设梯子间、管子间	罐笼副井常用 形式
图 4-17 （c）	一对罐笼	金属罐梁，单侧钢轨罐道，设梯子间	罐笼副井常用 形式
图 4-17 （d）	一对罐笼	金属罐道梁，木或金属罐道端面布置，设梯子间、管子间	
图 4-17 （e）	一对箕斗和一个 带平衡的罐笼	箕斗提升为双侧金属罐道，罐笼提升为双侧钢轨罐道 或双侧木罐道，平衡锤可用钢丝绳罐道	
图 4-17 （f）	一对箕斗和一对 罐笼	箕斗提升为双侧金属罐道，罐笼提升为单侧钢轨罐道	

表4-13 竖井断面布置实例

实例图	竖井尺寸 /m	布 置 内 容		备 注
		提升容器	井筒装备	
图 4-18 （a）	4.94×2.7	单层单车双罐笼1080mm× 1800mm×2385mm	木井框、木罐道、木罐梁	罐梁层间距1.5m
图 4-18 （b）	4.0	一个 5a 型罐笼配平衡锤 3200mm×1440mm×2385mm	双侧木罐道，27a 槽钢罐梁金属梯 子间	罐梁层间距2m
图 4-18 （c）	6.5	一个 1t 矿车双层四车加 宽罐笼	悬臂罐梁，树脂锚杆固定，球扁钢罐 道，端面布置，金属梯子间，设管缆间	用于井型 1.8Mt/a 的副井
图 4-18 （d）	6.5	两对 12t 箕斗多绳提升	两根 22b 组合罐梁，树脂锚杆固定， 球扁钢罐道，端面布置	用于井型 3.0Mt/a 的主井
图 4-18 （e）	6.0	一对 16t 箕斗多绳提升	钢丝绳罐道，四角布置	用于井型 1.8Mt/a 的主井

4.3.4 井筒断面尺寸设计

竖井井筒横断面形状有圆形、矩形和椭圆形等。竖井多采用圆形断面，因为圆形断面既便于施工又易于维护，还可承受较大地压。地压小，服务年限不超过 15 年的小型矿井，有时采用矩形和多边形断面；椭圆形断面一般在改建、扩建旧的矩形断面小井时应用。

竖井断面尺寸的大小决定于井筒的用途、设备和所需要通过的风量。其确定步骤为：根据提升容器、井筒装备和井筒延深方式等因素，先按规定的设备空间尺寸，用图解法或

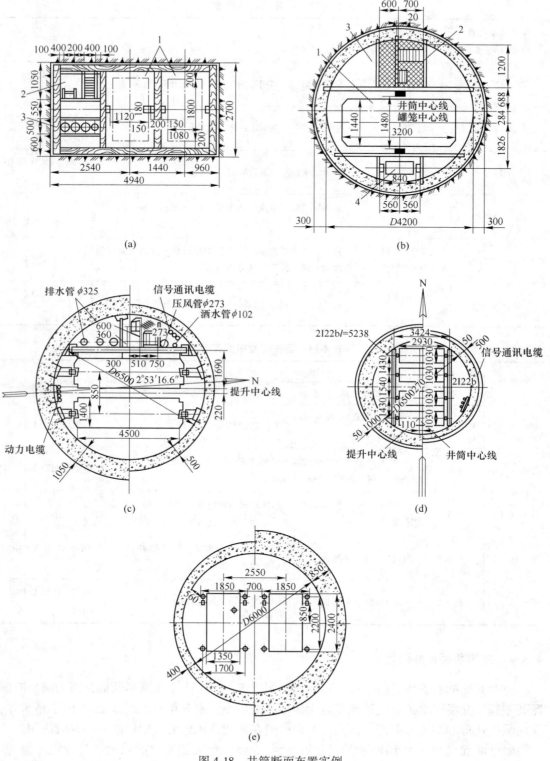

图 4-18　井筒断面布置实例

1—提升间；2—梯子间；3—管缆间；4—平衡锤间

解析法求出井筒的近似直径，然后按 0.5m 晋级（净直径 6.5m 以上井筒按 0.2m 晋级）初步确定井筒直径，最后按通风要求确定井筒断面尺寸。

在设计竖井井筒前，应收集有关井筒所在位置的地面、地下水文及地质条件，井筒内的设备配置情况，井筒的服务年限、生产能力和通过风量等资料。

4.3.4.1 竖井断面相关信息

A 通风能力

（1）圆形混凝土衬砌刚性罐道的生产井中，风流的最大速度是 12.7m/s。

（2）圆形混凝土衬砌刚性罐道的生产井中，经济的风速是 12m/s。如果井筒中有人行隔间（梯子间），经济的风速降为 7m/s。

（3）圆形混凝土衬砌柔性罐道的生产井中，最大设计风速是 10m/s，并且箕斗和风流之间的最大相对速度是 30m/s。

（4）光壁混凝土风井中，风速的上限是 20m/s。

（5）光壁混凝土风井中，一般情况下，经济的风速大约是 15m/s。

B 井筒间隙

（1）对于钢制罐道的固定罐道系统，小型方形隔间的情况，运输工具和固定障碍物之间的最小间隙（也就是水平加固构件或是井壁）是 1.5in（约 3.81cm）；其他的是 2in（约 5.08cm）。

（2）对于木制罐道的固定罐道系统，小型方形隔间的情况，运输工具和固定障碍物之间的最小间隙（也就是水平加固构件或井壁）是 2.5in（约 6.35cm）；其他的是 3in（约 7.62cm）。

（3）对于钢丝绳罐道系统的生产井，运输工具和固定障碍物之间的最小间隙是 12in（约 30.48cm），与其他运输工具之间是 20in（约 50.8cm）。可以使用防撞钢丝绳减少间隙。

（4）箕斗爪和罐道之间的边对边间隙要设计成 0.25in（约 0.635cm），并且运行时不能超过 3/8in（约 0.9525cm）。罐道面到面之间的总间隙应该是 1/2in（约 1.27cm）到 5/8in（约 1.5875cm）之间并且不能超过 3/4in（约 1.905cm）。

C 井筒溢出

对于精心设计箕斗提升装置，井筒溢出量约等于提升载重量的 0.5%（这一条规则基于八个独立矿井的现场测量，一般这些地方测量的溢出量在提升载重量的 0.25%~1%）。

4.3.4.2 井筒断面设计基本流程

井筒断面设计主要取决于罐笼和箕斗的尺寸也就是提升负载。小型的一个或两个隔间的矩形木支护井筒，1.22m×1.83m 到 2.13m×3.66m；稍大的三隔间井筒，1.52m×3.66m 到 2.44m 或 3.05m×6.10m。四隔间或五隔间的井筒需要较大的尺寸，例如威特沃特斯兰德的深矿井，内径从 1.83m×6.10m 到 1.83m 或 2.44m×9.14m，并且宾夕法尼亚煤矿的一些井筒达到 3.96m×15.85m。圆形井筒很少有超过两个的提升隔间，并且一般都大于 3.05m×4.88m，有时 6.10m 或 6.40m，提升线路周围的部分区域用来通风、布置管道等[8]。

确定井筒断面尺寸首先是估算竖井开拓矿区范围的总资源量。矿体总资源量的多少将决定开采率，开采率又将决定提升矿石和废石量、人员数目和运输材料。然后，据此确定箕斗和罐笼尺寸，反过来，计算容纳这些单元所需要的总面积。竖井中安装的设备的形状与尺寸也包含在最终竖井尺寸的计算中。当前描述的情况适用于矿岩、人员和材料运输竖井。

矿山生产率的确定主要依据有：

（1）确定可行的采矿方法设计；

（2）需要确定每个标准开采矿块的设计（采场尺寸等）；

（3）计算每个生产水平的稳定生产能力；

（4）确定每个生产水平所需的投入/产出；

（5）确定满足设备和通风要求的最小进路断面尺寸；

（6）计算满足达产要求的开拓量；

（7）模拟从开采第一个矿块到全水平开采结束的产量；

（8）确定同时开采的水平数量；

（9）确定满足最大开采水平数目总数要求的竖井断面尺寸；

（10）进行经济分析；

（11）优化采矿设计和竖井断面布置。

确定通风井尺寸能总结为见表 4-14。

表 4-14 风井设计标准

类型（矿井开拓）	标准风速/m·s⁻¹
入风井	12
出风井	18
进风巷道	6
回风巷道（不行人）	12
提升机	5
输送机	3
柴油机稀释系数	0.12m³/(s·kW)

通过计算对于整个采矿系统所需总入风量，是有可能估算所需的最小通风井尺寸以服务于选择的采矿系统[4]。

竖井横断面根据以下条件确定：

（1）提升容器和其他装置（例如行人梯子间）的横向尺寸，与井壁之间要保持充足的距离；

（2）设计满足通风要求的风量。

提升容器（一般为箕斗）的有效载荷 Q（单位为 t）和计划日产量 W(t/d)，对于新生

产井按如下公式计算:

$$Q = \frac{kWt}{3600T} \tag{4-12}$$

式中　k——不平衡系数, 对于两个或多个提升容器, 取 1.15, 仅一个提升容器,
取 1.25;

　　　t——一个提升循环总时间, s, $t = t_1 + t_2$, t_1 为提升时间, t_2 为制动时间;

　　　T——每天提升机工作时间。

以国际单位制表示, 箕斗有效容积 P(单位为 m^3):

$$P = \frac{Q}{\gamma} \tag{4-13}$$

式中　γ——提升材料容重, t/m^3, 例如, 对于煤, $\gamma = 0.8 \sim 0.85 t/m^3$; 对于岩石, $\gamma = 1.4 \sim 1.5 t/m^3$。

基于以上计算和设计原则和约束条件, 主要提升参数的选择图表如图 4-19 所示。

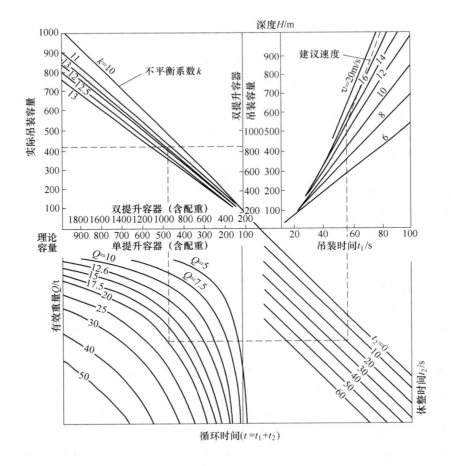

图 4-19　确定单运输工具和双运输工具提升能力的图表[2]

4.3.4.3 我国井筒净断面尺寸设计方法

竖井断面尺寸包括净断面尺寸和掘进断面尺寸。净断面尺寸主要根据提升容器的规格和数量、井筒装备的类型和尺寸、井筒布置方式以及各种安全间隙来确定，然后通过井筒的风速来校核。掘进断面尺寸根据净断面尺寸和支护材料及厚度、井壁壁座尺寸等。

A 净断面尺寸的确定

净断面尺寸主要按以下步骤确定：

(1) 选择提升容器的类型、规格、数量；

(2) 选择井内其他设施；

(3) 计算井筒的近似直径；

(4) 按通风要求核算井筒断面尺寸。

B 净断面尺寸确定实例

下面以刚性罐道罐笼井为例，介绍竖井断面尺寸计算的步骤和方法。图 4-20 为一个普通罐笼井的断面布置及有关尺寸，图中各参数的计算如下。

a 罐道梁中心线的间距

$$L_1 = C + E_1 + E_2 \tag{4-14}$$
$$L_2 = C + E_1 + E_3 \tag{4-15}$$

式中　　L_1——1、2 号罐道梁中心线距离，mm；

　　　　L_2——1、3 号罐道梁中心线距离，mm；

　　　　C——两侧罐道间间距，mm；

E_1，E_2，E_3——1、2、3 号罐道梁与罐道连接部分尺寸，由初选的罐道、罐道梁类型及其连接部分尺寸决定。

b 梯子间尺寸

梯子间尺寸 M、H、J 由以下方法确定：

$$M = 600 + 600 + s + a_2 \tag{4-16}$$

式中　600——一个梯子孔的宽度，mm；

　　　s——梯子孔边至 2 号罐梁的板壁厚度，一般木梯子间 $s = 77$mm；

　　　a_2——2 号罐梁宽度之半。

$$H = 2(700 + 100) = 1600\text{mm}$$

式中　700——梯子孔长度，mm；

　　　100——梯子梁宽度，mm。

如图 4-20 所示，左侧布置梯子间，右侧布置管缆间，一般取 $J = 300 \sim 400$mm，因此：

$$N = H - J = 1200 \sim 1300\text{mm}$$

c 求竖井近似直径

竖井断面的近似直径可用图解法或解析法求出。

(1) 图解法求竖井近似直径：

图解法比解析法简单，而且可以满足设计要求。其步骤如下：

1) 先确定井筒装备的类型，选出井筒装备的规格；

2) 根据提升设备及导向形式，用已求出的参数绘制梯子间和罐笼提升间的断面布置图；

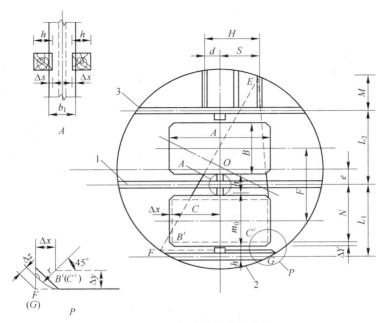

图 4-20　图解法确定井筒直径

3）在提升间一侧按梯子间及管子等安装所需的最大尺寸截取 O、C 两点；

4）以提升容器（罐笼、箕斗等）靠近井壁的两个拐角点 A' 和 B'，沿对角平分线方向即图中 R 方向，向外量距离 b（罐笼与井壁间的安全间隙），可得井壁上 A、B 两点；

5）由 A、B、C、三点可求出井筒的圆心（O）和半径 $R = OA = OC$，同时量取井筒中心线和 1 号罐道梁中心线间的间距 d，求出 R 和 d 后，以 0.2m 为进级，即可确定井筒的近似净直径；

6）调整井筒直径，以 500mm 为模数，然后用三角函数关系验算井壁与容器之间的安全间隙 b 及梯子间尺寸 M，直到满足设计要求为止；

7）根据井筒内所要安装管子、电缆及其他设施的数量、规格进行调整、配置，如能安排下，则井筒直径决定的全过程完毕。

（2）解析法求竖井近似直径：是决定普通罐笼井井筒直径的方法。计算简图如图 4-21 所示，计算步骤及公式如下：

$$L = m_0 + 2(\delta - 5) + \frac{b_1}{2} + \frac{b_2}{2} \tag{4-17}$$

$$L_1 = m_0 + 2(\delta - 5) + \frac{b_1}{2} + \frac{b_3}{2} \tag{4-18}$$

式中　　L，L_1——罐梁中心距离；

$\qquad m_0$——两罐道间距离；

$\qquad \delta$——木罐道厚度；

$\qquad 5$——钢梁卡入木罐道的深度，mm；

$\quad b_1$，b_2，b_3——1、2、3 号梁的宽度。

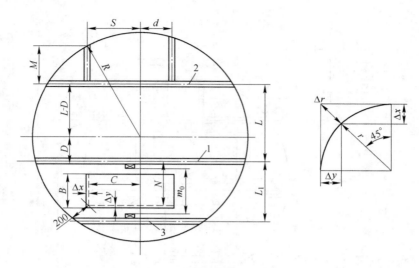

图 4-21 解析法确定井筒直径

$$M = m_1 + m_2 + 25 + \frac{b_2}{2} \tag{4-19}$$

式中 M——梯子间最短边梁和 2 号梁中心线距离，mm；

m_1——两梯子中心线距离，一般取 $m_1 = 600\text{mm}$；

m_2——梯子中心线与壁板距离和另一梯子中心线与井壁距离之和，$m_2 = 300 + 300 = 600\text{mm}$；

25——梯子间壁板厚，mm。

上述数值（罐梁中心距离等），随着采用不同厚度的壁板及梯子间布置不同而有变化。梁 1 中心线至罐笼虚线的距离：

$$N = \frac{1}{2}m_0 + (\delta - 5) + \frac{b_1}{2} + \frac{B}{2} - \Delta y \tag{4-20}$$

式中 B——普通罐笼宽度；

Δy——普通罐笼角度收缩系数。

因

$$\Delta x = r - r\cos 45° \tag{4-21}$$

$$\Delta x = \frac{\Delta r}{\sqrt{2}} = r - r\cos 45° \tag{4-22}$$

$$\Delta r = \sqrt{2}\left(r - \frac{r}{\sqrt{2}}\right) \tag{4-23}$$

又因 $\Delta y = \Delta x$，则：

$$\Delta y = r - \frac{r}{\sqrt{2}} \tag{4-24}$$

式中 r——罐笼角部曲率半径。

$$C = \frac{A}{2} - \Delta x \tag{4-25}$$

式中　　A——罐笼长度。

按计算简图 4-21 可得下列联立方程，解联立方程便可求出 R 及 D：

$$\begin{cases}(D+N)^2+C^2=(R-200)^2\\(L-D+M)^2+S^2=R^2\end{cases}\tag{4-26}$$

式中　　S——梯子间最短边梁与井筒中心线之距离，一般 $S=1200\sim1300$；

　　　　D——1 号梁中心线与井筒中心线距离，mm。

如罐笼和井壁之间的间隙小于规定的数值时应对 D 值作适当调整。

（3）确定箕斗井井筒直径的方法：计算简图如图 4-22 所示，计算步骤及公式如下：

联立方程式（4-27），便可求出 R 及 D：

$$\begin{cases}(M+200+B-D)^2+S^2=R^2\\x^2+(r+D)^2=(R-200)^2\end{cases}\tag{4-27}$$

式中　　B——罐道中心线与箕斗一端之距离，mm；

　　　　r——罐道中心线与箕斗另一端的距离，mm；

　　　　D——罐道中心线与井筒中心线之距离，mm；

　　　　R——井筒半径，mm。

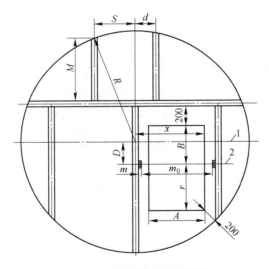

图 4-22　箕斗井直径计算图

确定 D 值后，返回核算间隙，即箕斗最突出部分与井壁间间隙 f_1 及箕斗边与 2 号梁之间间隙 f_2：

$$\begin{cases}R-[(r+D)^2+x^2]^{\frac{1}{2}}\geqslant f_1\\(R^2-S^2)^{\frac{1}{2}}-(M+B-D)\geqslant f_2\end{cases}\tag{4-28}$$

如间隙 f_1、f_2 小于规定的数值，应对 D 值做适当的修正，M 与 s 所表示的意义与普通罐笼井筒相同。

（4）风速校核：按上述方法确定的井筒直径，还需要用风速验算，如不满足要求，可加大井筒直径，直至满足风速要求为止。要求井筒内的风速不大于允许的最高风速，即：

$$v = \frac{Q}{S_0} \leqslant v_允 \tag{4-29}$$

式中 v——通过井筒的风速，m/s；

Q——通过井筒的风量，m³/s；

S_0——井筒有效通风断面积，m²，井内设有梯子间时，$S_0 = S - A$，不设梯子间时，$S_0 = 0.9S$，S 为井筒净断面积，m²，A 为梯子间断面积，A 可取 2.0m²；

$v_允$——规定井巷允许通过的最大风速（表4-15）。

表 4-15 井筒允许最大风速

井 筒 名 称	允许最大风速/m·s⁻¹
无提升设备的风井	15
专为升降物料的井筒	12
升降人员与物料的井筒	8
设梯子间的井筒	8
修理井筒时	不小于8

（5）钢丝绳罐道竖井尺寸的确定方法与上述刚性罐道竖井断面尺寸的确定方法基本相同，由于钢丝绳罐道的特点，考虑以下几点：

1）为减少提升容器的摆动和扭转，罐道绳应尽量远离提升容器的回转中心，且对称于提升容器布置，一般设4根，井较深时可设6根，浅井可设3根或2根。

2）适当增大提升容器与井壁及其他装置间的间隙。

3）当提升容器间的间隙较小、井筒较深时，为防止提升容器间发生碰撞，应在两容器间设防撞钢丝绳。防撞绳一般为2根，提升任务繁重可设4根。防撞绳间距约为提升容器长度的 0.6～0.8。

4）对于单绳提升，绳罐道以对角布置为好；多绳提升，以单侧布置为好。单侧布置时容器运转平稳，且有利于增大两容器间的间隙。

4.3.4.4 南非井筒断面尺寸设计方法

由于南非的矿体大多为缓倾斜矿体，主要是人工开采，井下设备主要在运输大巷里运行。因此，设计断面时主要考虑人员通风降温需要，矿山爆破每吨矿石每分钟所需的平均风量为 0.162m³（最大风量为 0.4m³，最小风量为 0.052m³）。

现在井筒尺寸通常由矿井预期的通风量来确定的。仅在小型竖井的情况下，井筒尺寸由井筒内设备的大小或者通过竖井的设备大小来决定。另一方面，对于民事性质的地下工程，断面尺寸常由通过竖井的设备大小来决定的。

不论是已完成的竖井设计或是新矿井的设计，风量是基于矿井中爆破的矿石量来计算的。

运用插值的方法确定矿体可能的走向和倾向，断层的评估也是使用这种方法。根据钻孔和矿脉的交叉情况判断矿体赋存状况。但任何一种方法都不能精确地计算出矿井所需风量。

下向风流的竖井，风量一般限制在 $500 \sim 600 m^3/min$ 之间；然而，上向风流的竖井，风量的上限可以达到 $1200 m^3/min$。

因此，竖井尺寸的设计过程中，需要结合其他类似矿山相关信息，得到最终的解决方法。南非矿业协会每年的通风报告中提供了大量的数据信息。

1970 年的报告中，相关的数据如下：

（1）每分钟每吨破碎矿石所需的风量：每分钟风量平均值为 $0.162 m^3$；每分钟风量最大值为 $0.40 m^3$；每分钟风量最小值为 $0.052 m^3$。

（2）井下每分钟每个人所需风量 $5.094 m^3$。

由矿井所需风量计算结果可得：在原岩平均温度在 37.7℃ 以下以及通风条件良好的情况下，矿井平均每分钟每吨破碎矿石所需风量为 $0.15 m^3$；当原岩平均温度超过 37.7℃ 时，矿井平均每分钟每吨破碎矿石所需风量为 $0.2 m^3$。

竖井的尺寸可以根据以上两点，再加上基本的原则计算出来，这个基本的原则是：为保持井内环境舒适，要求进风井的风量可以超过 $500 m^3/min$ 但不能大于 $600 m^3/min$。因为井筒支架和其他固定设备的阻碍作用，所以要在原来风量的基础上再加上 15% 的富余系数。

如前所述，回风井的风量不应该超过 $1200 m^3/min$，这样能使风机保持较高的效率。

现以 67000 吨/月的产量来计算圆形断面竖井的尺寸，结果见表 4-16。

表 4-16 67000 吨/月的产量计算圆形断面竖井的尺寸

项 目	使用每个月开采出来的每吨矿石每分钟所需通风量为 $0.15 m^3$ 的因素	使用每个月开采出来的每吨矿石每分钟所需通风量为 $0.2 m^3$ 的因素
进风竖井风量 /$m^3 \cdot min^{-1}$	$67000 \times 0.15 = 10050$	$67000 \times 0.20 = 13400$
需要 $600 m^3/min$ 风量的地点	$10050/600 = 16.75 m^2$	$13400/600 = 22.33 m^2$
需要 $500 m^3/min$ 风量的地点	$10500/500 = 20.10 m^2$	$13400/500 = 26.80 m^2$
在竖井的某些地方加上 15% 的富余系数进行调整		
（1）加上 15%	$19.70 m^2$	$26.27 m^2$
（2）加上 15%	$23.64 m^2$	$31.53 m^2$
竖井的直径/m		
（1）加上 15%	5.00m	5.78m
（2）加上 15%	5.50m	6.23m
回风竖井风量/$m^3 \cdot min^{-1}$	$10050/1200 = 8.375 m^2$	$13400/1200 = 11.167 m^2$
竖井的直径	3.27m	3.76m

依据相类似的计算方法，从表 4-17 与图 4-23 中可以容易地选择计划开采产量在 67000~300000 吨/月竖井直径的范围。

表 4-17 进风竖井的直径 （m）

计划月开采量 /t	原岩温度小于 38.7℃		原岩温度约 38.7℃	
	空气流动的速度/m·min⁻¹		空气流动的速度/m·min⁻¹	
	（a1）[①] 600	（a2）[①] 500	（a3）[①] 600	（a4）[①] 500
67000	5.00（16.5）	5.48（18.0）	5.98（19.5）	6.34（20.75）
75000	5.30（17.5）	5.80（19.0）	6.12（20.0）	6.70（22.0）
100000	6.06（20.0）	6.70（22.0）	7.07（23.0）	7.74（25.5）
150000	7.50（24.5）	8.21（27.0）	8.66（28.5）	9.48（31.0）
200000	8.66（28.5）	9.57（31.5）	9.96（32.75）	10.94（36.0）
250000	9.67（31.75）	10.60（34.75）	11.06（36.0）	12.24（40.0）
300000	10.60（34.75）	11.61（38.0）	12.24（40.0）	13.40（44.0）

① （a1）（a2）（a3）和（a4）在图 4-23 的曲线上提取；括号内数据通过四舍五入方法转换为 ft。

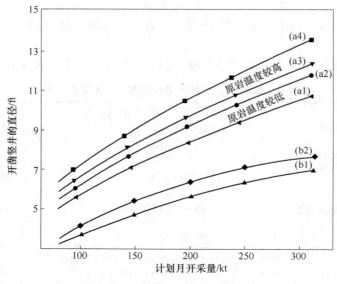

图 4-23 竖井直径与开采量的关系

井筒开挖需要大量的现金支出，可以预见的是，以后会钻凿比表 4-17 里所列直径更大的井筒，特别是随着开采深度的增加，露天转地下的大型金属矿床的竖井直径更是如此。

按照规定，新建矿山为提供第二个出口，可以选择开挖双竖井，并且这种布置在矿山开采初期就能提供充足的风量。

随着产量的增加或者开采深度的增加，需要新建一条竖井时，或者新建矿山利用相邻矿山建立第二个出口时，中间有风障隔开的竖井是一个更经济的选择。这种情况下，需要提前计算出竖井回风量与进风量各占多少断面面积，并且考虑风障所占面积，可以计算出所需的断面总面积以及断面直径。

两用竖井的实例如下：

（1）带风墙的南非瓦尔矿井——两个中间间隔 0.6m，直径 8.35m 的圆形。

（2）Elsburg 黄金矿业公司——直径 10.21m 的圆形竖井。

（3）斯泰恩第 4 号竖井——两个中间间隔 0.76m，直径 10.21m 的圆形。

虽然竖井是在火成岩、沉积岩和含水层中钻凿，但是在开凿一个大型的进风竖井时，竖井与急倾斜主断层相交，断层增加的地压以及断层擦痕导致发生严重的超挖。

竖井的高成本意味着每个矿山都要尽可能控制井筒数目。因为大直径竖井可以输送大风量，所以竖井沿矿体走向和倾向的服务范围是以前不敢想象的。为把一定的风量输送到工作面，需要两条甚至三条巷道。再者，制冷技术使空气可以重新利用，因此竖井的服务范围可以进一步扩大（即巷道可以更长）。或者，反过来，可以降低矿山需风量，从而减少竖井的尺寸。原岩温度较高时，热量从通道围岩快速扩散到空气中，因此对于空气需要降温的深井矿山，缩小竖井断面具有优势。

深度增加的底卸式箕斗可以用于较小的截面，还可以保证较大的提升能力。运用这种方法，竖井的尺寸降到最低，但产量显著增加。有一个案例，直径 7.93m 的竖井平均每个月可以运输 227423t（最高纪录是一个月 23900t），再加上所有的人员和 90% 的材料。显然，这条竖井不能满足通风要求，但是矿山的通风是由另一条竖井进行的[7]。

4.4　井壁厚度及井壁壁座设计

4.4.1　井壁厚度设计[8,9]

影响井壁厚度的主要因素是地压，还要考虑井筒的形状、断面尺寸及井内、井口各种设备或建筑物施加到井壁的压力。

支护厚度的确定方法有两种：

（1）通过已确定的井筒地压值进行理论上的计算而求得井壁厚度，但各种地压的计算方法都有其局限性和不完善之处，其根据地压所算得的井壁厚度与实际有较大的出入，只能起参考作用。

（2）按工程类比法的经验数据，来确定井壁厚度，此法应用较多。

4.4.1.1　整体混凝土井壁厚度

整体混凝土井壁厚度的计算方法如下：

（1）当井筒地压小于 0.1MPa 时，可采用最小构造厚度 $h = 0.2 \sim 0.3$m。

（2）当井筒地压为 0.1~0.15MPa 时，厚度 h 可用经验公式估算：

$$h = 0.07\sqrt{RH} + 14 \tag{4-30}$$

式中　h——最小井壁厚度，cm；

　　　R——井筒内半径，cm；

　　　H——井筒全深，cm。

（3）当井筒地压大于 0.15MPa 时，用厚壁筒理论，即拉麦公式计算：

$$h = R\sqrt{\frac{[\sigma]}{[\sigma] - 2P_{max}} - 1} \tag{4-31}$$

式中 R——井筒净直径，cm；

P_{max}——作用在井壁上的最大地压值，MPa；

[σ]——井壁材料抗压允许应力。

在实际选择时可参考表 4-18。

表 4-18 井壁厚度参考数据

井筒净直径 /m	井壁支护厚度/mm		
	混凝土	混凝土砖	料石
3.0~4.0	250	300	300
4.5~5.0	300	350	300
5.5~6.0	350	400	350
6.5~7.0	400	450	400
7.5~8.0	500	550	500

注：1. 本表适用于 $f=4\sim6$。

2. 混凝土砖、料石砌碹时，壁后充填为 100mm。

3. 混凝土标号采用 C20。

4.4.1.2 喷射混凝土井壁支护厚度

岩层稳定时，厚度可取 50~100mm；地质条件稍差，岩层节理发育，但地压不大、岩层较稳定的地段，井壁厚度可取 100~150mm；地质条件较差，岩层较破碎地段，应采用喷、锚、网联合支护，支护厚度 100~150mm。在马头门处应适当增加喷射混凝土厚度或加密锚杆。

4.4.1.3 验算

初选井壁厚度后，还要对井壁圆环的横向稳定性进行验算，如不能满足稳定性要求，就要调整井壁厚度。为了保证井壁的横向稳定性，要求横向长细比不大于下列数值：

对混凝土井壁 $L_0/h \leqslant 24$

对钢筋混凝土井壁 $L_0/h \leqslant 30$

井壁在均匀载荷下，其横向稳定性可按下式验算：

$$K = \frac{Ebh^3}{4R_0^3 p(1-\nu)} \geqslant 2.5 \tag{4-32}$$

式中 L_0——井壁圆环的横向换算长度，$L_0 = 1.814R$，mm；

h——井壁厚度，cm；

E——井壁材料受压时的弹性模量，MPa；

b——井壁圆环计算高度，通常取 100cm 来计算；

R_0——井壁截面中心至井筒中心的距离，cm；

p——井壁单位面积上所受侧压力值，MPa；

ν——井壁材料的泊松系数，对混凝土取 $\nu = 0.15$。

4.4.2　井壁壁座设计

井壁壁座是加强井壁强度的措施之一，在井壁的上部、厚表土层的下部、马头门上部等部位，一般都设有井壁壁座，以加强井壁的支承能力。壁座有两种形式（图4-24），即单锥形壁座和双锥形壁座。双锥形壁座承载能力大，适合于井壁载荷较大的部位，单锥形壁座承载能力较小，适用于较坚硬的岩层中。壁座的尺寸可根据实践经验确定。一般壁座高度不小于壁厚的 2.5 倍，宽度不小于壁厚的 1.5 倍。通常壁座高度 $h = 1 \sim 1.5\mathrm{m}$，宽度 $b = 0.4 \sim 1.2\mathrm{m}$，圆锥角 $\alpha = 40°$ 左右。双锥形壁座的 β 角必须小于壁座与围岩间的静摩擦角 $\varphi = 20° \sim 30°$，以保证壁座不至向井内滑动。

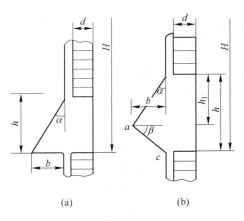

图 4-24　壁座形式
（a）单锥形；（b）双锥形

4.5　井颈设计

井颈是位于井筒上部接近基座的部分，通常设在坚固稳定的岩石中，是阻止水沙进入井筒的防护屏障。它们一般从地表延伸到稳固的基岩中，井颈安设在基岩中。它们在井筒周围提供一个刚性支撑来保护井筒免受外部载荷的作用，这些载荷是井架和周边建筑（提升机房、厂房等）引起的水平应力。

井颈一般最多分三阶：第一阶衬砌一般厚 $1 \sim 1.5\mathrm{m}$，但可能高 2m，建议第一阶衬砌到表面层以下；第二阶衬砌厚度介于 $0.6 \sim 1\mathrm{m}$ 之间（或是井身段衬砌厚度的两倍）；第三阶厚度介于第二阶和井身段衬砌厚度之间[10]；最后一阶，也就是底座，通常是圆台状，这样可以将井颈的载荷传递到基岩中，并且底座应该安设在表土层下 3m 以确保它能牢固地固定在基岩中。遇到软弱或是严重破碎的岩层，建议井颈在基岩中延伸得更多一点。

井颈尺寸对于荷载的承受能力十分重要。确定深度、截面积和厚度时的考虑因素包括凿井方法、表土层性质、现场地应力、水文地质和附加载荷条件。

根据结构需要及将会遇到的应力，计算衬砌的厚度。计算应力并确定安全系数。从而能获得必需的井颈尺寸和材料特性。

井颈的规格（例如深度、形状和厚度）取决于井筒的功能、表土层或岩石的性质和水文地质条件、涌水量和地压、凿井工艺、应用之后所受的附加载荷（垂直应力来自井架，水平应力来自对附近建筑物地基的反作用力）。

进风井的井颈必须设置一个梯子间出口和一个冬季热空气进入口。另外的出口布置水管、压风管、电缆和通信线缆。

回风井的井颈通常有一个把矿内污风引向主风机的回风通道和另外一些取决于开采需要的出口，例如水管、电缆等。在装有提升装置的井筒中，井颈必须能为井架提供支撑。当表土层是低强度岩土参数的地层时，用井颈来为井架的安装提供稳固的支撑是可行的方案。井架的基座可以安装在井颈壁上，这个井颈壁是为附加载荷专门设计的并且作为基座（图 4-25（a）），也可以安装在井颈壁中的钢梁上（图 4-25（b））。

当井架顶部安装了大型提升机时，需要在井颈壁外安设额外的基座。对于较小的提升机，可以设计一座圆塔，圆塔就像是井筒的一个延伸并且与钢筋混凝土做成的井颈在地表下某一深度相连接（图 4-25（c））。由于井塔的要求厚度为 20~50cm，所以井颈的直径要适当增加。现在的趋势是在井筒上安装多绳提升机（图 4-25（d）），所以此设计方案在新建工程中被广泛应用。

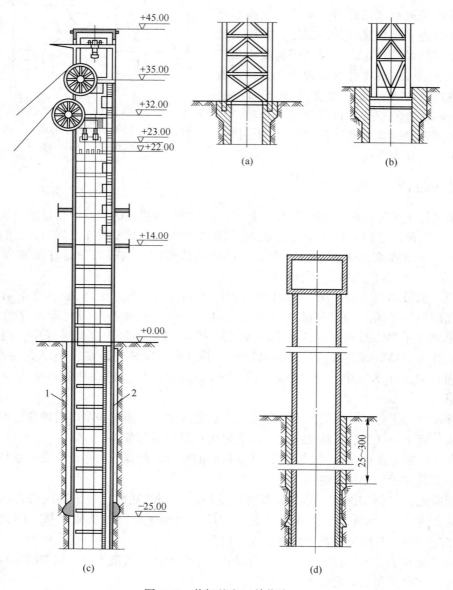

图 4-25　井架基座（单位为 m）

（a）井口基座；（b）井颈横梁基座；（c）（d）井口的圆形井架

1—混凝土衬砌井口；2—钢筋混凝土井架

井颈基座安设在稳固的岩层中，表土层下 2~3m 处。它通常是圆台状，以便将载荷传递给围岩[3]。

除了提供矿山入口之外，主井的井颈还有以下功能：

（1）防止井筒进水；

（2）为井筒测量需要的支架和铅垂线提供顶部锚固点；

（3）在主开挖开始之前，为凿井工人安装设备提供空间；

（4）可以支撑部分的井架。

回风井、副井和所有通往地表的通道都需要井颈。在岩石露头或浅表土层中建造井颈相对简单；然而，如果表土层较深且是含水层时，井颈施工将变得比较困难。

井颈施工需注意：

（1）井颈标高应该在已修整的边坡之上 600mm。

（2）通常主井井颈的混凝土衬砌厚度在表土层中是 600mm，在风化基岩中是 450mm。通风井井颈，表土层中是 450mm，在风化基岩中是 300mm。

（3）井颈周围已修整的边坡与井颈的斜度应该是 2%。

（4）表土层中的井颈施工，除了冻结法（这需要更长的时间）之外的其他任何一种方法。

（5）井颈在深表土层的情况，在较好的地层中，基座嵌入基岩的最小深度是 3m，如果岩石严重风化或氧化，则需要更多。

（6）木支护井筒井颈的最小深度是 15m。

（7）混凝土井颈的最小深度是 28m。如果采用的是较长的回转钻孔台车，这个数值是 36m[3]。

4.5.1 井颈受力情况

井筒基座附近的建筑（井架煤仓等）产生的影响可以用 Cimbarievich 推荐的图解系统[10]进行评估（图 4-26）。当距离小于 l_0 时，将会在应力分布图中出现一个附加载荷，这要求增加井颈尺寸。

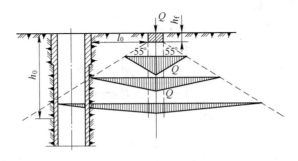

图 4-26　简单的几何方法来确定附近基座作用在井径上的额外载荷

（影响区域是在基座底部向外从垂直方向约 35°。当基座到竖井井口的水平距离 l_0 远远大于

$(h_0-h_f)\tan55°$ 时，基座对井径施加的额外载荷可以忽略）

h_0—井径的深度；h_f—基座的深度

这些应力作用点的坐标为 e_1e_1'，e_2e_2'，e_3e_3' 和 e_4e_4'。水平载荷用下面的公式估算：

$$P_h = \gamma h_0 \tan^2\left(\frac{90 - \varphi}{2}\right) \tag{4-33}$$

式中，γ 为岩层的单位重量；h_0 为井口高度；φ 为内摩擦角。

图 4-27 所示为带有井架基座的井口的衬砌计算。注意：井口是安设在截面 Ⅱ—Ⅱ 水平的稳固的岩层中。

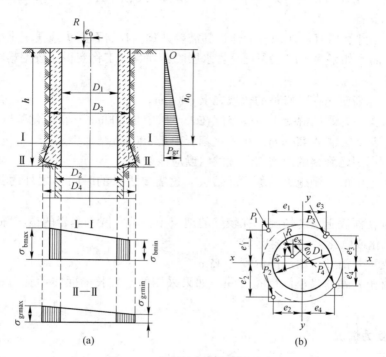

图 4-27 井颈衬砌上的载荷分布

井口基座下的载荷包括井口重量和四个外力（P_1，P_2，P_3 和 P_4）的合力 R，合力 R 的坐标（e_x，e_y）由下式确定：

$$e_x = \frac{P_1e_1 + P_2e_2 - P_3e_3 - P_4e_4}{P_1 + P_2 + P_3 + P_4}$$

$$e_y = \frac{P_1e_1' + P_2e_2' - P_3e_3' - P_4e_4'}{P_1 + P_2 + P_3 + P_4} \tag{4-34}$$

合力的平均外心与井筒中心有关，如下：

$$e_0 = (e_x^2 + e_y^2)^{\frac{1}{2}} \tag{4-35}$$

基座下岩层中的合力 $\sigma_{gr1,2}$ 等于 σ_g（自身重量）和 σ_r 的和，σ_r 是作用在 e_0 上的力 R 产生的：

$$\sigma_{gr1,2} = \sigma_g + \sigma_R = \frac{G}{F} + \left(\frac{R}{F} \pm \frac{Re_0}{W}\right) \tag{4-36}$$

经过代换，井口基座下的应力最终计算公式为：

$$\sigma_{gr1,2} = \frac{4}{\pi}\left(\frac{G+R}{D_4^2 - D_2^2} \pm \frac{8e_0 R}{D_3^3 - D_1^3}\right) \tag{4-37}$$

基座上方的截面 Ⅰ—Ⅰ 的建筑材料（混凝土）中的应力等于：

$$\sigma_{b1,2} = \frac{4}{\pi}\left(\frac{G_1+R}{D_3^2 - D_1^2} \pm \frac{8e_0 R}{D_3^3 - D_1^3}\right) \tag{4-38}$$

此处 F 为基座的水平面积：

$$F = \frac{\pi}{4}(D_4^2 - D_2^2) \tag{4-39}$$

W 为断面系数：

$$w = \frac{\pi}{32}(D_4^3 - D_2^3) \tag{4-40}$$

式中，G 为井口衬砌和基座的重量；G_1 为井口衬砌的重量（没有基座）；D_1 为井筒的内径；D_2 为井筒的外径（井口下方的）；D_3 为井口的外径；D_4 为基座的外径。

混凝土中由地表横向载荷产生的最大切应力为：

$$\sigma_{bgrmax} = \frac{P_{gr} D_3^2}{D_3^2 - D_1^2}\left(1 + \frac{D_1^2}{4r^2}\right) \tag{4-41}$$

式中，P_{gr} 为在最大深度 h_0 处受到的地表的横向载荷；h_0 为从地表到基座的井口深度；r 为井筒的内半径，$r = D_1/2$。

通过此公式计算出来的压力不能超过地表（基座下的）和建筑材料的应力允许值[3]。

4.5.2　井颈悬臂的计算[3]

当井架的基座比颈部衬砌大时，必须以悬臂的方式增加颈部衬砌的厚度，这个悬臂确保了井架基座的稳定。典型的布置方式是在圆形井颈上安设一个正方形或是矩形的塔座。悬臂的计算如下所述：

作用在支架臂 e_c 上的外力 P 产生弯曲力矩 M 被作用在支架臂 h 上的一对内力 F 抵消掉了：

$$Pe_e = Th \quad 或 \quad T = Pe_e/h \tag{4-42}$$

悬臂边缘上的应力分布，两个截面 a—b 和 a'—b'（图 4-28）上的两个力 T_1、T_2 和 T_1'、T_2' 是相等的。

$$T_1 = T_1' = \frac{T\sin\alpha_e}{2}, \quad T_2 = T_2' = \frac{T\cos\alpha_e}{2} \tag{4-43}$$

可以估算出垂直作用在 a—b 截面中心的内力 T_1 在 A 点产生的拉应力，用来确定井颈壁上部环形钢筋混凝土的截面积。要求的截面积是：

$$f_1 = \pi s R_t \tag{4-44}$$

式中，R_t 为钢材的抗拉强度；s 为安全系数，取 1.8。

a—b 截面上的剪切力 $T_2(T_1')$ 产生剪应力 τ：

$$\tau = \frac{T_2}{A_\mathrm{s}}, \quad A_\mathrm{s} = \mathrm{d}h, \quad \tau = \frac{T_2}{\mathrm{d}h} \tag{4-45}$$

式中，d 为井颈衬砌的厚度；h 为基座的高度。

为了控制与悬臂基座弯曲有关的拉应力，需要进行额外的加固（由相互垂直的钢筋制成的双层水平网，如图 4-28（b）中钢筋 2）。

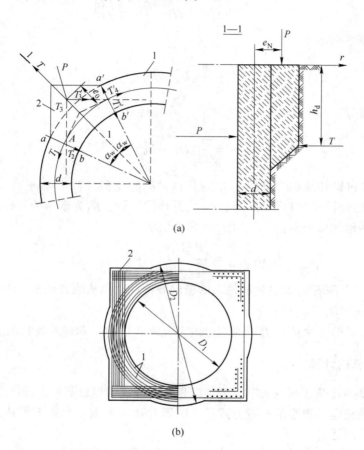

图 4-28　井颈衬砌上的应力分布和井架载荷 P 下的悬臂延伸（a），以及
井径衬砌和悬臂延伸中钢筋分布简图（b）

与拉力 T_3 的比较可得出需要的加固的截面积（图 4-28）：

$$T_3 = (T\cos 45°)/2 = 0.35T \tag{4-46}$$

要求的截面积：

$$f_3 = T_3 sf/R_\mathrm{t} \tag{4-47}$$

式中，R_t 为钢材的强度；sf 为安全系数，取 1.8。

4.5.3　井颈衬砌

井颈衬砌跟井筒其余部分的建筑方式和材料是一样的。常用的衬砌材料主要有预制钢筋混凝土件、混凝土、混凝土块或者高强度砖。衬砌的厚度要大一些以便应对可能增加的额外的应力和载荷。井颈被建造成下向台阶形的，也就是最靠近地表的部分最厚，越接近基岩，衬砌厚度越少[3]。

井颈衬砌的材料与井筒其他部分相似，但是因为承受附加载荷并且众多的通道会削弱结构，所以井颈衬砌要更厚一些。另外，井颈部分受到温度变化的影响的同时也承受运输工具在井筒中运行时引起的竖直方向和水平方向的动载。

井颈衬砌可以用混凝土砌块、混凝土、预制钢筋混凝土或是高强度砖。承受较大的偏心载荷时可以选用钢筋混凝土，例如在急倾斜岩层中。井颈形状逐步减小并在下部有一个台阶式基础（图4-29）。第一段必须深于地表冻结深度。

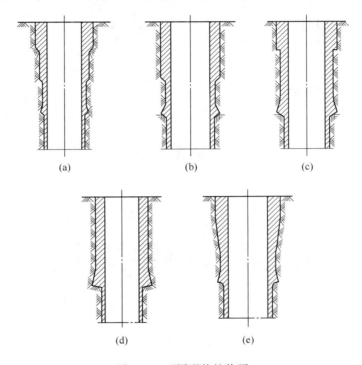

图 4-29 不同形状的井颈

根据地层条件和载荷条件选择特殊形状的井颈。由上至下，第一段衬砌的厚度通常是 1~1.5m，有时能达到 2m 厚；第二段衬砌的厚度通常是 0.5~1.0m，或者大约是实际井筒衬砌厚度的两倍。如果设计有第三段的话，第三段的壁厚应当介于地面段和正常井筒衬砌厚度之间[3]。

实际上，根据结构需要选择井颈厚度，然后计算实际的应力并估算安全系数。

图 4-30（a）中是井口衬砌上的应力分布情况。由于井架产生偏心载荷，所以水平和竖直方向应力分布不均衡。井口假设是一个空心圆柱形的厚壁基座。为了安全起见，保守的假设支护材料和围岩之间没有摩擦。四条井架支腿承受的垂直应力为 P_1、P_2、P_3 和 P_4。然后计算出合力和作用位置。

几个井颈设计方案如图4-31~图4-33所示。

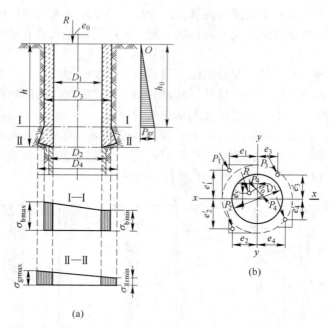

(a)

(b)

图 4-30　井颈断面荷载分布示意图

P—力；e—力的坐标；R—合力；D—井筒直径

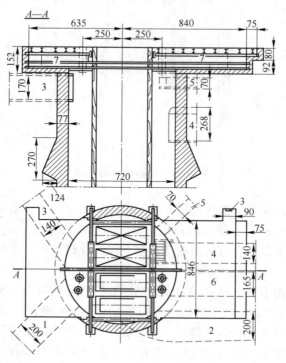

图 4-31　直径 7.2m 的主井井口设计（单位为 cm）

1—加热空气通道Ⅰ；2—加热空气通道Ⅱ；3—水管道；4—梯子间出口；
5—电缆道；6—压缩空气管道；7—推车器硐室

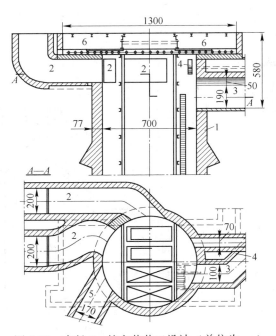

图 4-32 直径 7m 的主井井口设计（单位为 cm）

1—衬砌（砖）；2—加热空气通道；3—梯子间出口；4—电缆道；5—水管和压缩空气通道；6—灭火硐室

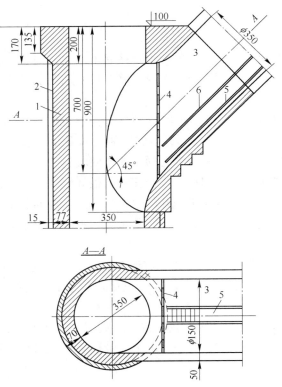

图 4-33 直径 3.5m 的通风井井口的设计（单位为 cm）

1—挂转衬砌；2—保温混凝土外环；3—通风通道；4—安全格栅；5—阶梯；6—栏杆

4.6 马头门、硐室设计

4.6.1 副井和风井的马头门

设计无提升装置的风井马头门时，通风阻力要尽可能小。副井马头门的尺寸取决于所在水平所提升的罐笼宽度和数量、罐笼层数和物料长度。另外，需要对马头门截面面积进行通风校核（建议：主井风速至多4m/s，回风井风速至多8m/s）。包括马头门在内的其他井口，都必须为推车器和摆动平台提供地下空间，为人员同时进出多层罐笼（如果有需要）提供地下空间，提供控制设备的机窝，到人行车站的通道和井筒绕道等。

马头门高度（图4-34）受所运送材料（铁轨、管道等）的最大长度控制。仅供通风的马头门比较简单，与它们简单的功能有关。

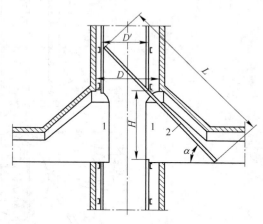

图 4-34　马头门高度计算

L—运输材料的最大长度；α—水平夹角，$\alpha = 45°$；
D—井筒直径；D'—井梁之间的自由空间，$D' = 0.7D$；
$H = 0.7(L-D)$

4.6.2 主井马头门

箕斗井和生产水平是通过一系列的通道连接起来的，它们的功能是相互联系的并且满足物料运输的需要。它们的形状和尺寸取决于箕斗尺寸和装矿系统，还有机械和电力设备的型号。

有提升装置的竖井（有箕斗装载硐室）的马头门和水仓要比通风井的复杂得多（图4-4和图4-5）。在这种情况下水仓必须容纳底绳的反向滑轮，刚性罐道的末端支架，或者钢丝绳罐道的重量，并且对于箕斗提升必须有粉矿回收斜井。

水仓必须足够深来为生产期间提升容器在它的最低允许位置下提供适当的空间。在底部，水仓必须提供一定的空间将流进竖井的水汇集起来，并且抽到中央排水系统。图4-5所示为箕斗井装矿水平的布置。根据箕斗装载系统和水平运输布置，装运设施可能需要包含下面所述：

（1）有轨运输：1）翻车硐室或者是坡道卸载、计量硐室、箕斗硐室（刚性系统）；2）翻车硐室或卸载硐室、避灾硐室、装运设施硐室、计量硐室和箕斗硐室（弹性系统）。

（2）皮带运输：这个系统包括卸载硐室、避灾硐室（水平的或竖直的）、装矿硐室、计量硐室、箕斗硐室、避灾硐室、传送与电子皮带秤、箕斗硐室（弹性系统）。

4.6.3 井底硐室

在开采水平，井底硐室之间的公称间隔在45~60m之间；然而，全斜坡道通往矿体的情况，这个间隔可以更大，达到120m。

在开采水平之上，完整的井筒硐室不需要通道，但是当井筒通过离心泵排水时，在不超过760m的（一般650m）间隔上需要中间泵站。即使矿井计划永久性用活塞泵来排水，凿井和最初开拓时都需要中间泵站。

凿井期间在开拓水平开挖的站点的最小深度至少15m。

计量装载站如图4-35所示。

装载系统的核心是负载传感装置，它在计量仓和它的支撑结构之间，控制着给料机或传输机和两个隔间系统的闸门或转移漏斗。

空箕斗到达装载位置，装载矿石，开动提升设备，重复循环给料和运输功能。所有装载系统都可以多水平、人工操作。

FLSmidth提供的给料系统是一个装载系统套装，包括传输机，振动盘或Ross链条给料机和磁传送带。液压缸、传输机、给料机、测量箱和箕斗都可以通过邻近交换机连锁，提升机通过PLC控制。整个装载和提升系统可以完全自动化。

图4-35计量装载站所示的是典型的两隔间装载站，每个隔间由单独的给料机给料，并且楔形锁防溅门特别适用于黏性料石和快速装载的情况。现代高速提升系统一定要尽可能多的保持运行，因此不能让箕斗装载过程很慢。

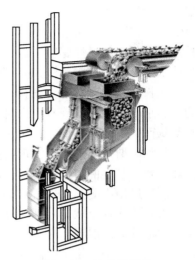

图 4-35　计量装载站

FLSmidth的Dorr-Oliver装载站是常用的类型，适合每一种情况。设计包括外摆式定向斜槽和气动转移漏斗/中转车使矿石从单个传输机到合适的计量仓[3]。

4.7　井筒衬砌设计[9]

井筒衬砌有两个目的：支撑井筒设备和支护井壁。根据岩层条件，围岩支护最小需要200mm厚的衬砌，衬砌层用来固定井筒设备。对于稳固岩体中服务年限短的井筒，常用木支护的矩形井筒断面。然而大型工程项目中，最常选用的是混凝土衬砌的圆形（或椭圆形）井筒，这样的断面形状可以减少空气阻力，易于开凿，还可以充分利用混凝土的结构特征。具有多种优点的混凝土衬砌应尽可能替代以前常用的材料（砖或混凝土块）。混凝土衬砌的机械化施工可以提高凿井速度的同时降低成本。混凝土的强度可根据需要进行调节（20~50MPa），衬砌在中等水头的含水层中可以防水。高水压破碎围岩的条件时，可以使用带有混凝土面层和焊接钢衬的铸铁丘宾筒，通常结合一些特殊凿井方法。如果计划回收井筒的保安矿柱，需要设计一个专门的弹性井筒衬砌，衬砌包含两层，通常由一层沥青层隔开。这种结构能防止由岩层移动引起的衬砌内部结构的变形。

当一个方向的水平地应力是其他方向水平地应力两倍以上时，圆形井筒的混凝土衬砌可能承受外力引起的拉力和剪切力。如果衬砌层比外层的高压注浆强度更高，衬砌可能受到不均匀压缩[9]。

井筒衬砌中的混凝土硬度（杨氏弹性模量 E）接近混凝土抗压强度的 1000 倍[10]。因为存在横向约束，圆形井筒中的混凝土衬砌的强度比标准混凝土圆筒测试的结果更大。三轴测试结果表明增加了大约 20%。井颈处的混凝土衬砌灌浆压力不能超过 345kPa，并且往深处的增加量不能超过静水压头 25% 以上。

如果温度变化很大，圆形井筒中的无钢筋混凝土衬砌可能承受拉力而导致裂纹扩展。如果温度经常降到冰点和现在的湿度，会影响设计寿命。众所周知，混凝土承受超过 3MPa 的拉应力时会破裂。如果温度波动超过 20℃，圆形混凝土井筒的衬砌将会破裂。这是因为混凝土的线性膨胀系数是 $1×10^{-5}/℃$ 并且混凝土的最大伸长量是 $2×10^{-4}$。这解释了为什么冬季月份井内风流如果没有加热，温带气候下混凝土井壁最后会破坏。

从长远来看，混凝土衬砌不适用于外力超过 3.5MPa 的情况。混凝土不是完全防水的。当承受非常高的静水压力时，水分子会穿过衬砌层到达内表面并致使混凝土内壁逐渐剥落从而破坏其整体性。壁后注浆无法完全实现止水。

得克萨斯大学的研究发现：在高强度混凝土中用 25%~35% 的粉煤灰代替普通水泥能够降低超过一半的渗透性，延长混凝土的寿命。

硬岩矿山中的弹性岩石（硬），作用在井筒混凝土衬砌上的水平载荷相对较小。在强弹性岩石中，这个载荷（作用在混凝土衬砌上）可能是零。

圆形井筒的混凝土衬砌通常仅承受压缩力并且因为它与围岩的连结能缓解收缩的影响。因此，在一个稳定的温度环境中，混凝土衬砌不需要使用钢筋。

计算混凝土衬砌硬度时没考虑那些细微的加强效果。比如喷射混凝土中的金属网或混凝土中的钢筋，它们可以控制分散应力和裂缝，但是它并不能显著地增加硬度。

通过增加钢筋来提高圆形混凝土衬砌的抗压强度，但是这个过程效率较低。直接选用高强度的混凝土通常更容易也更便宜。

4.7.1   井筒衬砌设计流程

图 4-36 中给出了井筒围岩支护和永久衬砌的设计流程。设计新井筒时，应该利用附近井筒钻凿期间积累的数据和经验，前提条件是地质条件类似。否则的话，仅仅可以利用地质调查中的勘探孔数据。

对于临时支护，安全系数不必大于 1。对于永久衬砌，需要较高的安全系数，同时要考虑衬砌的工作条件和服务年限。

4.7.2   井筒受力情况分析

近年来对于井筒衬砌设计的问题已经进行过深入的讨论[11]，所以在下面的讨论中，当考虑选择正确方法时，强调工程决断的一些其他方面的问题。需要牢记的是：从理论概念推导出来的压力计算方法是一种相当可信的近似算法。例如，俄罗斯学者做的原岩应力研究方面，已被证明的是在井筒衬砌中载荷均匀分布是很罕见的[12]。在大部分情况下，把测力装置安装在衬砌和岩体之间，结果是载荷分布不均匀。相关研究的总结如下：（1）在稳固岩石中压力可能是不均匀分布的。（2）载荷峰值的作用方向是不可预测的，主要与岩体的各向异性和凿井期间爆破产生的不利影响有关。（3）对于较小的压力，最大载荷可能比平均载荷大很多；对于较大的压力，这种差距就小得多了。（4）压力的变化可

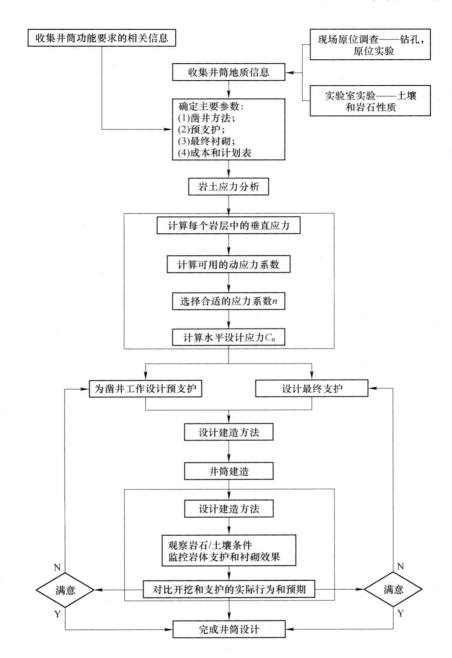

图 4-36 井筒围岩支护和永久衬砌的设计流程

以当成随机的，被用来计算支护厚度的压力值，其可信度要在 95% 以上。

4.7.2.1 主应力

垂直应力与上覆岩层的质量成正比，其算式如下：

$$\sigma_y = \Sigma \gamma h \tag{4-48}$$

式中，γ 为岩层容重；h 为岩层厚度。

从一个位置到另一个位置的水平应力，在一个从由弹性理论（泊松比）推出的最小值到从有源或残余构造应力产生的最大值的范围内变化幅度很大。实际上，主应力在某种程度上可能影响作用于井筒支护上的次生应力。该应力是由井筒周围破碎状态下的超限应力岩石带产生的，破碎的原因是主应力的集中。大多数测量主应力的采区，深度小于 500m 的情况下，水平应力与垂直应力的比值在 2~3 之间。

4.7.2.2　井筒周围的应力分布

实际的井筒周围应力分布不同于由弹性理论得出的理想化的井筒周围应力分布。影响应力的因素是岩石的断裂模式、岩石的各向异性、井筒直径、掘进方式、围岩暴露时间、采用的临时支护类型和延迟进行永久衬砌的时间。另外，竖井穿过的各种地层和各自的强度特征使应力分析更加复杂。然而在工程设计中，一个简单的方法是假定的衬砌设计要满足极端的条件。

4.7.2.3　水平应力的计算

开挖体周围积聚的应力达到岩体强度并且岩石的弹性变形超过限制时就会产生水平应力。然后井筒周围的破碎区域向外扩展直至达到新的平衡。这个区域外的岩石处在弹性变形状态，从而可以实现自我支撑。开挖体周围的破碎区域有向井筒中心扩展的趋势，因此需要适当支护进行控制。在软弱、不稳固的新生地质结构的地层中（通常在井筒上部），特别是与含水层水头结合起来的话，地压会很大。然而固结的岩石材料中有剩余弹性应力和应变，临界深度以上没有应力，临界深度即为应力达到围岩应力强度的深度。井筒穿过的岩层强度高，厚度大，因此很硬。这些地层承受来自上方破碎岩层的载荷，因此，应力不能从高强度岩层上方的破碎岩层传递到下方的破碎岩层。这样的地层也被称为悬臂层[13]。

4.7.3　井筒防水衬砌

传统凿井方法能够适应的最大涌水量大约是 $0.5m^3/min$，但即使较小的涌水量就会造成很大困难，需要采取特别的控制方案。一旦水渗入井筒导致钢架腐蚀，就需要昂贵且复杂的替换。因此，如果没有一套专门的排水系统进行控制，必须尽可能地减少井筒涌水量，排水系统用于防止支护后边的液体静压的积聚。

多年以来，尝试过不同的涌水量控制系统。事实证明最有效的方式是利用水自身的能量来密封衬砌。很多时候，井筒周围的水对混凝土是有化学侵蚀性的，如果不隔开，衬砌会破坏。目前，最有效、最经济、最简单的系统安装要依靠聚乙烯（PE）或者其他焊接在井筒上的隔离膜板。双层 0.5mm 厚的 PE 薄板易于搬用并且可以成功地解决混凝土衬砌的隔水问题。在井壁和混凝土衬砌之间安装一层 PE 薄膜。这种情况下，混凝土衬砌不需要防水，但要满足设计强度要求。相反地，PE 薄膜没有任何机械支撑功能，但是 100% 防水。除了能够保持井筒干燥之外，还避免了混凝土渗水引起的衬砌劣化。

4.7.4 衬砌厚度的确定

Roesner 等人在 1984 年，提出以下方法确定主动应力系数[11]，这个系数可以用于计算在非黏性土、黏性土和岩石中开挖时作用于井筒上的水平应力。

用于计算主动应力系数 K_a 的单因素，既可以是摩擦角 φ_o（土壤）也可以是硬度系数 f（岩石）（表 4-19）。

表 4-19　确定主动应力系数[12]

强度等级	岩石/土壤描述	抗压强度 σ_c /MPa	硬度系数 f	视摩擦角 $\varphi_o = \arctan f$	视主动应力系数 $K_a = \dfrac{1 - \sin\varphi_o}{1 + \sin\varphi_o}$
极高	极硬，刚性的，密实的：石英岩，玄武岩，花岗岩和其他强度特别高的岩石	200~500	20~50	87~89	0.0006~0.0001
非常高	花岗岩，石英斑岩，辉长岩，花岗闪长岩，辉绿岩，片麻岩	150~200	15~20	86~87	0.001~0.0006
高	中粒花岗岩，石英岩	120~150	12~15	85~86	0.002~0.001
	小粒砂岩，强石灰岩，带有砂岩的硬石灰岩	110~120	11~12	84~85	0.002
	硬白云石和硬石灰岩	100~110	10~11	84	0.002
	风化花岗岩，风化玄武岩，风化辉绿岩	70~100	7~10	81~84	0.005~0.002
中等偏上坚固	砂岩，石灰岩	60	6	80	0.007
	风化花岗岩，风化石灰岩，风化砂岩，风化砂页岩	50	5	78	0.01
中等坚固	页岩，砂岩，石灰岩	40	4	76	0.015
	松散砾岩，松散页岩，松散板岩	30	3	71	0.025
中等偏上松散	松散页岩，松散石灰岩，松散石膏，松散冻土，松散砂岩块，松散的水泥用砾石，松散的岩石面		1.7~2.7	60~70	0.07~0.03
	碎石岩层，块状或带裂隙的页岩，硬黏土，煤，盐，泥灰土		1.2~1.7	50~60	0.1~0.07
松散土壤	致密黏土，黏土，软煤，褐煤		1.0	45	0.1
	松散土壤，松散黄土，松散砂砾		0.8	40	0.2
	带有植被、泥炭、软泥、湿沙的土壤		0.6	30	0.3
塑性土壤	软的，细小的砂砾，回填料		0.5	25	0.5
	淤泥和其他流体土		0.08~0.5	5~25	0.8~0.5

视摩擦角和强度系数之间的关系是 $\varphi_o = \arctan f$（岩石）和 $f = \tan\varphi_o$（土）。式中，φ_o 为岩石的视摩擦角，单位为（°）；f 为硬度系数，$f = \sigma_c/10$；σ_c 为单轴抗压强度，MPa。

一般情况下，岩石采用的是 RMR 分级或者是 Q 分级。如果 RMR 或者 Q 已知，主动应力系数就可以通过图 4-37 直接读出来。

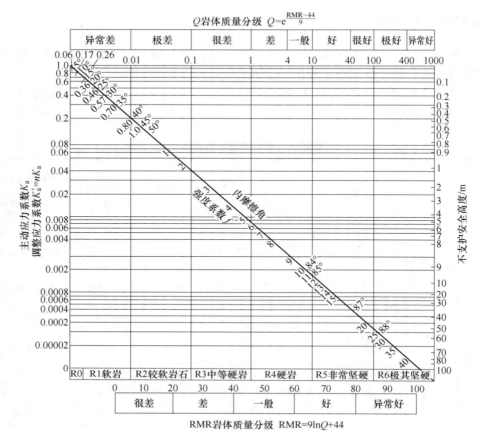

图 4-37　凿井期间岩层支护的经验强度系数标准
（转换因数：1ft = 0.3048m，1psi = 6.895kPa）

一旦主动应力系数 K_a 通过任意一种方法确定，视主动应力系数 K'_a 可以通过 K_a 乘以合适的应力系数 n（表 4-20）进行计算。

表 4-20　确定应力系数 n

符号	类型	大　小
n_0	构造力的影响	原位测量
n_1	井筒直径 D 的影响	$n_1 = \dfrac{1}{2}\sqrt[3]{D+1}$
n_2	马头门的影响	$n_2 = 1.5$
n_3	岩层倾角 x 的影响	$n_3 = 1.0\,(x<30°)$；$n_3 = 1.25\,(x>30°)$
n_4	厚 h 的软弱岩层的影响	$n_4 = 1.0\,(h>1.3\text{m})$；$n_4 = 0.7\,(0.8<h<1.3)$
n_5	衬砌渗水的影响	防水衬砌 $n_5 = 1.0$；灌浆 $n_5 = 0.1$ 排水 $n_5 = 0.1 \sim 0.2$；预衬砌 $n_5 = 0$

应力系数 n 要考虑：原始构造力的影响 n_0，井筒直径的影响 n_1，井筒站点的影响 n_2，岩层倾角的影响 n_3 以及作用在衬砌上的静水压力的影响 n_5。

利用修正过的主应力系数 K'_a 计算水平应力，对于非黏性土，设计水平应力可以通过公式 $\sigma'_h = \sigma_v K'_a$ 计算得到，$\sigma'_h = \sigma_v K'_a - 2c\sqrt{K'_a}$ （黏性土），$\sigma'_h = \sigma_v K'_a$ （岩石）。参见表 4-21。

表 4-21　确定设计水平应力

土壤/岩石类型	摩擦角 φ	内聚力截距 c/kPa	强度系数 f	主动应力系数 $K_a = \sigma_h/\sigma_v$	调整过的主应力系数 K'_a	垂直应力 σ_v/kPa	水平应力 σ_h/kPa	设计水平应力 σ'_h
非黏性	$\varphi \geqslant 5°$	$c<10$	—	$\dfrac{1-\sin\varphi}{1+\sin\varphi}$	$K_a n$ [5]	$\sigma_v = \sum \gamma h$ [2]	$\sigma_h = \sigma_v K_a$	$\sigma'_h = \sigma_v K'_a$
黏性土	$\varphi<25°$	$c \geqslant 10$	—	$\dfrac{1-\sin\varphi}{1+\sin\varphi}$	$K_a n$ [5]	$\sigma_v = \sum \gamma h$ [2]	$\sigma_h = \sigma_v K_a - 2c\sqrt{K_a}$ [3]	$\sigma'_h = \sigma_v K'_a - 2c\sqrt{K'_a}$ [3]
岩石	$\varphi>25°$	$c \geqslant 10$	$f = \sigma_c/10$	$\dfrac{1-\sin\sigma_0}{1+\sin\sigma_0}$ [1] $\varphi_0 = \arctan f$	$K_a n$ [5]	$\sigma_v = \sum \gamma h$ [2]	$\sigma_h = \sigma_v K_a$ [4]	$\sigma'_h = \sigma_v K'_a$ [4]

①见表 4-19，主应力系数 n。
②必须把地下水位静水压力 σ_w 添加到土壤的浸没密度中，获得总 σ_v，$\sigma_w = \gamma_w$ 净水头 n_5。
③黏土中，通过方程计算出的压力显现的临界深度 $h = 2c/\gamma K_a$。
④弹性岩石中，深度 $h < h_{critical}$ 时，$\sigma_v = 0$ 和 $\sigma_h = 0$。
　　$h_{critical} = n_4 \sigma_c / (2_{\gamma a_v} n_0 n_1 n_2 n_3)$
　　$\gamma a_v = (\gamma_1 h_1 + \gamma_2 h_2 + \cdots + \gamma_i h_i)/(h_1 + h_2 + \cdots + h_i)$
⑤见表 4-20 确定应力系数 n。

根据图 4-37，可以确定永久衬砌和凿井工作面之间的无支护安全高度，也可以根据表 4-22 选出岩层支护方法。

表 4-22　凿井期间的岩层支护方式

质量指数 Q	强度系数 f	预支护									地基加固（灌浆、冻结）
		沉箱防护	丘宾筒：铸铁，混凝土	混凝土：现场浇筑，预支	衬板：锚接，焊接	侧板和背板，超前支架	喷射混凝土	岩石锚杆：灌浆	岩石锚杆：机械	岩石锚杆：金属网带	
特别差 0~0.01	$f<0.8$	×	×	×	×	×					×
极其差 0.001~0.1	$f>0.8$	×	×	×	×	×					×
非常差 0.1~1.0	$f>2$				×	×	×	×	×	×	
差 1~4	$f>5$						×	×	×	×	
中等 4~10	$f>8$								×	×	
好 10~40	$f>10$								×	×	

质量指数 Q	强度系数 f	预支护									地基加固（灌浆、冻结）
		沉箱防护	丘宾筒：铸铁，混凝土	混凝土：现场浇筑，预支	衬板：锚接，焊接	侧板和背板，超前支架	喷射混凝土	岩石锚杆：灌浆	岩石锚杆：机械	岩石锚杆：金属网带	
非常好 40~100	$f>18$								×		
极其好 100~400	$f>25$										
特别好 400~1000	$f>35$										

　　最大不支护高度在 15~25m 之间变化，它既受岩石质量的影响，也受到采矿法规的限制。

　　如果安装预支护，K'_a 和不支护高度间的关系不再有效。

　　井壁的稳定性会随着预支护的类型和硬度有所改善；因此，井筒不支护高度也会相应增加。

　　计算衬砌厚度。抗压强度和混凝土的弹性模量由 4.7.5 节给出。侧向变形系数 $\nu = 1/6$，衬砌工作条件系数见表 4-20。

　　井筒衬砌厚度 d_i 由下式可得（国际单位制）：

$$d_i = a\left(\sqrt{\frac{R_c}{R_c - np\sqrt{3}}} - 1\right) \tag{4-49}$$

式中，a 为有光滑衬砌的井筒半径，m；R_c 为混凝土容许应力，MPa（见表 4-23）；n 为衬砌工作条件系数（见表 4-20）；p 为作用在衬砌上的外部压力，MPa。

表 4-23　各种类型混凝土的配比和要求

饱和面干骨料				占总骨料的大致百分比/%		最大自由水∶水泥	28 天抗压强度/psi（MPa）	塌落度
$\frac{\text{lb/yd}^3 (\text{kg/m}^3)}{\text{lb/bag} (\text{kg/袋})}$						$\frac{\text{gal/bag} (\text{L/袋})}{\text{lb/bag} (\text{kg/袋})}$		
砂	碎石	砂	石头	碎石	石头			
$\frac{1146\ (679.9)}{191\ (86.6)}$	$\frac{2052\ (1217)}{342\ (155.1)}$	$\frac{1272\ (754.6)}{272\ (123.4)}$	$\frac{1926\ (1142.6)}{321\ (145.6)}$	36	40	$\frac{6.00\ (22.7)}{50.0\ (22.7)}$	3500 (26.4)	2~4
$\frac{1071\ (635.4)}{153\ (69.4)}$	$\frac{1918\ (1138)}{274\ (124.3)}$	$\frac{1190\ (706.0)}{170\ (77.1)}$	$\frac{1799\ (1067.3)}{257\ (116.6)}$	36	40	$\frac{6.00\ (22.7)}{50.0\ (22.7)}$	3500 (26.4)	6~7
$\frac{1155\ (685.2)}{175\ (79.4)}$	$\frac{2066\ (1226)}{313\ (142.0)}$	$\frac{1280\ (759.4)}{194\ (88.0)}$	$\frac{1934\ (1147.4)}{293\ (132.9)}$	36	40	$\frac{5.00\ (18.9)}{41.7\ (18.9)}$	4000 (28.1)	2~3
$\frac{1310\ (777.2)}{273\ (123.8)}$	$\frac{1962\ (1164)}{297\ (134.7)}$	$\frac{1440\ (854.3)}{300\ (136.1)}$	$\frac{1648\ (977.7)}{385\ (174.6)}$	40	44	$\frac{7.50\ (28.4)}{62.6\ (28.4)}$	2500 (17.5)	3~5
$\frac{1054\ (625.3)}{155\ (70.3)}$	$\frac{1972\ (1170)}{290\ (131.5)}$	$\frac{1176\ (697.7)}{173\ (78.5)}$	$\frac{1650\ (978.9)}{272\ (123.4)}$	35	39	$\frac{6.00\ (22.7)}{50.0\ (22.7)}$	4000 (28.1)	1~5
$\frac{998\ (592.1)}{125\ (56.7)}$	$\frac{1864\ (1106)}{239\ (108.4)}$	$\frac{1108\ (657.4)}{142\ (64.4)}$	$\frac{1747\ (1036.4)}{229\ (103.9)}$	35	39	$\frac{5.75\ (21.8)}{48.0\ (21.8)}$	5000 (35.1)	1~5

基于式（4-49），创建出确定混凝土衬砌厚度的图表（图4-38）。

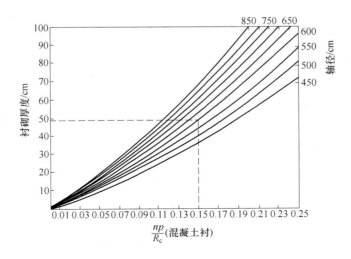

图 4-38　确定混凝土衬砌厚度的图表[2]

4.7.5　圆形井筒混凝土衬砌

4.7.5.1　混凝土衬砌的优势

混凝土衬砌的优点是为井筒钢架和多用途悬吊管路提供锚固点。井筒合格的尺寸是井筒钢架和硬件在装配线路基础上能够适合井筒。有了安置在混凝土中的衬垫，就不需要钻凿支撑悬吊装置设备的锚固点。

另一个优点是衬砌为通风提供光滑的表面。混凝土衬砌风井的阻力大约是相同直径未处理的井筒的1/4。

在潮湿井筒里，混凝土衬砌有助于控制和收集地下水并且利于壁后注浆。

4.7.5.2　混凝土的硬度

混凝土的硬度（杨氏弹性模量 E）与围岩的硬度比较并且可以通过下面的公式计算：

$$E = 57000 \, (f'c)^{1/2} \tag{4-50}$$

【案例】找到3600lbf/in^2（25MPa）混凝土的杨氏弹性模量。

解：根据式（4-50），$E = 57000 \times 3600^{1/2} = 3.4$Mlbf/in^2（23.5GPa），

检查计算 Loyd Rangan 公式，$E = 3320(f'c)^{1/2} + 6900$，…（单位取 MPa），

可得 $E = 16600 + 6900 = 23500$MPa $= 23.5$GPa。

4.7.5.3　围岩的硬度

凿井中经常遇到的围岩硬度的最小值和经验值以米为单位列于表4-24中。硬岩通常比混凝土衬砌更硬。需要注意的是，给出的值是对于硬岩的，并且不考虑可能发生的分解作用。

表 4-24   常见岩体的硬度   （GPa）

岩 体 种 类		最小值	经验值
岩浆岩	辉长岩和苏长岩	40	70
	玄武岩和辉绿岩	40	60
	安山岩	35	55
	花岗岩	30	50
变质岩	石英岩	50	70
	片麻岩	30	50
	大理石	30	50
	片岩	4	10
沉积岩	石灰岩和白云石	20	45
	砂岩	15	35
	页岩	5	20

4.7.5.4   混凝土衬砌设计

硬岩通常不采用混凝土衬砌。混凝土的硬度通常小于围岩的；因此，混凝土不承受地压。一个常见的例子是在深表土层开凿的圆形混凝土井筒的井颈。在这种情况下，表土层井筒混凝土衬砌设计用来抵抗表土压力和地下水压。

如果已知地下水位的最大高度，则地下水的压力（液体静压力）容易确定。表土压力是粒状土壤的简单计算（砂和碎石），但对于含有黏性土（砂浆和黏土）的表土层或粒状土壤和黏性土的混合，最好是让土力学专家确定设计压力。

承受围绕其外圆周长的均匀压力（径向）的混凝土圆筒将形成一个与圆周相切的内部压力。如果压力突然作用，混凝土弹性反应并且靠近衬砌内壁的压力最大而且向外逐渐减少。这个案例应用的公式是 Lame 公式或"厚壁"公式。

如果压力很大并且作用缓慢，混凝土可能弹性反应并且应力将会自发的在混凝土壁的厚度上均匀地重新分配。很多公式解释混凝土的这个塑性或黏稠弹性的性能，最认可的是Huber 公式。

因为 Lame 公式更保守（更安全）且设计人员很难想象混凝土可以塑性变形，所以硬岩矿山的设计人员更喜欢弹性分析（Lame）。而且，设计人员不满足于安全系数 SF，其是用于混凝土静载的设计规范。设计人员更倾向于取大约等于 2 的 SF 值来设计混凝土衬砌。设计人员不允许井颈衬砌不到 450mm 厚。

对于深表土层中的井颈衬砌设计，在假设地下水位与地表海拔相同的前提下，将最大理论主动土压力的 70%以上作用在整个井颈的高度是不合理的。

Lame 公式：
$$t = \gamma \left[\left(\frac{f'c/F}{f'c/F - 2p} \right)^{1/2} - 1 \right] \tag{4-51}$$

Huber 公式：
$$t = \gamma \left[\left(\frac{f'c/F}{f'c/F - \sqrt{3}p} \right)^{1/2} - 1 \right] \tag{4-52}$$

【案例】（英制单位）确定承受外部压力的圆形混凝土井筒的衬砌厚度用 Lame 公式。

条件：

（1）圆形混凝土井筒有 20ft 的内径；

（2）圆形混凝土井筒受到 200lbf/in² 的外力；

（3）混凝土 28 天的强度是 3500lbf/in²。

求解：

（1）$f'c = 3500$lbf/in²（混凝土的 UCS）；

（2）$F = 2.0$（考虑混凝土的抗压强度的 SF）；

（3）$p = 200$lbf/in²；

（4）$r = 120$in（圆形井筒的内径）；

（5）t（以 in 测量的厚度）：

$$t = 120 \times \left[\left(\frac{1750}{1750 - 400} \right)^{1/2} - 1 \right] = 16.6\mathrm{in}(18\mathrm{in})$$

【案例】（米制单位）确定承受外部压力的圆形混凝土井筒的衬砌厚度用 Lame 公式。

条件：（1）圆形混凝土井筒 6.1m 内径；

（2）圆形混凝土井筒承受 1400kPa 外力；

（3）混凝土有 28 天 25MPa 的强度。

求解：（1）$f'c = 25$MPa（混凝土的 UCS）；

（2）$F = 2.0$（考虑混凝土的抗压强度的 SF）；

（3）$p = 1.4$mPa（外部压力）；

（4）$r = 3050$mm（圆形井筒的内径）；

（5）t(以 m 为单位测量的厚度)：

$$t = 3050 \times \left[\left(\frac{12.5}{12.5 - 2.8} \right)^{1/2} - 1 \right] = 412\mathrm{mm} \approx 450\mathrm{mm}$$

【案例】（检查运算）确定极限强度（向内破裂的压力）和设计厚度的 P_{ult}，并且把它与设计压力比较，提供了一个基于这些值的 SF。应该以下面的形式应用 Haynes 公式来检查设计计算。

$P_{ult} = f'c(2.17t/D_o - 0.04)$，$D_o$ = 衬砌的外径。

$P_{ult} = 25 \times (0.14 - 0.04) = 2.5$MPa $= 2.5$mPa。

考虑极限强度的安全系数 $= 2500/1400 = 1.8$。

4.7.6 钢衬支护设计

除了标准的整体混凝土衬砌之外，还有三种其他的井筒衬砌类型，每一种设计时都采用了钢板衬砌：

（1）钢板和混凝土复合；

（2）穿孔钢衬（"渗漏衬砌"）；

（3）钢液压衬砌（"防水"）。

4.7.6.1 钢板的混凝土复合衬砌

三明治衬砌利用了钢材强度高和混凝土较为惰性的优点。复合衬砌，对每一个组件有一个近似相等的强度和硬度的比值。剪力接合器能确保复合作用效果。这类衬砌还没应用到硬岩矿井中，所以不进一步讨论。

4.7.6.2 防渗漏衬砌

当需要防止井筒围岩脱落时，可以临时采用抗渗衬砌。安装时，衬砌和岩石之间的区域被豆粒砾石等进行充填。孔眼能保证不会有因为地层水引起的压力。防渗漏衬砌的设计仅需要关注搬运所需的最小厚度，板的厚度与半径比为 1/144（PG&E 公式）一般比较合适。

4.7.6.3 液压衬套

钢液压衬套（HSL）在矿体上方有流变地层或者有高承压水条件的硬岩矿井中应用很广泛。过去使用反循环钻进打孔设备来钻井。通过用加入添加物（如膨润土和重晶石粉）的重型钻井液临时支撑地层。钻孔结束时，留下的孔洞充满水并且液压衬套（底部用半球板截面封闭）在里面是浮动的。第一段 HSL 套管都充满水直到钻凿到顶部在井颈水平之上的深度。然后，焊接上第二段套管并且依次用水充满以便进一步钻凿。这一过程不断地重复直至到达井筒底部。当 HSL 套管与井壁之间被 HSL 外侧的小管完全充填水泥浆后，小管被收回到地表。最后，将衬套抽干并封闭底部开口。

井筒钻孔和衬砌的方法最早是在 Los Alamos, New Mexico 为了起爆氢弹开发出来的。最深的 HSL 的应用实例是尼克松时期在阿拉斯加的 Amchitka 岛上钻凿的 2133m 的井筒。由于钢液压衬套的钢板厚度能够抵抗一定深度的液体静压力而不会出现变形，因此，井筒的钢液压衬套在接近井口的标高较高处吊桶上无加强圈。

液压衬套一般包括带有加强圈的圆柱钢壳。钢壳按照抗压强度设计并且加强圈提供额外的抗弯曲力。低碳钢由于受到的残余应力影响最小，因此推荐使用。

由于它几乎没有区别，假设地下水位在地表（井颈）。静水压力（设计压力）等于与衬砌的参考海拔和井颈之间的距离相等高度的水柱，精确值是 9.807kPa/m。

这些矿井衬套的设计没有正式的标准或准则，可参考工业压力容器设计认可的流程。第一步，根据静水压力计算出壳体厚度，乘以适当的安全系数后（参考这部分开头的经验规则），可得出每一段钢衬需要的最低钢板厚度。为了满足最低的搬运要求，浅部钢衬要增加钢板厚度。根据钢衬的稳定性完全破坏来确定临界深度和加强圈的间隔。根据加强圈的间隔确定不同标高的加强圈宽度，并假定一个加强圈的最大实际高度（一般为100mm）。根据设计，壳体外侧加强圈要能够提供一个光滑的墙壁来作通风通道，并能够进行装配，并且需要在设计中对衬套提供牢固的安置条件。为此，衬套含有固体的钢铁、矩形截面（用于压力容器的反向通道截面已被失败的经验证明不合适）。在加强圈的设计中，假定由于结合惯性矩，相邻壳体的一部分在提供硬度时与加强圈相互作用。为此，加强圈（钢约束）裹紧壳体并坚固的焊接在一起。自始至终环间距只要能确定，很方便继续循环。最后，设计检查局部屈曲的可能性（环间）并且可以根据需要调整每一个环的大小。

4.8 绘制井筒施工图并编制井筒工程量及材料消耗量表

井筒净直径、井壁结构和厚度确定后，即可计算井筒掘砌工程量和材料消耗量，并汇总成表（表4-25）。部分矿山井筒断面实例见表4-26及图4-39～图4-43。

表4-25 井筒工程量及材料消耗量

工程名称	断面/m		长度/m	掘进体积/m³	材 料 消 耗			
	净	掘进			混凝土/m³	钢材/t		
						井壁结构	井筒装备	合计
冻结层			108	6264.5	2689	97.2	66	163.2
壁座	33.2	58.1	2.0	159.3	93	1.35	1.14	2.49
基岩段			233.5	10321	2569		139.6	139.6
壁座	33.2	44.2	2.0	132.3	66	1.16	1.14	2.30
合计			345.5	16877.1	5417	99.71	207.88	307.59

表4-26 竖井井筒断面实例

矿井名称		单位	狮子山矿主井	某矿主井	某矿副井	某矿主井	某矿副井
井筒	边长或直径	m	D4000	D5000	D5500	D6000	D6500
	断面 净	m²	12.56	19.63	23.65	28.3	
	断面 毛	m²		24.62	29.63	35.3	
	深度	m	179				252
支护	混凝土 标号			150	150		
	混凝土 壁厚	mm	300	300	300	350	350
罐梁	材料		工字钢	工字钢 槽钢	工字钢	工字钢 槽钢	工字钢
	规格	mm	20a 18a	20a 20a	20a	20a 20a	30a
	间距	mm	4000	2500	4000	4168	3126
罐道	材料规格	mm	钢轨 38kg/m	木 180×150		钢轨 38kg/m	钢轨 38kg/m
提升设备	容器		双箕斗	双罐	单罐	单罐、单箕斗	双罐
	规格	mm	1.5m³	3 号	4000×1460	4000×1476; 16t	4500×1760
	矿车	m³					
每百米井筒支护材料消耗	木材	m³		12			
	混凝土	m³		439	558	720	
	钢材	t		17		27	

续表 4-26

矿井名称	单位	狮子山矿主井	某矿主井	某矿副井	某矿主井	某矿副井
井筒通过岩石情况			千枚岩，f_{kp} =4~6	灰岩，f_{kp} = 6~8，梯子平台间距 4m	灰页岩，石灰岩，f_{kp} = 8~12，梯子平台间距 4168mm	梯子平台间距 3126mm
附注		梯子平台间距 4m				
图号		4-39	4-40	4-41	4-42	4-43

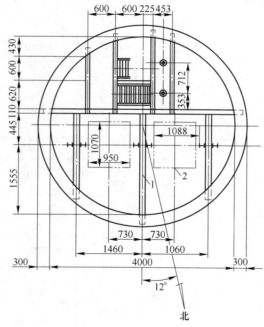

图 4-39 狮子山矿主井

1—井筒中心线；2—箕斗中心线

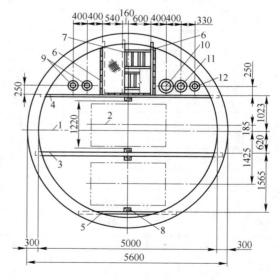

图 4-40 某矿主井

1—井筒中心线；2—罐笼中心线；3—I20a, l=5280；
4—I25a, l=5070；5—□20a, l=2835；
6—□14a, l=1650；7—□14a, l=1740；
8—罐道木 180×150；9—排水管两条，
d168，法兰 D310；10—压气管 d245，法兰 D365；
11—溢流管 d168，法兰 D310；12—供水管 d108，
法兰 D215

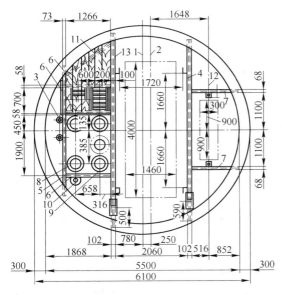

图 4-41　某矿副井

1—井筒中心线；2—罐笼中心线；3—两根 d100 充填管；

4—﹝20b；5—﹝20a；6—﹝14a；7—﹝18a；

8—排水管三条，d300，法兰 D530；9—压风管 d245，

法兰 D365；10—供水管 d150，法兰 D300；

11—14a；12—平衡锤中心线；13—I20

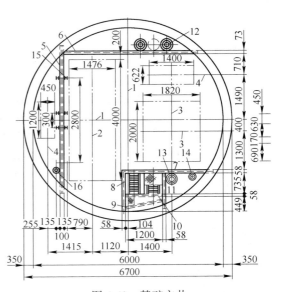

图 4-42　某矿主井

1—井筒中心线；2—罐笼中心线；3—箕斗中心线；

4—平衡锤中心线；5—I20a；6—﹝20a；

7~10—﹝14a；11—14a；

12—排水管；13—压风管；14—供水管；

15—罐道；16—溢流管

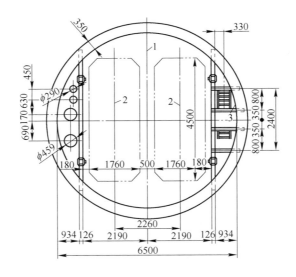

图 4-43　某矿副井

1—井筒中心线；2—罐笼中心线；3—梯子间

参 考 文 献

[1] 王介峰. 关于立井井筒施工作业方式的商榷 [J]. 建井技术, 1984 (4): 48-53.

[2] Unrug K F. Location and design of vertical shafts [C] //In Hartman H L. SME Mining Engineering Handbook. Littleton: Society for Mining, Metallurgy, and Exploration, Inc., 1992: 1580-1582.

[3] Unrug K F. Shaft design criteria [J]. International Journal of Mining Engineering, 1984, 2 (2): 141-155.

[4] Hartman H. SME Mining Engineering Handbook [M]. SME Mining Engineering Handbook. Littleton: Society for Mining, Metallurgy, and Exploration, Inc., 1992.

[5] Berry T M. Circular shafts for deep mines [M]. Mining Engineering, 1987.

[6] Souza E D. MINE 444 Course Notes [D]. Kingston: Queen's University, 2009.

[7] Fichardt T. The illness of president M. T. Steyn [J]. Suid Afrikaanse Tydskrif Vir Geneeskunde, 1973, 47 (46): 844.

[8] Unrug K F. Shaft linings [C] //In Hartman H L. SME Handbook. Littleton: Society for Mining, Metallurgy, and Exploration, Inc., 2002.

[9] Vergne J D. Hard Rock Miner's Handbook [M]. McIntosh Engineering, 2003.

[10] Cimbarievich P M. Rudninojekrieplenijne [M]. Charkow, USSR, 1951.

[11] Roesner E K, Poppen S A G, Konopka J C. Stability during shaft sinking [C] //Proceedings. of the Conference on Stability in Underground Mining, Vancouver, Canada, 1982.

[12] Krupiennikow G A. Some methods, results and investigations of the interaction between rock mass and shaft lining [C] //In Assemblage: Rock mass pressure acting on the lining of the vertical shafts, Moscow., 1963.

[13] Galanka J. How to Calculate Pressure on Shaft Linings [M]. Przeglad Gorniczy, Katowice, 1958.

5　深竖井井筒稳定性分析与控制

随着我国竖井建设深度逐渐增加，超深（1500m 以上）竖井建设项目逐渐增多。竖井围岩破坏是开挖扰动应力、地质特征、岩体条件以及开挖方式的共同作用结果[1]。对于超深竖井处于高地应力岩体条件，在南非超深埋地下工程一般指处于地下 3000 ～ 5000m，3000m 深垂直应力约 80MPa，4000m 深垂直应力约 110MPa，围岩开挖扰动应力达到 240～330MPa，而硬岩单轴抗压强度达到 150～200MPa。由此可见，超深竖井开挖扰动应力超过岩石单轴抗压强度，井筒围岩将以稳定或不稳定方式发生不同性质的脆性破坏[2]，即超深竖井开挖扰动致灾过程与高应力作用下岩体破坏响应直接相关，尤其是竖井开挖后其位移量变化及岩体高应变储能状态。由此，进行深部竖井开挖围岩应力演化与破坏机制分析，并借此进行深井围岩稳定性控制对深部竖井建设发展意义重大。

5.1　深部竖井开挖围岩破坏力学机制分析

竖井开挖是瞬间完成的，开挖体的移除使其对竖井开挖边界支护力不连续降低，但仍可以通过逐渐减小开挖边界支护力由原岩应力至一较小应力水平模拟竖井开挖；同时，Lombardi（1973）与 Panet（1974）指出，可通过竖井开挖边界支护力不断减小模拟竖井掘进工作面对开挖边界径向收敛变形的限制作用[3,4]。

5.1.1　模型与基本假设

进行竖井开挖扰动围岩破坏力学机制分析，假设工程岩体为理想弹塑性体，分析模型满足弹塑性力学理论基本假设。考虑圆断面竖井，见图 5-1，竖井开挖半径为 R_0，原岩应力各向等压。同时，对于硬岩竖井，选择弹-脆-塑性本构模型，以广义 Hoek-Brown 屈服准则为例进行分析，屈服函数见式（5-1）。由于竖井轴向长度远大于其半径，且轴向方向平行于水平主应力，当竖井断面远离其掘进工作面时，该断面围岩应力与变形过程可运用弹塑性力学中的平面应变理论进行分析，分析过程不考虑岩体力学响应的时间效应。

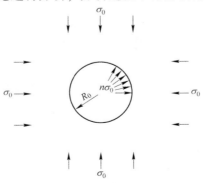

图 5-1　竖井断面解析模型示意图

$$f(\sigma_1, \sigma_3) = \sigma_1 - \sigma_3 - \sigma_{ci}\left(m_b\frac{\sigma_3}{\sigma_{ci}} + s\right)^a \tag{5-1}$$

式中，σ_{ci} 为完整岩石单轴抗压强度；m_b、s 和 a 为 Hoek-Brown 常数；σ_1 为最大主应力；σ_2 为最小主应力。

岩体屈服判定如下：

$$\begin{cases} f(\sigma_1, \sigma_3) > 0 & \text{屈服状态} \\ f(\sigma_1, \sigma_3) = 0 & \text{临界状态} \\ f(\sigma_1, \sigma_3) < 0 & \text{弹性状态} \end{cases} \tag{5-2}$$

于竖井开挖边界施加径向应力 $n\sigma_0$（$n \in [0, 1]$），见图 5-1。通过改变径向应力系数 n 的大小模拟竖井开挖过程，即当径向应力系数 $n = 1$ 时，表示竖井处于未开挖的初始阶段；当径向应力系数 $n \in (0, 1)$ 时，竖井处于开挖过程中的某一阶段；当径向应力系数 $n = 0$ 时，竖井开挖结束。取不同 n 值，确定竖井开挖围岩扰动应力响应不同阶段，以不同阶段竖井围岩应力、变形与破坏纵向对比进行竖井开挖扰动诱发围岩破坏力学机制分析。

5.1.2　竖井开挖围岩破坏力学机制分析

取应力系数 $0 = n_4 < n_3 < n_2 < n_{cr} < n_1 < n_0 = 1$，将竖井开挖划分为 6 个阶段（图 5-2），分析如下。当 $n = n_0$ 时（见图 5-2（a）），竖井未开挖，岩体处于静止平衡状态，按照式（5-1）进行岩体屈服破坏判定，此时 $\sigma_1 = \sigma_3 = \sigma_{\theta 0} = \sigma_{r 0} = \sigma_0$，故有屈服函数 $f(\sigma_1, \sigma_3) < 0$，岩体处于弹性状态；当 $n = n_1$ 时（图 5-2（b）），进行了竖井开挖，此时大小为 $(1 - n_1)\sigma_0$ 的原岩应力进行了应力重分布，于竖井围岩同一位置切向应力 σ_θ 由 σ_0 增加至 $\sigma_{\theta 1}$，径向应力 σ_r 由 σ_0 减小至 $\sigma_{r 1}$，由此形成了以切向应力 $\sigma_{\theta 1}$ 为最大主应力、径向应力 $\sigma_{r 1}$ 为最小主应力的水平重分布应力场，且于竖井围岩开挖边界处 $\sigma_{\theta 1}$ 取最大值，$\sigma_{r 1}$ 取最小值，按照式（5-1）进行岩体屈服破坏判定，屈服函数 $f(\sigma_1, \sigma_3)$ 为 σ_1 的单调递增函数，同时为 σ_3 的单调递减函数，此时，$\sigma_1 = \sigma_\theta = \sigma_{\theta 0} > \sigma_0$，$\sigma_3 = \sigma_r = \sigma_{r 0} < \sigma_0$，故有 $f(\sigma_0, \sigma_0) < f(\sigma_{r 0}, \sigma_{\theta 0})$，但因 $\Delta\sigma_1 = \Delta\sigma_\theta = \sigma_{\theta 0} - \sigma_0$ 以及 $\Delta\sigma_3 = \Delta\sigma_r = \sigma_{r 0} - \sigma_0$ 过小，故有 $f(\sigma_0, \sigma_0) < f(\sigma_{r 0}, \sigma_{\theta 0}) < 0$，此时竖井围岩仍处于弹性状态。

随着支护力系数减小至 n_{cr}（图 5-2（c）），此时大小为 $(n_1 - n_{cr})\sigma_0$ 的原岩应力进行了应力重分布，于竖井围岩同一位置切向应力 σ_θ 由 $\sigma_{\theta 1}$ 增加至 $\sigma_{\theta cr}$，径向应力 σ_r 由 $\sigma_{r 1}$ 减小至 $\sigma_{r cr}$，由此形成了以切向应力 $\sigma_{\theta cr}$ 为最大主应力、径向应力 $\sigma_{r cr}$ 为最小主应力的水平重分布应力场，并于竖井开挖边界围岩切向应力 $\sigma_{\theta cr}$ 取最大值，径向应力 $\sigma_{r cr}$ 取最小值，且有 $\sigma_1 = \sigma_\theta = \sigma_{\theta cr} > \sigma_{\theta 1} > \sigma_{\theta 0} > \sigma_0$，$\sigma_3 = \sigma_r = \sigma_{r cr} > \sigma_{r 1} > \sigma_{r 0} > \sigma_0$，若此时 $f(\sigma_{\theta cr 0}, \sigma_{r cr}) = 0$，则竖井开挖边界围岩处于弹性状态与屈服状态间的临界状态，此时开挖边界支护力 $p_i = p_i^{cr} = n_{cr}\sigma_0$ 为临界支护力，同时有 $f(\sigma_0, \sigma_0) < f(\sigma_{r 0}, \sigma_{\theta 0}) < f(\sigma_{\theta cr}, \sigma_{r cr}) = 0$，围岩仍处于弹性状态。

随着支护力系数减小至 n_2（图 5-2（d）），大小为 $(n_2 - n_{cr})\sigma_0$ 的原岩应力进行了应力重分布。在竖井开挖边界围岩 $\sigma_1 = \sigma_\theta = \sigma_{\theta cr}$ 与 $\sigma_3 = \sigma_r = \sigma_{r cr}$ 构成的弹性临界应力状态基础上，进一步增大的切向应力 σ_θ 与不断减小的径向应力 σ_r，使得竖井开挖边界围岩应

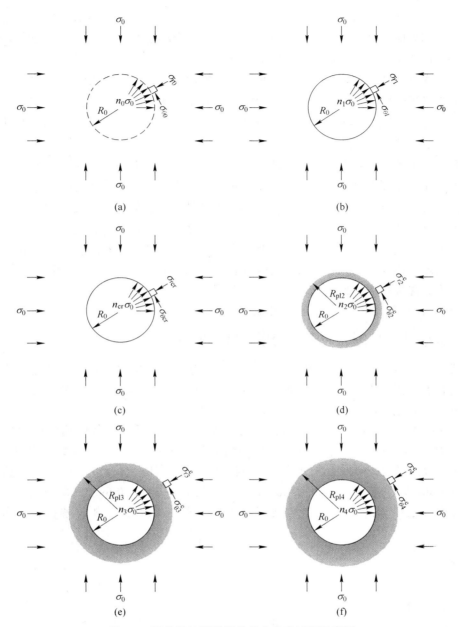

图 5-2　竖井开挖围岩扰动应力响应过程示意图

力状态首先满足 $f(\sigma_\theta^{pe},\ \sigma_r^{pe}) > f(\sigma_{\theta cr},\ \sigma_{r cr}) = 0$，出现围岩屈服破坏，其逐渐发展形成塑性区（半径 R_{pl2}）与弹性区。

　　若假设竖井开挖边界支护力连续变化，则弹塑性区边界应力状态由内向外的变化也是连续的，可得弹塑性区边界径向应力始终等于临界支护力 p_{icr}；同时，因围岩屈服卸荷，使得原处于开挖边界的切向应力峰值转移至弹塑性区交界处，若同样在竖井开挖边界支护力连续变化条件下，应力重分布结束后，弹塑性区交界处应力状态为围岩由弹性状态向屈服状态过渡的临界状态，则于围岩弹塑性区交界处有 $f(\sigma_\theta^{pe},\ \sigma_r^{pe}) = f(\sigma_{\theta 2}^{pe},\ \sigma_{r 2}^{pe}) = f(\sigma_{\theta cr},$

$\sigma_{rcr}) = 0$，因 $\sigma_r^{pe} = \sigma_{r2}^{pe} = p_i^{cr} = n_{cr}\sigma_0$ 为常数，故有 $\sigma_\theta^{pe} = \sigma_{r2}^{pe} = \sigma_{rcr}$ 为常数，即竖井围岩弹塑性区交界处临界应力状态为恒定不变状态。由此，在塑性区内，竖井开挖边界切向应力 $\sigma_{\theta2}^p$ 由围岩屈服卸荷后的较小值逐渐增加，并于弹塑性区交界处达到最大值 σ_θ^{pe}，进入弹性区后，因逐渐远离竖井开挖边界，切向应力 $\sigma_{\theta2}^e$ 由弹塑性区交界处的最大值 σ_θ^{pe} 逐渐减小，并最终趋近于原岩应力 σ_0；同时，塑性区径向应力 σ_{r2}^p 由开挖边界支护力 $n_2\sigma_0$ 逐渐增加，并于弹塑性区交界处增加至临界支护力 $\sigma_r^{pe} = p_{icr}$，进入弹性区后，径向应力 σ_{r2}^e 继续增加，并逐渐趋近于 σ_0。

随着支护力系数逐渐减小至 n_3（图 5-2（e）），大小为 $(n_3 - n_2)\sigma_0$ 的原岩应力进行了应力重分布。于竖井围岩弹塑性区交界处的弹性临界应力状态切向应力 σ_θ^e 由 $\sigma_{\theta2}^{pe}$ 增加至 $\sigma_{\theta3}^e$，径向应力 σ_r^e 由 σ_{r2}^{pe} 减小至 σ_{r3}^e，即于弹塑性区交界处，$\sigma_1 = \sigma_\theta = \sigma_{\theta3}^e > \sigma_{\theta2}^{pe}$，$\sigma_3 = \sigma_r = \sigma_{r3}^e < \sigma_{r2}^{pe} = p_i^{cr}$，则有 $f(\sigma_{\theta3}^e, \sigma_{r3}^e) > f(\sigma_{\theta2}^{pe}, \sigma_{r2}^{pe}) = 0$，原弹塑性区交界围岩进一步屈服破坏，塑性区范围进一步扩展（塑性区半径 $R_{pl3} > R_{pl2}$），竖井围岩高应力进一步向深部转移；同理，当支护力系数逐渐减小至 n_4（图 5-2（f）），围岩应力峰值进一步随塑性区范围向围岩深部扩展，此时塑性区范围达到最大（塑性区半径 $R_{pl4} > R_{pl3} > R_{pl2}$），竖井开挖围岩扰动应力响应结束，竖井开挖结束。

5.2　深部竖井开挖围岩应力、变形与破坏理论解析

由式（5-1）可知，随着竖井开挖，其围岩应力、变形与破坏分布是过程化的，进行不同开挖状态下井筒围岩应力、变形与破坏分布理论解析，是深井围岩稳定性分析的主要组成部分，同时也是深井围岩稳定性控制的重要基础。

1977 年，Hoek 与 Brown[5] 根据自身经验，将不同岩体质量岩体峰后的应力变形表现划分为三类（图 5-3），对应本构模型为：弹脆性本构（GSI>75）、应变软化本构（25<GSI<75）与完美塑性本构（GSI<25）。针对不同岩体条件，结合以上三种本构模型，采用 Hoek-Brown 屈服准则，运用 Carranza-Torres 及 Fairhurst（1999）[6] 提出的"自相似"方法对竖井开挖围岩应力、变形与破坏分布进行过程化理论解析，解析模型如图 5-4 所示。

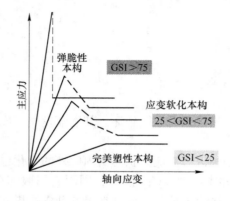

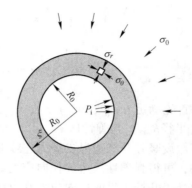

图 5-3　不同岩体质量岩体峰后
应力变形特征

图 5-4　井筒围岩应力、变形与破坏分布
过程化分析模型

5.2.1 弹脆性与完美塑性本构条件下井筒围岩应力、变形与破坏分布解析

本部分解析过程较复杂，现将其简化、整理如下，详细过程参见文献 [6]。

（1）参数变换见表 5-1。

表 5-1 参数变换汇总

变 换 式	变 换 内 容	变 换 说 明
$( ) = \dfrac{( )}{m_b^{(1-a)/a}\sigma_{ci}} + \dfrac{s}{m_b^{1/a}}$ （5-3）	$\sigma_0 \to S_0$；$p_i \to P_i$；$p_i^{cr} \to P_i^{cr}$	标识 "－" 表示岩体峰后 Hoek-Brown 参数；标识 "－" 的其余参数为放缩后的相关参数
$( ) = \dfrac{( )}{\overline{m}_b^{(1-\bar{a})/\bar{a}}\sigma_{ci}} + \dfrac{\bar{s}}{\overline{m}_b^{1/\bar{a}}}$ （5-4）	$\sigma_0 \to \bar{S}_0$；$p_i \to \bar{P}_i$；$p_i^{cr} \to \bar{P}_i^{cr}$；$\sigma_r \to \bar{S}_r$；$\sigma_\theta \to \bar{S}_\theta$	
$( ) = [\,( ) - s/m_b^{1/a}\,]\, m_b^{(1-a)/a}\sigma_{ci}$ （5-5）	$p_i^{cr} \to P_i^{cr}$	
$( ) = [\,( ) - \bar{s}/\overline{m}_b^{1/\bar{a}}\,]\, \overline{m}_b^{(1-\bar{a})/\bar{a}}\sigma_{ci}$ （5-6）	$\bar{S}_r \to \sigma_r$；$\bar{S}_\theta \to \sigma_\theta$	

（2）参数计算见表 5-2。

表 5-2 参数计算汇总

参 数 计 算	参 数 说 明
$P_i^{cr} = \dfrac{1 - \sqrt{1 + 16S_0}}{4}$ （5-7）	—
$\bar{\mu} = \overline{m}_b^{(2\bar{a}-1)/\bar{a}}$ （5-8）	—
$R_{pl} = R_0 \exp\!\left[\dfrac{\bar{P}_i^{cr1-\bar{a}} - \bar{P}_i^{1-\bar{a}}}{(1-\bar{a})\bar{\mu}}\right]$ （5-9）	—
$\rho = r/R_{pl}$ （5-10）$\qquad$ $K_\psi = \dfrac{1+\sin\psi}{1-\sin\psi}$ （5-11）	式中　ψ—剪胀角；K_ψ—剪胀系数
$A_1 = -K_\psi$ （5-12）$\qquad$ $A_2 = 1 - \nu - \nu K_\psi$ （5-13）$\qquad$ $A_3 = \nu - (1-\nu)K_\psi$ （5-14）	式中　ν—泊松比
$u_r(1) = \dfrac{R_{pl}}{2G}(\bar{S}_0 - \bar{P}_i^{cr})$ （5-15）　　　$u_r'(1) = A_1 u_r(1) + \dfrac{R_{pl}}{2G}[1 - \nu(1-A_1)](P_i^{cr} - \bar{S}_0) - \dfrac{R_{pl}}{2G}[A_1 + \nu(1-A_1)](P_i^{cr} + \bar{\mu}P_i^{cr\bar{a}} - \bar{S}_0)$ （5-16）	围岩位移及其对 ρ 的一阶导数在弹塑性区交界（$\rho = 1$）处取值

（3）弹性区隧道围岩应力与变形过程解析：

$$
\begin{cases}
\bar{S}_r = \bar{S}_0 - (\bar{S}_0 - \bar{P}_i^{cr})\left(\dfrac{R_{pl}}{r}\right)^2 \\[3mm]
\bar{S}_\theta = \bar{S}_0 + (\bar{S}_0 - \bar{P}_i^{cr})\left(\dfrac{R_{pl}}{r}\right)^2 \\[3mm]
u_r = \dfrac{\bar{S}_0 - \bar{P}_i^{cr}}{2\bar{G}}\dfrac{R_{pl}^2}{r}
\end{cases}
\tag{5-17}
$$

式中，弹性区径向应力 σ_r 与环向应力 σ_θ 分别通过转换变量 $\bar{S}_r$、$\bar{S}_\theta$ 表示，可通过转换式（5-6）进行计算。

（4）塑性区隧道围岩应力与变形过程解析：

$$
\begin{cases}
\bar{S}_r = \left[\bar{P}_i^{cr1-\bar{a}} + (1-\bar{a})\bar{\mu}\ln\left(\dfrac{r}{R_{pl}}\right) \right]^{\frac{1}{1-\bar{a}}} \\[3mm]
\bar{S}_\theta = \bar{S}_r + \bar{\mu}\,\bar{S}_r^{\bar{a}}
\end{cases}
\tag{5-18}
$$

$$
u_r = \frac{1}{1-A_1}(\rho^{A_1} - A_1\rho)\,u_r(1) + \frac{1}{1-A_1}(\rho - \rho^{A_1})\,u_r'(1) + \frac{R_{pl}}{2\bar{G}}\frac{1}{4}\frac{A_2-A_3}{1-A_1}\rho\,(\ln\rho)^2 +
$$

$$
\frac{R_{pl}}{2\bar{G}}\left[\frac{A_2-A_3}{1-A_1}\sqrt{P_i^{cr}} - \frac{1}{2}\frac{A_2-A_1A_3}{(1-A_1)^3}\right]\left[\rho^{A_1} - \rho + (1-A_1)\rho\ln\rho\right]
\tag{5-19}
$$

上述解析过程中，当围岩峰值参数与峰后参数相等时，即为完美塑性本构情况下的井筒围岩应力、变形与破坏解析，当围岩峰后参数小于峰值参数时，则为围岩采用弹脆性本构条件下的情况。

5.2.2　应变软化本构条件下井筒围岩应力、变形与破坏分布解析

应变软化岩体应力应变特征如图 5-5 所示，当应变软化系数 $\eta = 0$ 时，岩体处于弹性阶段，当 $\eta \in (0, \eta^*)$，岩体处于应变软化阶段，当 $\eta > \eta^*$ 时，岩体处于残余强度阶段。当 $M \to +\infty$，岩体软化阶段应力应变曲线斜率趋于无穷大，此时应变软化本构转化为弹脆性本构，当 $M \to 0$，岩体软化阶段应力应变曲线斜率趋于 0，此时应变软化本构转化为完美塑性本构，即应变软化本构为弹脆性本构与完美塑性本构的一般形式。

取最大塑性剪应变 γ_p 为软化系数 η，即

$$
\eta = \gamma_p = \varepsilon_\theta^p - \varepsilon_r^p
\tag{5-20}
$$

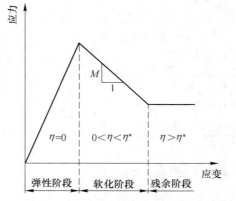

图 5-5　应变软化岩体应力应变特征示意图

式中，ε_θ^p 为切向塑性应变；ε_r^p 为径向塑性应变。

采用 Hoek-Brown 屈服准则，应变软化本构条件下各阶段岩体强度参数给出如下：

$$
\sigma_\theta = \sigma_r + \sqrt{m_p\sigma_c\sigma_r + s_p\sigma_c^2}
\tag{5-21}
$$

$$\sigma_\theta = \sigma_r + \sqrt{\overline{m}\sigma_c\sigma_r + \overline{s}\sigma_c^2} \qquad (5-22)$$

$$\sigma_\theta = \sigma_r + \sqrt{m_r\sigma_c\sigma_r + s_r\sigma_c^2} \qquad (5-23)$$

式（5-21）~ 式（5-23）依次为弹性阶段岩体强度、软化阶段岩体强度以及残余阶段岩体强度，角标"p""−"与"r"分别对应弹性阶段、软化阶段与残余阶段 Hoek−Brown 岩体参数，以下均同。

假设应变软化本构模型软化区围岩强度参数随软化系数 η 呈线性变化，则有：

$$\overline{m} = m_p - (m_p - m_r)\frac{\eta}{\eta^*} \qquad (5-24)$$

$$\overline{s} = s_p - (s_p - s_r)\frac{\eta}{\eta^*} \qquad (5-25)$$

$$\overline{\psi} = \psi_p - (\psi_p - \psi_r)\frac{\eta}{\eta^*} \qquad (5-26)$$

完美塑性本构模型 Hoek-Brown 参数：

$$\overline{m} = m_p = m_r \qquad (5-27)$$

$$\overline{s} = s_p = s_r \qquad (5-28)$$

弹脆性本构模型 Hoek−Brown 参数：

$$\overline{m} = m_r \qquad (5-29)$$

$$\overline{s} = s_r \qquad (5-30)$$

采用常规弹塑性理论进行应变软化本构条件下的井筒围岩应力、变形与破坏解析很难获得各待求量解析解，因此，本部分采用二阶 Runge-Kutta 数值方法进行解析，解析过程涵盖三种本构模型情况。

图 5-4 所示理论模型采用弹塑性力学中轴对称平面应变模型，其极坐标系下的平衡方程与几何方程如下：

$$\frac{d\sigma_r}{dr} + \frac{\sigma_r - \sigma_\theta}{r} = 0 \qquad (5-31)$$

$$\varepsilon_r = -\frac{du}{dr}, \quad \varepsilon_\theta = -\frac{u}{r} \qquad (5-32)$$

将围岩塑性区划分为有限个同心圆环，如图 5-6 所示，结合 Hoek-Brown 屈服准则进行 r_j 处径向应力计算：

$$\sigma_{r(j)} = b - \sqrt{b^2 - a} \qquad (5-33)$$

其中：

$$a = \sigma_{r(j-1)}^2 - 4k\left[\frac{1}{2}\overline{m}\sigma_c\sigma_{r(j-1)} + \overline{s}\sigma_c^2\right] \qquad (5-34)$$

$$b = \sigma_{r(j-1)} + k\overline{m}\sigma_c \qquad (5-35)$$

$$k = \left(\frac{r_{j-1} - r_j}{r_{j-1} + r_j}\right)^2 \qquad (5-36)$$

同心圆环半径给出如下：

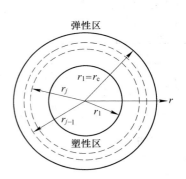

图 5-6 塑性区离散化划分示意图

$$\frac{r_j}{r_{j-1}} = \frac{2\varepsilon_{\theta(j-1)} - \varepsilon_{r(j-1)} - \varepsilon_{r(j)}}{2\varepsilon_{\theta(j)} - \varepsilon_{r(j-1)} - \varepsilon_{r(j)}} \tag{5-37}$$

令切向应变增量为:

$$\mathrm{d}\varepsilon_\theta = \varepsilon_{\theta(j)} - \varepsilon_{\theta(j-1)} \tag{5-38}$$

则 r_j 处的径向应变增量为:

$$\mathrm{d}\varepsilon_{r(j)} = \mathrm{d}\varepsilon^{\mathrm{e}}_{r(j-1)} - \beta(\mathrm{d}\varepsilon_{\theta(j)} - \mathrm{d}\varepsilon^{\mathrm{e}}_{\theta(j-1)}) \tag{5-39}$$

其中, $\mathrm{d}\varepsilon^{\mathrm{e}}_{\theta(j-1)}$ 与 $\mathrm{d}\varepsilon^{\mathrm{e}}_{r(j-1)}$ 分别为弹性切向应变增量与弹性径向应变增量, $\beta = \dfrac{1 + \sin\psi}{1 - \sin\psi}$。

选择任意小值 $\mathrm{d}\varepsilon_\theta$, 分别通过式 (5-21)、式 (5-22)、式 (5-20) 与式 (5-15) 分别对 $\varepsilon_{\theta(j)}$、 $\varepsilon_{r(j)}$、 r_j 与 u_j 进行计算。重复多次直至塑性区应变与位移计算完成。其中, r_j 处的弹性应变可通过虎克定律求得:

$$\varepsilon^{\mathrm{e}}_{r(j)} = \frac{1}{2G}[(1 - \nu)(\sigma_{r(j)} - \sigma_0) - \nu(\sigma_{\theta(j)} - \sigma_0)] \tag{5-40}$$

$$\varepsilon^{\mathrm{e}}_{\theta(j)} = \frac{1}{2G}[(1 - \nu)(\sigma_{\theta(j)} - \sigma_0) - \nu(\sigma_{r(j)} - \sigma_0)] \tag{5-41}$$

式中, G 为剪切模量; ν 为泊松比。

围岩弹塑性区交界处, $r = r_1 = r_e$, 径向应力为:

$$\sigma_{re} = \sigma_0 - M\sigma_c \tag{5-42}$$

其中:

$$M = \frac{1}{2}\left[\left(\frac{m_p}{4}\right)^2 + \frac{m_p p_0}{\sigma_c} + s_p\right]^{1/2} - \frac{m_p}{8} \tag{5-43}$$

以式 (5-42) 为计算起点, 径向应力 $\sigma_{r(j)}$ 与 r_j 可分别通过式 (5-33) 与式 (5-37) 进行计算。

同时, r_j 处的软化参数可近似计算如下:

$$\eta = \varepsilon_{\theta(j-1)} - \varepsilon_{r(j-1)} + \frac{1}{2G}[\sigma_{r(j-1)} - \sigma_{\theta(j-1)}] \tag{5-44}$$

如果 $\eta > \eta^*$, 则岩体进入残余阶段, 岩体参数取残余阶段岩体参数。数值计算详细过程汇总于表 5-3。

表 5-3   数值计算过程

计算类型	计算方法	
计算 准备	$M = \dfrac{1}{2}\left[\left(\dfrac{m_p}{4}\right)^2 + \dfrac{m_p p_0}{\sigma_c} + s_p\right]^{1/2} - \dfrac{m_p}{8}$	(5-45)
	$G = \dfrac{E}{2(1 + \nu)}$	(5-46)
	$\sigma_{r1} = \sigma_{re} = \sigma_0 - M\sigma_c$	(5-47)
	$\sigma_{\theta 1} = \sigma_{\theta e} = 2p_0 - \sigma_{r1}$	(5-48)
	$\varepsilon_{\theta 1} = \varepsilon^{\mathrm{e}}_{\theta 1} = \varepsilon_{\theta e} = \dfrac{1}{2G}[(1 - \nu)(\sigma_{\theta 1} - p_0) - \nu(\sigma_{r1} - p_0)]$	(5-49)

计算类型	计 算 方 法	
计算准备	$\varepsilon_{r1} = \varepsilon_{r1}^e = \varepsilon_{re} \dfrac{1}{2G} \left[(1 - \nu)(\sigma_{r1} - p_0) - \nu(\sigma_{\theta 1} - p_0) \right]$	(5-50)
	$\overline{m}_1 = m_p, \quad \overline{s}_1 = s_p, \quad \overline{\psi}_1 = \psi_p$	(5-51)
	$\lambda_1 = \dfrac{r_1}{r_e} = 1$	(5-52)
每环应力变形计算	$\Delta \varepsilon_{\theta(j)} = 0.01 \varepsilon_{\theta(j-1)}$	(5-53)
	$\eta = \varepsilon_{\theta(j-1)} - \varepsilon_{r(j-1)} + \dfrac{1}{2G} \left[\sigma_{r(j-1)} - \sigma_{\theta(j-1)} \right]$	(5-54)
	若 $\eta < \eta^*$，则：	
	$\overline{\psi}_j = \psi_p - (\psi_p - \psi_r) \dfrac{\eta}{\eta^*}$	(5-55)
	若 $\eta \geqslant \eta^*$，则：	
	$\overline{\psi}_j = \psi_r$	(5-56)
	对于应变软化本构模型，若 $\eta < \eta^*$，则：	
	$\overline{m}_j = m_p - (m_p - m_r) \dfrac{\eta}{\eta^*}$	(5-57)
	$\overline{s} = s_p - (s_p - s_r) \dfrac{\eta}{\eta^*}$	(5-58)
	若 $\eta \geqslant \eta^*$，则：	
	$\overline{m}_j = m_r$	(5-59)
	$\overline{s}_j = s_r$	(5-60)
	对于弹脆性本构模型，则：	
	$\overline{m}_j = m_r, \quad \overline{s}_j = s_r$	(5-61)
	对于完美塑性本构模型，则：	
	$\overline{m}_j = m_p = m_r, \quad \overline{s}_j = s_p = s_r$	(5-62)
	$\beta = \dfrac{1 + \sin\overline{\psi}_j}{1 - \sin\overline{\psi}_j}$	(5-63)
	$\varepsilon_{\theta(j)} = \varepsilon_{\theta(j-1)} + \Delta \varepsilon_{\theta(j)}$	(5-64)
	$\Delta \varepsilon_{r(j)} = \Delta \varepsilon_{r(j-1)}^e - \beta(\Delta \varepsilon_{\theta(j)} - \Delta \varepsilon_{\theta(j-1)}^e)$	(5-65)
	$\varepsilon_{r(j)} = \varepsilon_{r(j-1)} + \Delta \varepsilon_{r(j)}$	(5-66)
	$\lambda_j = \dfrac{2\varepsilon_{\theta(j-1)} - \varepsilon_{r(j-1)} - \varepsilon_{r(j)}}{2\varepsilon_{\theta(j)} - \varepsilon_{r(j-1)} - \varepsilon_{r(j)}} \lambda_{-1}, \quad \lambda_j = \dfrac{r_j}{r_e}$	(5-67)
	$\dfrac{u_j}{r_e} = - \varepsilon_{\theta(j)} \lambda_j$	(5-68)
	$k = \left(\dfrac{\lambda_{j-1} - \lambda_j}{\lambda_{j-1} + \lambda_j} \right)^2$	(5-69)
	$a = \sigma_{r(j-1)}^2 - 4k \left[\dfrac{1}{2} \overline{m} \sigma_c \sigma_{r(j-1)} + \overline{s} \sigma_c^2 \right]$	(5-70)
	$b = \sigma_{r(j-1)} + k \overline{m} \sigma_c$	(5-71)
	$\sigma_{r(j)} = b - \sqrt{b^2 - a}$	(5-72)
	$\sigma_{\theta(j)} = \sigma_{r(j)} + \sqrt{\overline{m}_j \sigma_{r(j)} \sigma_c + \overline{s}_j \sigma_c^2}$	(5-73)

计算类型	计 算 方 法	
每环应力变形计算	$\varepsilon_{r(j)}^{e} = \dfrac{1}{2G}\left[(1-\nu)(\sigma_{r(j)} - \sigma_0) - \nu(\sigma_{\theta(j)} - \sigma_0) \right]$	(5-74)
	$\varepsilon_{\theta(j)}^{e} = \dfrac{1}{2G}\left[(1-\nu)(\sigma_{\theta(j)} - \sigma_0) - \nu(\sigma_{r(j)} - \sigma_0) \right]$	(5-75)
	$\Delta\varepsilon_{r(j)}^{e} = \varepsilon_{r(j)}^{e} - \varepsilon_{r(j-1)}^{e}$	(5-76)
	$\Delta\varepsilon_{\theta(j)}^{e} = \varepsilon_{\theta(j)}^{e} - \varepsilon_{\theta(j-1)}^{e}$	(5-77)
	若 $\sigma_{r(j)} > p_i$ 则 $j = j + 1$，重复上述计算过程至下一环； 若 $\sigma_{r(j)} \leqslant p_i$，计算 r_i 处的 λ 以及 u_j / r_e： $\lambda_{\mathrm{atr}_i} = \lambda_{j-1} + \dfrac{p_i - \sigma_{r(j-1)}}{\sigma_{r(j)} - \sigma_{r(j-1)}}(\lambda_j - \lambda_{j-1})$	(5-78)
	$\left(\dfrac{u_j}{r_e}\right)_{\mathrm{atr}_i} = \left(\dfrac{u_j}{r_e}\right)_{j-1} + \dfrac{p_i - \sigma_{r(j-1)}}{\sigma_{r(j)} - \sigma_{r(j-1)}}\left[\left(\dfrac{u_j}{r_e}\right)_j - \left(\dfrac{u_j}{r_e}\right)_{j-1} \right]$	(5-79)
	$r_e = \dfrac{r_i}{\lambda_{\mathrm{atr}_i}}, \quad u_{\mathrm{atr}_i} = \left(\dfrac{u_j}{r_e}\right)_{\mathrm{atr}_i} r_e$	(5-80)
	计算结束	

5.3 传统浅埋竖井围岩稳定性支护控制方法

锚网喷+混凝土衬砌联合刚性支护是传统浅埋竖井围岩稳定性主要控制方法。在传统浅埋竖井围岩支护设计中，混凝土衬砌厚度计算至关重要，而支护压力的确定则为混凝土衬砌厚度计算的重中之重。对于圆断面竖井混凝土衬砌支护压力的计算，常用的方法有理论法、数值模拟法。在运用理论法计算竖井井筒支护压力过程中，对于塑性岩体条件，太沙基（1943）[7]提出了如下混凝土衬砌压力计算公式：

$$P_i = \frac{2}{\tan\beta + 1}\left(\sigma_H + \frac{\sigma_0}{\tan\beta - 1} \right)\left(\frac{r}{R} \right)^{\tan\beta - 1} - \frac{\sigma_0}{\tan\beta - 1} \qquad (5\text{-}81)$$

式中　　P_i——衬砌外边界径向支护压力；

　　　　$\tan\beta$——被动压力系数：

$$\tan\beta = \frac{1 + \sin\varphi}{1 - \sin\varphi}$$

　　　　φ——内摩擦角；

　　　　σ_H——水平地应力（假设为对称应力作用）；

　　　　σ_0——岩体单轴抗压强度；

　　　　r——井筒开挖半径；

　　　　R——井筒围岩松动圈半径。

而对于脆性岩石，Talobre（1957）[8]提出相类似的等式如下：

$$P_i = \left[\frac{c}{\tan\varphi} + \sigma_H(1 - \sin\varphi) \right]\left(\frac{r}{R} \right)^{\tan\beta - 1} - \frac{c}{\tan\varphi} \qquad (5\text{-}82)$$

式中　　c——岩体内聚力。

传统混凝土衬层厚度计算常常通过"试算"的过程进行，即首先选择混凝土衬砌厚度，其次计算该厚度产生的支护力的大小（式（5-83）），再次确定该支护力作用下井筒围岩的塑性区半径（式（5-84）），最后计算井筒围岩的围岩压力，进而通过混凝土支护力和围岩压力，核算该厚度混凝土的安全系数。

$$P_{s} = \frac{\sigma_{cc}}{2}\left[1 - \frac{(r - t_{c})^{2}}{r^{2}}\right] \tag{5-83}$$

$$R = r\left[\frac{(\sigma_{H} + c\cot\varphi)(1 - \sin\varphi)}{P_{s} + c\cot\varphi}\right]\frac{1 - \sin\varphi}{2\sin\varphi} \tag{5-84}$$

式中　　σ_{cc}——混凝土单轴抗压强度；

　　　　P_{s}——混凝土衬层最大支护压力。

对于安全系数不足或过大的相应混凝土的衬砌厚度，调整以重新计算，直到计算至合适的安全系数为止，此时对应选取混凝土的衬砌厚度，即为竖井井筒混凝土衬层的设计厚度。运用该浅部井筒衬砌支护设计方法，设计得新城金矿新主井-1250～-1271m 深度范围、不同衬砌厚度与强度等级的混凝土衬砌安全系数曲线图如图 5-7 所示。

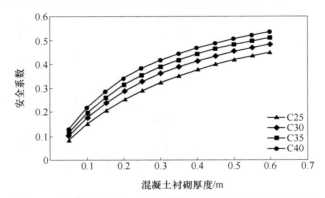

图 5-7　不同强度等级、不同厚度混凝土衬砌安全系数曲线

由图 5-7 可知，以传统浅埋竖井增大混凝土衬砌厚度或提高混凝土强度等级进行井筒围岩压力控制的理念在深部井筒支护设计中已不再适用，寻找新的适宜深部竖井井筒支护的设计方法或井筒围岩压力的控制办法势在必行。

5.4　深部竖井围岩稳定性支护控制方法

竖井井筒围岩稳定性控制方法有很多，特别是压力控制方法，包括井筒断面形状的选择、布设卸压孔、进行卸压爆破以及释能支护等，但在传统浅埋竖井围岩稳定性支护控制中，其主要以混凝土衬砌联合其他支护结构的刚性支护作为井筒围岩压力控制方法。然而，随着竖井深度的增加，地应力逐渐增大，浅埋竖井围岩刚性支护控制方法已无法满足深部竖井围岩稳定性控制要求，借此提出一种新的深部竖井围岩稳定性支护控制方法，以为我国深井建设提供参考。

5.4.1　深竖井超前序次释压机理

在深竖井掘进过程中，井筒掘进工作面（图 5-8（a））t_0 时刻混凝土衬砌构筑至井筒

断面 $A—A'$ 处，此刻，断面与井筒掘进工作面间距离为 L，围岩径向收敛于 u_r^0，在井筒掘进工作面位置不变的情况下，井筒围岩传递至衬砌混凝土的载荷为 P_s^0（围岩力学响应的时间效应在此不做考虑）。随着井筒掘进工作面向下推进，衬砌混凝土井筒及围岩协调变形，原由掘进工作面支撑的部分载荷转移至断面 $A—A'$ 处的支护结构上。如图 5-8（b）所示，t 时刻，断面 $A—A'$ 距离井筒掘进工作面为 L_t，此刻围岩位移收敛于 $u_r^t > u_r^0$，井筒围岩传递至衬砌混凝土的载荷为 $P_s^t > P_s^0$；如图 5-8（c）所示，如果掘进工作面距离断面 $A—A'$ 已足够远，井筒及其围岩相互作用系统达到极限平衡，此时衬砌混凝土井壁承受最终载荷或设计载荷 P_s^D，掘进面应力集中效应对 $A—A'$ 处围岩的承压作用影响消除，井筒围岩变形收敛于位移 u_r^D。

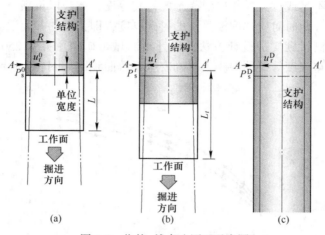

图 5-8 收敛-约束法原理示意图

由此，混凝土井壁压力计算需要对组成围岩-支护系统的各单元载荷-变形特性相互作用进行分析（图 5-9），包括随井筒工作面不断推进而变化的纵剖面、垂直于井筒轴线的剖面以及剖面上的支护结构。因此，超深井筒稳定性分析系统组成包括三部分：井筒纵剖面变形特征曲线（LDP）、支护特征曲线（GRC）以及围岩横断面变形特征曲线（SCC），各曲线建立方程见表 5-4。

图 5-9 为井筒纵剖面变形特性曲线（LDP）、支护特性曲线（GRC）以及围岩特性曲线（SCC）的相互作用关系，图中 A、B、C 与 D 各点及其对应的 A'、B'、C' 与 D' 各点均处于未开挖/已开挖井筒的开挖边界位置。LDP 曲线中 A 点位于井筒掘进工作面下方，其围岩径向位移为 0，对应 GRC 曲线 A' 点，围岩处于原岩应力状态，应力值为 σ_0；从 LDP 曲线中的 A 点至 D 点，各点围岩受开挖扰动影响逐渐增强，其围岩径向位移逐渐增大，此过程围岩压力得以释放，伴随对应于 GRC 曲线 A' 点至 D' 点，各点围岩径向应力逐渐减小。LDP 曲线中 B 点所在位置为井筒掘进工作面下方，对应 GRC 曲线中 B' 点围岩处于弹性阶段，而 LDP 曲线中掘进工作面所在位置点 C 对应于 GRC 曲线 C' 点，此时围岩已处于塑性阶段，包括 LDP 曲线掘进工作面上方 D 点，对应于 GRC 曲线 D' 点，其所在位置围岩同样处于塑性阶段，由此可知，井筒掘进工作面下方一定范围岩体受井筒开挖扰动影响较弱，扰动应力较小，围岩处于弹性状态，而随着靠近井筒掘进工作面，岩体受井筒开挖扰

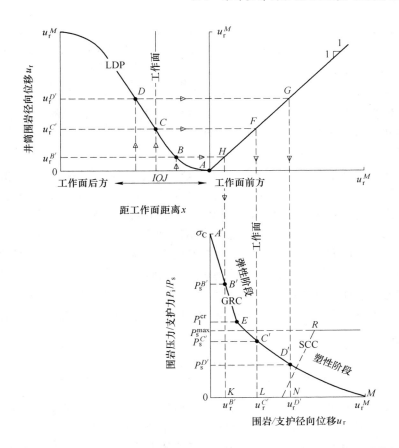

图 5-9 井筒纵剖面变形特征曲线（LDP）、支护特征曲线（GRC）以及围岩横断面变形特征曲线（SCC）

表 5-4 井筒纵剖面变形特征曲线（LDP）、支护特征曲线（GRC）

以及围岩横断面变形特征曲线（SCC）建立方程

曲线类型	建立方法	备注
GRC	弹性阶段： $$u_r^{el} = \frac{\sigma_0 - p_i}{2G_{rm}}R \qquad (5\text{-}85)$$ 塑性阶段（Hoek-Brown 屈服准则与弹性完美塑性本构）[3]： $$\frac{u_r^{pl}}{R}\frac{2G_{rm}}{\sigma_0 - p_i^{cr}} = \frac{K_\psi - 1}{K_\psi + 1} + \frac{2}{K_\psi + 1}\left(\frac{R_{pl}}{R}\right)^{K_\psi+1} + \frac{1-2\nu}{4(S_0 - P_i^{cr})}\left[\ln\left(\frac{R_{pl}}{R}\right)\right]^2 -$$ $$\left[\frac{1-2\nu}{K_\psi+1}\frac{\sqrt{P_i^{cr}}}{S_0 - P_i^{cr}} + \frac{1-\nu}{2}\frac{K_\psi-1}{(K_\psi+1)^2}\frac{1}{S_0 - P_i^{cr}}\right] \times \left[(K_\psi+1)\ln\left(\frac{R_{pl}}{R}\right) - \left(\frac{R_{pl}}{R}\right)^{K_\psi+1} + 1\right]$$ $$(5\text{-}86)$$ 注：除上述方法外，可根据岩体质量结合 5.2 井筒围岩应力、变形与破坏解析方法建立 GRC 曲线	基本参数： $$P_i = \frac{p_i}{m_b\sigma_{ci}} + \frac{s}{m_b^2}$$ $$S_0 = \frac{\sigma_0}{m_b\sigma_{ci}} + \frac{s}{m_b^2}$$ $$P_i^{cr} = \frac{1}{16}\left(1 - \sqrt{1+16S_0}\right)^2$$ $$p_i^{cr} = \left(P_i^{cr} - \frac{s}{m_b^2}\right)m_b\sigma_{ci}$$ $$R_{pl} = \exp\left(2\sqrt{P_i^{cr} - \sqrt{P_i}}\right)R$$
SCC	$$P_s = K_s u_r \qquad (5\text{-}87)$$	式中，K_s 为支护刚度；P_s 为支护力；u_r 为支护单元径向位移量

曲线类型	建立方法	备注
LDP	$\dfrac{u_r}{u_r^M} = \left[1 + \exp\left(\dfrac{-x/R}{1.10} \right) \right]^{-1.7}$　　(5-88)	此为据现场实测数据拟合所得经验公式（Chern 等，1998），也可通过数值模拟建立该曲线

动影响逐渐增强，扰动应力逐渐变大，井筒围岩由弹性阶段向塑性阶段转变。当然，围岩弹塑性状态转化位置相对于井筒掘进工作面位置不定，此与竖井井筒尺寸、施工工艺、岩体力学性质与地应力等条件有关。

综上，提出超前序次释压理论[9]，该理论核心思想是克服传统"随掘随砌"施工方法和依靠提高衬砌混凝土强度及厚度加强井筒围岩支护理念，通过序次提高井壁衬砌与井筒掘进工作面距离（HUS = 5D），释放积聚在井筒围岩内的高应力。设计卸压爆破、释能支护系统（参见下文图 5-12）主动调控未衬砌段井筒围岩受力状态与应力分布特征，支护结构将逐渐承载围岩应力重分布产生的变形压力，释放井筒围岩内集中的高应力，减小其影响范围。将围岩变形、支护约束以及井筒开挖面的空间约束分开考虑，确定支护时机和合理支护方式。此后在井筒衬砌低强度等级混凝土支护井筒围岩。研究成果分别在思山岭铁矿 1500m 超深井筒、新城金矿 1527m 超深井筒进行现场工业试验，效果良好。

5.4.2　深竖井临时支护设计

5.4.2.1　临时支护方式的选择

由 5.3 节分析可知，对于当前可采用支护结构的支护能力相对较小，若通过混凝土刚性支护进行深井围岩压力控制完全无法实现。鉴于此，拟对井筒围岩进行临时支护，在临时支护结构限制作用下，井筒围岩以稳定、可控的方式产生一定变形，伴随围岩压力释放至混凝土衬砌可接受水平，即进行混凝土衬砌，从而保证混凝土井筒及其围岩的稳定。

由以上临时支护作用机理可知，用于竖井井筒围岩临时支护的支护结构，需具备一定变形能力，同时，在围岩与支护结构共同变形过程中，或在井筒围岩压力调整过程中，临时支护结构仍需存在足够的支护强度用于预防井筒围岩失稳，常常表现为围岩松散岩体垮落、岩爆等。由此，推荐井筒围岩临时支护形式为锚网梁支护，锚杆选择具有一定变形能力的树脂锚杆、管缝锚杆等，而金属网以及双筋条则用来防止松动岩石滑落，具体类型的选择需根据实际竖井工程条件确定。

5.4.2.2　深井围岩临时支护设计方法

在深部竖井井筒的临时支护设计中，采用的设计方法有理论法、工程类比法以及数值模拟法，对于竖井井筒的临时支护设计理论，包括基于弹塑性力学的圆形开挖体围岩应力响应的平面应变理论、剪切滑移理论以及收敛-约束理论等；而对于工程类比法，主要指基于 Q、RMR、MRMR、RSR 以及 RQD 等岩体地质力学分类的地下工程围岩支护设计方法、基于国内岩体结构面分类的支护设计办法等；而对于数值模拟法，常常用来辅助计算和结果评价，采用的软件主要有 FLAC3D、ANSYS 以及 PHASE2 等。在三类支护设计方法中，工程类比法具有简单、方便以及实用的优点，是国内外地下工程支护设计的主要方法。于此，基于 Q、RMR 以及 RQD 等岩体地质力学分类的地下工程岩体支护设计方法在深部竖井围岩临时支护设计中被推荐使用。

A Q 图表法[10]

1993 年，Grimstad 与 Barton 提出如下基于 Q 岩体分级系统的地下工程支护设计图表。Q 支护设计图表如图 5-10 所示。

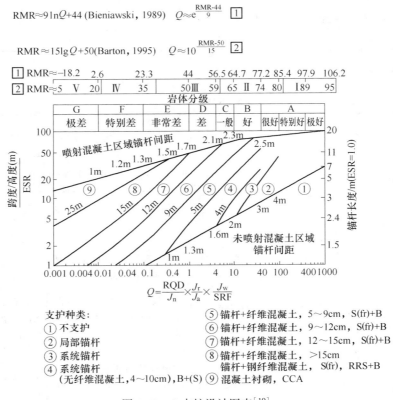

图 5-10　Q 支护设计图表[10]

推荐支护类型如下：

（1）不支护；

（2）点锚杆支护，SB；

（3）系统锚杆支护，B；

（4）系统锚杆支护（素喷混凝土 4~10cm），B（+S）；

（5）钢纤维混凝土喷层 50~90mm 以及锚杆支护，S（fr）+B；

（6）钢纤维混凝土喷层 90~120mm 以及锚杆支护，S（fr）+B；

（7）钢纤维混凝土喷层 120~150mm 以及锚杆支护，S（fr）+B；

（8）钢纤维混凝土喷层>150mm，钢筋喷射混凝土及锚杆支护，S（fr），RRS+B；

（9）浇筑混凝土，CCA。

锚杆长度计算公式如下：

$$I_b = 2 + (0.15B \text{ 或 } H/\text{ESR}), \text{ m} \tag{5-89}$$

ESR 取值见表 5-5。

表 5-5 ESR 取值

开挖工程类型	开挖支护比（ESR）
临时性矿山井巷	3~5
永久性矿山井巷，低压水洞，大型开挖的平巷与导洞	1.6
库房硐室、水建工厂、次要的公路与铁路、竖井、涌浪硐室、联络巷道	1.3
电站，主要公路与铁路，土木工程防护硐室，洞口井口交叉点	1.0
地下核电站，运动设施与公共设施，工厂	0.8

B RMR 支护设计[11]（表 5-6）

表 5-6 RMR 支护参数设计

岩体分级	支护方式		
	锚杆（φ20mm，全长锚固）	喷射混凝土	钢支架
非常好 RMR=81~100	通常不进行支护，需要时只在局部进行点锚支护		
好 RMR=61~80	局部破碎地带安装 3m 长顶锚杆，间距 2.5m，必要时采用金属网	局部顶板喷射 50mm 混凝土	不需要
中等 RMR=41~60	全断面锚固，锚杆长度 4m，间距 1.5~2m，顶部安装金属网	顶板喷射 50~100mm 混凝土，两帮喷射 30mm 混凝土	不需要
差 RMR=21~40	全断面锚网支护，锚杆长度 4~5m，间距 1~1.5m	顶板喷射 100~150mm 混凝土，两帮喷射 100mm 混凝土	局部进行轻型或中型钢支架支护，间距 1.5m
非常差 RMR<20	全断面锚网支护，锚杆长度 5~6m，间距 1~1.5m，底板进行锚杆支护	顶板喷射混凝土 150~200mm，两帮 150mm，工作面 50mm	中型或重型钢支架支护，安装钢背板，间距 0.75m，必要时进行超前支护

注：Bieniawski，1984。

C RQD 支护设计[12]（表 5-7）

表 5-7 RQD 支护参数设计

项 目	无支护/点锚杆	系统锚杆	钢支架
Deere 等人（1970）	RQD75~100	RQD50~75 （间排距 1.5~1.8m）	RQD50~75 （轻型钢支架，间距 1.5~1.8m）
		RQD25~50 （间排距 0.9~1.5m）	RQD25~50 （轻~中型钢支架，间距 0.9~1.5m）
			RQD0~25 （中~重型圆形钢支架，间距 0.6~0.9m）

项 目	无支护/点锚杆	系统锚杆	钢支架
Cecil（1970）	RQD82~100	RQD52~82 （或 40~60mm 混凝土喷层）	RQD0~52 （钢支架或钢纤维混凝土喷层）
Merritt（1972）	RQD72~100	RQD23~72 （间距 1.2~1.8m）	RQD0~23

5.4.3 深部竖井井筒围岩混凝土支护设计研究

随着竖井建设的深部化，岩层条件日趋复杂，突水、岩爆、软破等特殊岩层等无不影响着竖井混凝土井筒的稳定性乃至其长期稳定性，因此，完整的深部竖井混凝土井筒支护设计，需全面考虑混凝土井筒稳定性的影响因素，提出有针对性的设计或应对措施，以保证混凝土井筒的稳定，其内容多而复杂。于此，结合 5.4.1 节超前序次释压机理，针对深部"高地应力"这一典型岩层特征进行圆断面竖井混凝土井筒支护设计。

5.4.3.1 竖井混凝土井壁的作用

对于硬岩矿山的圆断面竖井，井筒围岩的刚度大于混凝土井筒的刚度，围岩压力不会由围岩传递至混凝土，此时的混凝土视为被动承压结构。混凝土石衬砌对井筒围岩的应力重分布影响不大。但即使混凝土井筒仅能防止围岩松散滑落，其仍能够强化井筒围岩强度，使得即便是破坏的井筒围岩也会存在一定的支护能力。

对于坚硬岩层竖井掘进，掘进工作面距离混凝土衬砌工作面 2~3 倍的井筒直径，然而在遇到较差岩层条件时，混凝土井筒则需起到一定程度的支护作用，此时，为使混凝土井筒支护作用最大化，需减小其距工作面的距离，但即使为此目的，混凝土的支护厚度也不会很大，在考虑井筒掘进超挖情况下更为如此。除上述作用外，混凝土井筒可用于井筒装备，降低通风阻力，同时，其可控制和收集围岩流水，有利于井筒干燥。

5.4.3.2 混凝土衬砌

混凝土衬砌是当前深部竖井围岩永久支护最常用的支护方式。混凝土衬砌参数计算包括混凝土强度类型选择以及衬砌厚度计算。对于混凝土强度等级的选择，混凝土工程要求混凝土单轴抗压强度不低于 25MPa（C25 型混凝土），具体选型可根据最终混凝土厚度的合理性进行调节。

混凝土衬砌厚度计算，需要确定混凝土衬砌的外部载荷。1999 年，Unal 提出了井筒混凝土衬砌压力的计算式：

$$P = h_{\text{t}} \cdot \gamma \cdot \text{TS} \tag{5-90}$$

式中，h_{t} 为岩体载荷高度，m；γ 为岩体容重，MN/m³；TS 为支护常数，取值范围 1~1.25。

岩体载荷高度 h_{t} 计算如下：

$$h_t = S \cdot \left(\frac{100 - \text{RMR}}{100} \right) \cdot B \tag{5-91}$$

式中，B 为井筒直径；S 为应力系数，其将井筒数值模拟所得围岩塑性区半径与经验所得岩体载荷高度相关联，计算如下：

$$S = Ae^{Bk} + Ck + D \frac{\sigma_{ci}}{P_v} \tag{5-92}$$

式中，k 为水平主应力之比；σ_{ci} 为井筒围岩完整岩石单轴抗压强度，MPa；P_v 为原岩应力中的竖直主应力，MPa；A、B、C 与 D 为拟合常数，取值见表 5-8。

表 5-8　A、B、C 与 D 常数取值

RMR	A	B	C	D
26	19.772	0.605	−24.727	−1.438
35	14.882	0.588	−17.814	−1.106
45	11.933	0.590	−14.25	−0.928
60	8.584	0.580	−10.042	−0.661
75	4.89	0.568	−5.79	−0.335
85	1.693	0.528	−1.615	−0.078

1992 年，Unrug[13] 推荐了混凝土衬砌厚度的计算方法：

$$t = r \left[\left(\frac{f_c / \text{FS}}{f_c / \text{FS} - 2P} \right)^{1/2} - 1 \right] \tag{5-93}$$

$$t = r \left[\left(\frac{f_c / \text{FS}}{f_c / \text{FS} - \sqrt{3}P} \right)^{1/2} - 1 \right] \tag{5-94}$$

式中，f_c 为混凝土单轴抗压强度，MPa；P 为混凝土衬砌压力，MPa；r 为混凝土井筒内半径，m；FS 为相对于混凝土压破坏的安全系数。若围岩压力突然施加在井筒外表面，则混凝土井筒将处于弹性状态，厚壁筒计算公式（5-93）将被采用；若围岩压力过大，且缓慢施加在混凝土井筒外表面，则 Huber 公式（5-94）将被采用。然而，在实际工程应用中均采用厚壁筒计算公式（5-93）进行井筒厚度计算，该计算方法更为保守、安全。

1973 年，Holl[14] 认为厚度为 0.23~0.30m 素混凝土衬砌足够应对各类岩体条件的井筒衬砌，据南非竖井工程建设经验，一般井筒混凝土衬砌厚度为 0.3~0.5m，此可作为判定混凝土衬砌设计合理性的标准。

5.4.3.3　混凝土支护时机的确定

井筒无永久支护最大自稳高度，即为井筒采用临时支护掘进工作面与井壁之间的安全高度，是深部竖井井筒围岩压力调控过程的重要参数，其中北美标准为 20~30m；加拿大安大略省规定标准为小于 20m；还可取井筒直径的 5 倍，即：

$$\text{HUS} = 5D \tag{5-95}$$

同时，可通过基于 RMR 岩体地质力学分类的稳定性图表选择井筒围岩最大自稳高度进行确定，也可通过现场地压监测手段，获取深部竖井开挖井筒围岩压力演化过程，选择合适的井筒无永久支护高度,进而确定混凝土衬砌支护时机。井筒围岩力学响应的时间效应理论研究较为复杂,当前可参考国外建井经验,即井筒围岩无支护跨度为 2~3 倍的井筒直径。

5.5 浅析深部竖井掘支工艺

如图 5-11 所示,传统浅部竖井掘支施工方法,主要工序包括钻孔装药、爆破通风、排渣平底、支护、排渣清底等。此施工方法各工序单行作业,简单高效。然而施工过程中,在进行井筒围岩支护工序时,支护系统各支护结构(包括混凝土衬砌)安装紧跟掘进工作面,即于井筒开挖后立即进行井筒支护结构安装,此虽简化了竖井掘支施工工序,降低其施工循环周期,但也使得深部竖井高围岩压力完全作用于井筒上,致使混凝土井筒破坏,不利其围岩稳定。

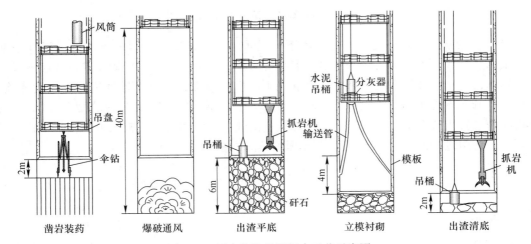

图 5-11 国内普遍采用掘支工艺示意图

由此,结合 5.4.1 节超前序次释压机理,提出一种新型深部竖井掘支工艺,该方法充分利用高应力作用下井筒围岩塑性破坏释压效应,提高井壁衬砌断面与井筒掘进工作面间距离,序次支护释放井筒围岩表面集中的高应力,以混凝土井壁免承压或缓低承压,替代传统完全依赖提高混凝土强度和井壁厚度的方式抵抗井筒围岩压力的超深竖井安全快速施工方法。如图 5-12 所示,具体施工工艺介绍如下:

(1)凿岩装药:伞钻悬吊于井筒中心位置,一般凿岩进尺 4m,按照伞钻操作规程渐次完成伞钻凿岩工作;

(2)爆破通风:放炮前,将吊盘提至安全高度(以 40m 为宜),全部人员升井撤出井口至安全距离以外后,按照规定程序进行地表起爆,放炮后,通风排烟,持续时间 30min;

(3)出渣清底:采用中心回转抓岩机装岩,渣石经吊桶提升出井,经翻渣装置翻渣溜出井口外的渣石地坪;

(4)临时支护:依据围岩岩体质量,选择合适的临时支护方式、支护参数进行临时支护;

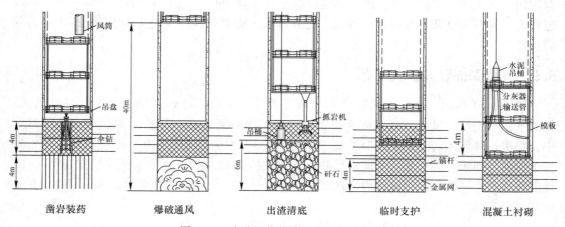

图 5-12　改进竖井井筒掘支工艺示意图

（5）立模浇筑：校正固定整体金属下行模板，浇灌混凝土，混凝土由地面搅拌站配制，采用底卸式吊桶下料，经分灰器，溜灰管入模，入模后，采用振动棒进行分层振捣。

然而，对于原井筒掘支工艺中浇筑混凝土工序，模板置于矸石堆处进行混凝土浇筑，模板下方矸石堆可防止浇筑混凝土下漏。然而对于新型竖井掘支工艺的混凝土浇筑工序，模板改为悬置于矸石堆上方进行混凝土浇筑。由此，需研制新型模板或吊盘，防止新型竖井掘支工艺中进行混凝土衬砌工序时出现混凝土下漏问题。

参 考 文 献

[1] Zoback M L, Zoback M D, Adams J, et al. Global patterns of tectonic stress [J]. Nature, 1989, 341: 291-298.

[2] Diering D H. Tunnels under pressure in an ultra-deep Witswatersrand gold mine [J]. The Journal of the South Africa Institute of Mining and Metallurgy, 2000: 319-324.

[3] Lombardi G. Dimensioning of tunnel linings [J]. Tunnels and Tunnelling, 1973, 5 (4): 340-351.

[4] Panet M. Contribution to the design of tunnel support behind the face [C]// Proc's 3rd Congo ISRM, 1974, Ⅱ (B): 1163-1168.

[5] Hoek E, Brown E T. Practical estimates of rock mass strength [J]. International Journal of Rock Mechanics and Mining Sciences, 1997, 34 (8): 1165-1186.

[6] Carranza-Torres C. Elasto-plastic solution of tunnel problems using the generalized form of the hoek-brown failure criterion [J]. International Journal of Rock Mechanics & Mining Sciences, 2004, 41 (supp-S1): 629-639.

[7] Terzaghi K. Theoretical Soil Mechanics [M]. New York: John Wiley & Sons, 1943.

[8] Talobre J. La Mécanique des roches, appliqueé aux travaux publics: Appliquée aux travaux publics [M]. French: Dunod, 1957.

[9] 赵兴东. 超深井建设基础理论与发展趋势 [J]. 金属矿山, 2018, 502 (4): 1-10.

[10] Grimstad E. Updating the Q-system for NMT [C]//Proceedings of the International Symposium on Sprayed Concrete-Modern use of wet mix sprayed concrete for underground support, Fagemes, Oslo, Norwegian Con-

crete Association, 1993.

［11］ Bieniawski Z T. Rock Mechanics Design in Mining and Tunnelling ［M］. US: N. P. : 1984.

［12］ Deere D U, Deere D W. The RQD index in practice in the proceeding of symposium on rock classification for engineering purposes ［J］. ASTM Special Publication, 1988, 984: 91-101.

［13］ Unrug K F. Construction of development openings ［C］//SME Mining Engineering Handbook 2, 1992: 1580-1643.

［14］ Holl G W, Fairon E G. A review of some aspects of shaft design ［J］. Journal of the South African Institute of Mining and Metallurgy, 1973, 73 （10）: 309-324.

6 深竖井施工

合理的施工工艺与施工设备选择是深部竖井安全高效掘支施工的重要保障。我国竖井施工工艺与设备发展历经竖井建设初步发展（1949~1973年）、"三部"（煤炭部、冶金部、一机部）竖井施工机械化配套科研攻关（1974~1982年）、竖井短段掘砌混合作业施工配套设备研发（1983~2005年）、千米深井凿井技术开发研究（2006~2015年）等四个发展阶段[1]。在我国竖井建设发展初期，主要参考了20世纪50年代南非开发的以钻爆法为核心的竖井施工工艺[2]，采用手持式气动凿岩机、$1.0 \sim 1.5 m^3$吊桶、$0.11 m^3$抓斗、木制或轻型金属井架等小型设备，施工速度慢、效率低；进入竖井施工机械化配套科研攻关阶段，主要进行建井设备更新、辅助作业系统开发，完成建井设备与施工工艺的进一步融合，统计发现，机械化配套井筒施工较原井筒施工速度提高43.4%；在竖井短段掘砌混合作业施工配套设备研发阶段，完成国家科技攻关项目"立井短段掘砌混合作业法及其配套施工设备的研究"[3]，通过优选建井施工工艺参数与配套施工设备，并进行现场工业实验，成功验证了短段掘砌混合作业法在建井施工中的优越性，同时进行了短段掘砌混合作业法在全国基建单位的推广应用，总结了"立井冻结表土机械化快速施工工法"与"立井机械化快速施工工法"，研发了HZ-6C型中心回转抓岩机、DTQ型系列通用抓斗等大型配套设备；进入千米深井凿井技术开发研究阶段，开展了"十一五"国家科技支撑计划课题"千米级深井基岩快速掘砌关键技术及装备研究"的研究工作，开发了掘进直径$9.0 \sim 15.0 m$、深度$800 \sim 1200 m$、掘进速度$100 m/月$的竖井施工技术与装备。目前，国内竖井建设循环进尺以$3 \sim 3.5 m$、$4 \sim 5 m$为主，采用短段掘砌及与之配套的伞钻、大型抓岩机、整体移动金属模板等成套工艺及技术参数进行掘砌正规循环作业，提高了竖井掘进效率，涌水量小于$10 m^3/h$条件下，月成井可达$80 m$。

6.1 井口施工

一般竖井井口分基岩层和表土层两类，基岩层比较稳定，开挖比较容易。表土层地质条件较复杂，稳定性较差，厚度从几米至几十米，又直接承受井口结构物的荷载，因此表土层施工比较困难。

在井口施工前首先要标定井筒中心，因开挖井筒中心点为虚点，故要在井边四周设立十字线确定中心点。

井口向下开挖2~4m深开始井颈锁口，即加固井壁，防止下塌，并在井口用型钢或木梁搭成井字形，铺上木板，作为提升和运输场所。

井口段开挖常用简易的提升方法，如简易三脚架提升和由两个柱式结构拼装而成龙门架提升，也可使用移动方便的汽车起重机提升。

在表土层掘进，应遵守下列规定：

（1）井内应设梯子，不应用简易提升设施升降人员；

（2）在含水表土层施工时，应及时架设、加固井圈，加固密集背板并采取降低水位措施，防止井壁砂土流失导致空帮；

（3）在流砂、淤泥、砂砾等不稳固的含水层中施工时，应有专门的安全技术措施。

井筒表土普通施工主要可采用井圈背板普通施工法、吊挂井壁施工法和板桩法。

6.1.1 井圈背板普通施工法[4]

井圈背板普通施工法是采用人工或抓岩机（土硬时可放小炮）出土，下掘一小段后（空帮距不超过 1.2m），即用井圈、背板进行临时支护，掘进一长段后（一般不超过 30m），再由下向上拆除井圈、背板，然后砌筑永久井壁。如此，周而复始，直至基岩。这种方法适用于较稳定的土层。

6.1.2 吊挂井壁施工法[5]

吊挂井壁施工法是适用于稳定性较差土层中的一种短段掘砌施工方法。为保持土的稳定性，减少土层的裸露时间，段高一般取 0.5~1.5m。按土层条件，分别采用台阶式或分段分块，并配以超前小井降低水位。吊挂井壁施工中，因段高小，不必进行临时支护。但由于段高小，每段井壁与土层的接触面积小，土对井壁的围抱力小，为了防止井壁在混凝土尚未达到设计强度前失去自承能力，引起井壁拉裂或脱落，必须在井壁内设置钢筋，并与上端井壁吊挂。

这种施工方法可用于渗透系数大于 5m/d，流动性小，水压不大于 0.2MPa 的砂层和透水性强的卵石层，以及岩石风化带。吊挂井壁法使用的设备简单，施工安全。但它的工序转换频繁，井壁接茬多，封水性差。故常在通过整个表土层后，自下而上复砌第二层井壁。为此，需按井筒设计规格，适当扩大掘进断面。

6.1.3 板桩法[6]

对于厚度不大的不稳定表土层，在开挖之前，可先用人工或打桩机在工作面或地面沿井筒荒径一次打入一圈板桩，形成一个四周密封的圆筒，用以支撑井壁，并在它的保护下进行掘进。

板桩材料可采用木材和金属材料两种。木板桩多采用坚韧的松木或柞木制成，彼此采用尖形接榫。金属板桩常用 12 号槽钢相互正反扣合相接，根据板桩入土的难易程度可逐次单块打入，也可多块并成一组，分组打入。木板桩一般比金属板桩取材容易，制作简单，但刚度小，入土困难，板桩间连接紧密性差，故用于厚度为 3~6m 的不稳定土层。而金属板桩可根据打桩设备的能力条件，适用于厚度 8~10m 的不稳定土层，与其他方法相结合，应用深度更大。

井筒表土普通施工法中应特别注意水的处理，如果工作面有积水，可采用降低水位法增加施工土层的稳定性。施工中为了防止片帮应开挖一超前小井降低水位并汇集涌水，然后排到地面。如果井筒工作面涌水较大影响正常施工，可在井筒周围打降低水位钻孔进行抽水，以保证井筒顺利施工。

6.1.4　钻井法

钻井法凿井是利用钻井机（简称钻机）将井筒全断面一次钻成，或将井筒分次扩孔钻成[7]。我国目前采用的多为转盘式钻井机，其类型有 ZZS-1、ND-1、SZ-9/700、AS-9/500、BZ-1 和 L40/800 型等。图 6-1 为我国生产的 AS-9/500 型转盘式钻井机的工作全貌。

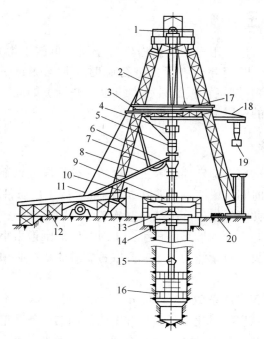

图 6-1　钻井机及其工作全貌

1—天井；2—钻塔；3—吊挂车；4—游车；5—大钩；6—水龙头；7—进风管；
8—排浆管；9—转盘；10—钻台；11—提升钢丝绳；12—排浆槽；13—主动钻杆；
14—封口平车；15—钻杆；16—钻头；17—二层平台；18—钻杆行车；19—钻杆小吊车；20—钻杆仓

钻井法凿井的主要工艺过程中有井筒的钻进、泥浆洗井护壁、下沉预制井壁和壁后注浆固井等。

6.1.4.1　井筒的钻进

井筒钻进是个关键的工序。钻进方式多采用分次扩孔钻进，即首先采用超前钻头一次钻到基岩，基岩部分所占比例不大时，也可用超前钻头一次钻到井底；而后分次扩孔至基岩或井底。超前钻头和扩孔钻头的直径一般是固定的，但有的钻机（如 BZ-1 钻机）可在一定范围内调整钻头的钻进尺寸，这样就可以选择扩孔的直径和次数。选择的原则是，在转盘和提吊系统能力允许的情况下，尽量减少扩孔次数，以缩短辅助时间[8]。

钻井机的动力设备，多数设置在地面。钻进时由钻台上的钻盘带动六方钻杆旋转，进而使钻头旋转，钻头上装有破岩的刀具。为了保证井筒的垂直度，都采用减压钻进，即将钻头本身在泥浆中重量的30%~60%压向工作面，刀具在钻头旋转时破碎岩石。

6.1.4.2 泥浆洗井护壁[9]

钻头破碎下来的岩屑必须及时用循环泥浆从工作面清除，使钻头的刀具始终直接作用在未被破碎的岩石面上，提高钻进效率。泥浆由泥浆池经过泥浆地槽流入井内，进行洗井护壁。压气通过中空钻杆中的压气管进入混合器，压气与泥浆混合后在钻杆内外造成压力差，使清洗过工作面的泥浆带动破碎下来的岩屑被吸入钻杆，经钻杆与压气管之间的环状空间排往地面。关于泥浆量的大小，应保证泥浆在钻杆内的流速大于 0.3m/s，使被破碎下来的岩屑全部排到地面。泥浆沿井筒自上向下流动，洗井后沿钻杆上升到地面，这种洗井方式称为反循环洗井。

泥浆的另外一个重要作用，就是护壁。护壁，一方面是借助泥浆的液柱压力平衡地压；另一方面是在井帮上形成泥皮，堵塞裂隙，防止片帮。为了利用泥浆有效地洗井护壁，要求泥浆有较好的稳定性，不易沉淀；泥浆的失水量要比较小，能够形成薄而坚韧的泥皮；泥浆的黏度在满足排渣要求的条件下，要具有较好的流动性和便于净化。

6.1.4.3 沉井和壁后充填[10]

采用钻井法施工的井筒，其井壁多采用管柱形预制钢筋混凝土井壁。井壁在地面制作，待井筒钻完，提出钻头，用起重大钩将带底的预制井壁悬浮在井内泥浆中，利用其自重和注入井壁内的水重缓慢下沉。同时，在井口不断接长预制管柱井壁。接长井壁时，要注意测量，以保证井筒的垂直度。在预制井壁下沉的同时，要及时排除泥浆，以免泥浆外溢和沉淀。为了防止片帮，泥浆面不得低于锁口以下 1m。

当井壁下沉到距设计深度 1~2m 时，应停止下沉，测量井壁的垂直度并进行调整；然后再下沉到底，并及时进行壁后充填。最后把井壁里的水排净，通过预埋的注浆管进行壁后注浆，以提高壁后充填质量和防止破底时发生涌水冒砂事故。

6.2 竖井施工方法

竖井施工时，通常是将井筒全深划为若干井段，由上向下逐段施工。每个井段高度的大小，取决于井筒所穿过的围岩性质及稳定程度、涌水量大小、施工设备等条件，通常分为 2~4m（短段），30~40m（长段），最高时达一百多米。施工内容包括掘进、砌壁（井筒永久支护）和井筒安装（安装罐道梁、罐道、梯子间、管缆间或安装钢丝绳罐道）等工作。当井筒掘砌到底后，一般先自上向下安装罐道梁，然后自下而上安装罐道，最后安装梯子间及各种管缆。也有一些竖井在施工过程中，掘进、砌壁、井筒安装三项工作分段互相配合，同时进行，井筒到底时，掘、砌、安三项工作也都完成（图6-2）。

竖井通过表土层后，即在基岩中继续开凿井筒至设计深度。在基岩中开挖一般采用钻爆法。钻爆法包括三项主要作业：

(1) 开挖：包括凿岩爆破、通风、临时支护、装岩和提升岩石等作业；

(2) 永久支护：包括架设木材支架或砌筑石材、混凝土支护（又称混凝土井壁）及喷射混凝土井壁等；

(3) 安装：包括安装井筒永久装备，如罐梁、罐道、管缆等格间及梯子等。

为了便于竖井施工和保证作业安全，通常将井筒全深划分成若干井段。根据上述三项

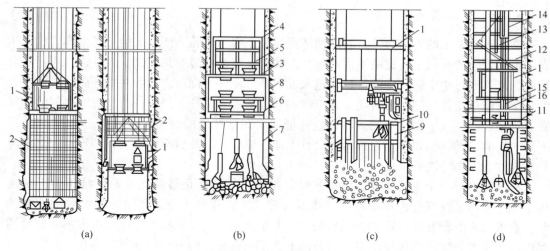

图 6-2　竖井施工方案

（a）单行作业；（b）平行作业；（c）短段掘砌；（d）一次成井

1—双层吊盘；2—临时支护井圈；3—砌井托盘；4—活节溜子；5—门扉式模板；
6—柔性掩护筒吊盘；7—下部掩护筒；8—上部掩护筒；9—移动式模板；10—抓岩机；
11—稳绳盘；12—罐梁；13—罐道；14—永久排水管；15—临时压风管；16—临时排水管

主要作业在井筒施工顺序的不同，可分为下列五种施工方案：单行作业、平行作业、短段掘砌、一次成井及反井刷大。

6.2.1　单行作业[11-13]

将井筒全深划分为 30~40m 高的若干个井段，每一个井段先由上而下挖掘岩石，然后由下而上砌筑永久井壁。当此井段掘砌结束后，再按上述顺序掘砌下一井段，依此循环进行直到井底，最后再进行井筒装备的安装，如图 6-2（a）所示。

永久支护的砌筑，根据施工材料和方法不同，分别采用现浇混凝土、喷射混凝土等方式。

为了维护井帮的稳定，保证施工人员安全，在砌筑永久支护之前可采用井圈背板或厚度为 50~100mm 的喷射混凝土，破碎岩层须适当增加锚杆和金属网。砌壁时先将井圈背板拆除，或者在已喷的混凝土上再加喷混凝土至设计厚度。当围岩坚硬而且稳定时，可不用临时支护，即通常所说的光井壁施工。

单行作业所需用的设备少，工作组织简单，因此较为安全。但掘砌作业是按顺序进行的，将延迟整个井筒的开凿速度。在井筒深度不大（200m 左右）及地层比较稳定、井筒断面较小、砌壁速度很快和凿井设备不足的情况下，采用单行作业是合适的。单行作业在我国用得较多，如徐州权台煤矿主井和金山店铁矿西风井，曾先后创月成井 160.96m 及 93.61m 的高速度。

井段高度可根据围岩稳定程度而定，但对井帮必须经常严格检查，清理井帮浮碴、危石，以确保安全。

6.2.2　平行作业[11-13]

平行作业即挖掘岩石与砌壁在两个相邻的井段中同时进行。在下一井段由上向下挖掘岩石,而在上一井段中,则在吊盘上由下而上砌筑永久井壁。井筒装备的安装工作是在整个井筒掘砌全部完成之后进行,段高一般为 20~50m,砌筑方向是由下向上进行,如图6-2(b)所示。我国目前采用的平行作业多属此种形式。

在一般情况下,平行作业的成井速度较单行作业快,但其使用的掘进设备较多,工作组织复杂,安全性较差。这种方案在井筒较深(大于 250m)、断面较大(直径大于 5m)、围岩较稳固、涌水量较小、掘进设备充足且施工队伍技术熟练的条件下,可以采用。

6.2.2.1 反向平行作业

将井筒同样划分为若干个井段,段高视岩层的稳定程度为 30~40m。在同一时间内,下一井段由上而下进行掘进工作,而在上一井段中由下向上进行砌壁工作。这样,在相邻的不同井段内,掘进和砌壁工作都是同时而反向进行的。当整个井筒掘砌到底后,再进行井筒安装。

红阳煤矿二矿主井净直径 6m,井深 653.4m,永久井壁为混凝土整体浇灌,壁厚400mm,用井圈背板作临时支护(图 6-3),月成井 134.28m,且连续三个月平均月成井 102.69m。

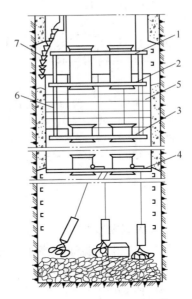

图 6-3 长段掘砌反向平行喷单行作业示意图
1—第一层盘;2—第二层盘;3—第三层盘;4—稳绳盘;
5—普通模板;6—悬吊第三层盘的钢丝绳;7—活节溜子

6.2.2.2 同向平行作业

随着井筒掘进工作面的向下推进,浇灌混凝土井壁的工作也由上向下在多层吊盘上同时进行,每次砌壁的段高与掘进的每循环进度相适应。此时吊盘下层盘与掘进工作面始终保持一定距离,由挂在吊盘下层盘下面的柔性掩护筒或刚性掩护筒作临时支护,它随吊盘的下降而紧随掘进工作面前进,从而节省了临时支护时间。

贵州老鹰山副井采用钢丝绳柔性掩护筒作临时支护，整体门扉式活动模板砌壁，连续两个月达到成井 94.17m 和 105.46m（图 6-4）。

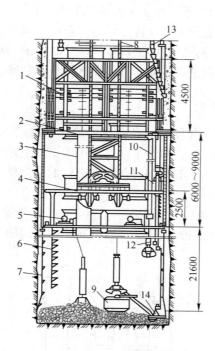

图 6-4 老鹰山竖井短段同向平行作业

1—门扉式模板；2—砌壁托盘；3—风筒；4—挂掩护支架盘；5—风动绞车；
6—安全梯；7—柔性掩护网；8—吊盘悬吊钢丝绳；9—吊桶；10—压风管；
11—吊泵；12—分风器；13—混凝土输送管；14—压气泵

6.2.3 短段掘砌[14,15]

短段掘砌的施工方案特点是：每次掘砌段高仅 2~4m，掘进和砌壁工作按先后顺序完成，且砌壁工作是包括在掘进循环之中。由于掘砌段高小，无需临时支护，从而省去了长段单行作业时临时支护的挂圈、背板和砌壁后清理井底等工作。如果砌壁材料不是混凝土，而是采用喷射混凝土，就成为短段掘喷作业了。采用普通模板时，段高一般不超过 3~5m；用移动式金属模板时，段高和模板的高度一致，搭设临时脚手架即可进行永久支护（图 6-2（c））。

短段掘砌方案一般适用于不允许有较大的暴露面积和较长暴露时间的不稳定岩层中。短段掘砌顺序作业的施工组织简单，井内设备少，适用于断面较小的井筒，而短段掘砌平行作业施工方案适用于井筒断面较大的情况。

掘进时由于采用的炮眼深度不同，井筒每遍炮的进度也不同。根据作业方式及劳动力组织不同而有一掘一砌（喷）、二掘一砌（喷）、三掘一砌（喷）等几种施工方法。

如果掘进与砌壁工作在一定程度上互相混合进行，例如在装岩工作的后期，暂时停止抓岩工作，组立混凝土模板后，再同时进行抓岩及浇灌永久支护，则称为混合作业。

实质上它是在短段掘砌作业基础上发展起来的，也是未来超深竖井施工的发展趋势。

广东凡口铅锌矿新副井采用一掘一喷方法，月成井 120.1m 的高速度；湖南桥头河二井用此法创月进 174.82m 的新纪录。

6.2.4 一次成井[11-15]

一次成井的方案是掘进、砌壁和安装三项作业分别在不同的井段内顺序或平行进行，其施工方案可分为以下三种情况：

（1）掘、砌、安顺序作业一次成井。此方案是在每个段高内利用多层吊盘把掘进、砌壁和安装工作按顺序完成，即在每个井段内先掘进，后砌壁，再安装，然后按此顺序进行下一个井段施工。已安装的最下一层罐梁距掘进工作面的距离一般为 30~60m。此法主要可缩短由井筒转入平巷掘进时井筒的改装时间。

（2）砌、掘、安平行作业一次成井。这种方案是先在下一个井段内掘进，在上一个井段内由下向上砌壁。由于砌筑一个井段比掘进一个井段快，则可利用砌壁完成一个井段后，下一个井段的掘进尚未完成的时间，再在上一个井段内进行井筒的安装工作，如图6-2（d）所示。在永久设备供应及时，并符合平行作业条件时，可以采用此法。

（3）短段三行作业一次成井。此种方案是在短段掘砌平行作业的同时，在双层吊盘的上层盘上进行井筒安装工作。

6.2.5 反井刷大

以上各种施工方案都是由上向下进行开凿的。在地形条件适合能把平硐巷道送到未来井筒的下部时，或在未来井筒下部已开挖了平硐（巷）时，可以从下向上开凿小天井，然后由上向下刷大至设计断面。采用此法凿井，不必用吊桶提升岩碴，岩石仅从天井中溜下，从平硐上装运，不需排水设备，爆破后通风也较容易，因此，所需用的设备少，成井速度快，成本低。易门风山竖井采用此种方法，8 天时间由上向下刷大了 103m 井筒[16]。

如井筒深度较大，在施工过程中有几个中段巷道都可以送到井筒位置，这时可将井筒分成若干段，由各段向上或向下掘进井筒，这就形成了井筒的分段多头掘进法（图6-5）。

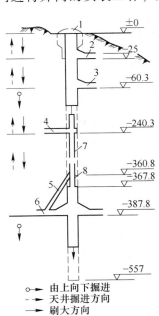

○→ 由上向下掘进
--→ 天井掘进方向
→ 刷大方向

图 6-5　井筒分段多头掘进
1—提升机室；2—-25m 处平硐；
3—-60.3m 处平硐；4—通道总排风井；
5—斜溜井；6—井底车场；
7—天井；8—中间岩柱

6.3 竖井凿岩爆破

凿岩爆破是井筒基岩掘进中的主要工序之一，其工时一般占掘进循环时间的20%~30%，它直接影响到井筒掘进速度和井筒规格质量。良好的凿岩工作是：凿岩速度快，打出的炮孔在孔径、深度、方向和布孔均匀上符合设计要求，孔内岩粉清理干净等；而良好的爆破工作应能保证炮孔利用率高，岩块均匀适度，底部岩面平整，井筒成型规整，不超挖，不欠挖，爆破时不崩坏井内设备，并使工时、劳力、材料消耗最少。

为了满足上述要求，须正确选取凿岩机具和爆破器材，确定合理的爆破参数，采取行之有效的劳动组织和熟练的操作技术等。

6.3.1　凿岩工作

根据井筒工作面大小、炮孔数目、深度等选择凿岩机具，布置供风、供水管路系统，以及采取供水降压措施等。

6.3.1.1　凿岩机具

2m 以下的浅孔，可采用手持凿岩机打孔，如改进的 01-30、YT-24、YT-23、YTP-26 等型号。一般工作面每 2~3m² 配备一台。钎头可用一字形、十字形或柱齿型钎头，钎头直径一般为 38~42mm。如用大直径药卷，则凿出的炮孔直径应比药卷直径大 6~8mm。

手持凿岩机打孔劳动强度大，凿速慢，不能打深孔，多用在井筒深度浅，断面小的竖井中打浅孔。

6.3.1.2　钻架

为改变人工抱机打孔方式，实现打深孔、大孔，加快凿岩速度，提高竖井施工机械化水平，国内已在推广使用环形和伞形两种钻架，配合高效率的中型或重型凿岩机，可以钻凿 4~5m 以下的深孔。

A　环形钻架

FJH 型环形钻架（图 6-6）由环形滑道、外伸滑道、撑紧装置（千斤顶及撑紧气缸）和悬吊装置、分风分水环管等主要部件组成。外伸滑道具有与环形滑道相同的弧度，可绕各自的支点伸出或收拢于环形滑道之下。滑道由工字钢或两个槽钢对扣焊在一起而成。凿岩机通过气腿子吊挂在能沿环形滑道翼缘滚动移位的双轮小车上。每一环形钻架，根据其外径大小，可挂装 12~24 台凿岩机打孔。

环形钻架外径比井筒净径小 300~400mm，用三台 2t 气动绞车通过悬吊装置悬吊在吊盘上。打孔时环架下放到距工作面约 3m 处，放炮前提到吊盘上。打孔时为了固定环架，用套筒千斤顶及撑紧气缸固定于井帮上。环形滑道上方装有环形风管与水管，以便向凿岩机供风供水。

环形钻架结构简单，制作容易，维修方便，造价低廉。不足之处是它仍用气腿推进的轻型凿岩机，其钻速和孔深都受到一定限制。此种钻架的技术性能见表 6-1。

B　伞形钻架

伞形钻架是一种风、液联动并配备有重型高频凿岩机的设备，它由下列主要部件组成（图 6-7）。

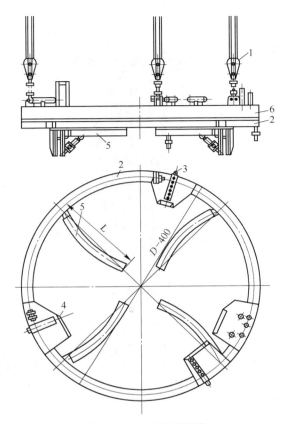

图 6-6 FJH 型环形钻架

1—悬吊装置；2—环形滑道；3—套筒千斤顶；4—撑紧气缸；5—外伸滑道；6—分风分水环管

表 6-1 FJH 型环形钻架技术性能

项 目	钻 架 型 号				
	FJH5	FJH5.5	FJH6	FJH6.5	FJH7
适用井筒净直径/m	5.0	5.5	6	6.5	7
环形跑道外径/mm	4600	5100	5600	6100	6600
外伸跑道数目/个	4	4	5	6	6
外伸跑道长度/mm	1350	1600	1850	2100	2350
使用凿岩机台数	12	12~16	16~20	20~24	20~24
重量（不包括凿岩机和风腿）/kg	2740	3000	3470	3980	4170
跑道宽度/mm			180		
推荐用凿岩机型号			YTP-26		
推荐用风腿型号			FT-170		
打孔深度/mm			3~4		
悬吊钢丝绳直径/mm			15.5		

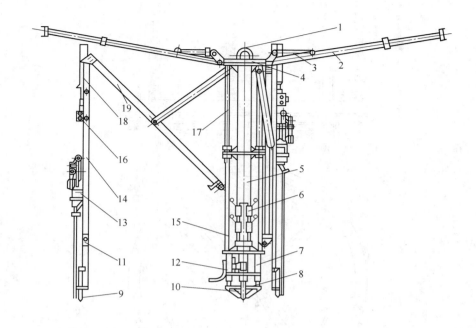

图 6-7   FJD 型伞形钻架

1—吊环；2—支撑臂油缸；3—升降油缸；4—顶盘；5—立柱钢管；6—液压阀；
7—调高器；8—调高器油缸；9—活顶尖；10—底座；11—操纵阀组；12—风马达和丝杠；
12—YGZ-70 型凿岩机；14—滑轨；15—滑道；16—推进风马达；17—动臂油缸；18—升降油缸；19—动臂

中央立柱由钢管制成，是伞钻驱干，3 个支撑臂、6 个或 9 个动臂和液压系统都安装在立柱上面。立柱钢管兼作液压系统的油箱，其上有顶盘及吊环，其下有底座，分别是伞钻提运和停放支撑的部件。

支撑臂有 3 个，当伞钻工作时，用它支撑固紧在井帮上。

动臂，有 6 个或 9 个，均匀地布置在中央立柱周围。每个动臂上都安装一台 YGZ-70 型高频凿岩机。动臂借助曲柄连杆机构可在井筒中作径向运动，从而使凿岩机能钻任何部位的炮孔。

推进器位于动臂之上，由滑轨、风马达、丝杠、升降气缸、活顶尖、托钎器等部件组成，可完成凿岩机工作时的推进、后退、换钎、给水、排粉等全部凿岩工作，还有集中控制的操纵阀组及液压与风动系统。

伞形钻架工作时，应始终吊挂在提升钩头上或吊盘的气动绞车上，以防止支撑臂偶然失灵时钻架倾倒。打孔结束后，先后收拢动臂、支撑臂和调高器油缸，关闭总风水阀，拆下风水管，用绳子将伞钻捆好，用提升钩头提至地面翻钎台下方；再改挂到翻钎台下方沿工字钢轨道上运行的小滑车上；然后由提升位置移至井口一边，以备检修后再用。

用伞形钻架打孔机械化程度高，钻速快，在坚硬岩层中打深孔尤为适宜。其不足之处是使用中提升、下放、撑开、收拢等工序占用工时，井架翻钎台的高度须满足伞钻提放的要求，井口还须另设伞钻改挂移位装置等。伞形钻架技术性能见表 6-2。

表 6-2 FJD 型伞形钻架技术性能

项　目	单　位	FJD-6	FJD-9
支撑臂个数	个	3	3
支撑范围	m	5.0~6.8	5.0~9.6
动壁个数	个	6	9
动力形式		风动—液压	风动—液压
油泵风马达功率	kW	6	6
油泵工作压力	MPa	5	5.5
推进形式		风马达—丝杠	风马达—丝杠
配用凿岩机型号及台数		YGZ-70 型 6 台	YGZ-70 型 6 台
使用风压	MPa	0.5~0.6	0.5~0.7
使用水压	MPa	0.45~0.5	0.3~0.4
最大耗风量	m³/min	50	90
适用井筒直径	m	5~6	5~8
收拢后外形尺寸	m	4.5（高），1.5（直径）	5.0（高），1.6（直径）
总　重	kg	5000	8000

6.3.1.3 供风、供水

供应足够的风量与风压，适当的水量与水压，是保证快速凿岩的重要条件。通常风水管由地面稳车悬吊送至吊盘上，再由吊盘上的三通及高压软管分送至工作面的分风、分水器，向手持凿岩机供风、供水。分风、分水器的形式很多，图 6-8 是金山店铁矿主井用的分风、分水器。它具有体积小，风水接头布置合理，风水绳不易互相缠绕，在地面用绞车悬吊，有升降迅速，方便、省力等优点。

至于伞钻与环钻的供风、供水，只需将风水干管与钻架上的风水干管接通后，即可供各凿岩机使用。

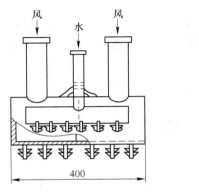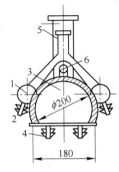

图 6-8 分风、分水器
1—分水器；2—供水接头；3—分风器；4—供风接头；5—供风、供水钢管及法兰；6—吊环

6.3.2　爆破工作

爆破工作主要包括正确选择爆破器材、确定合理的爆破参数、编制爆破图表、设计合理的电爆网路等。

6.3.2.1　爆破器材的选择

A　炸药与炸药选择[17]

a　炸药

（1）硝化甘油炸药爆轰稳定性高、防水性能好，密度大和可塑性等优点，但它的机械感度高，不安全，因而使用不广泛。

（2）乳化炸药是 20 世纪 70 年代发展起来的产品。实践表明，乳化炸药比现用的浆状炸药以及水胶炸药都具有更大的优越性。

b　炸药的选择

根据岩石的坚固性、防水性、孔深等条件，应达到较高的爆破效率和较好的经济效益为原则。根据我国近年来竖井爆破作业的经验，可参考以下几点：

（1）在中硬以下的岩石，涌水量不大和孔深小于 2m 的情况下，可选用 2 号岩石乳化炸药；

（2）在 2.5~5.0m 的中深孔爆破作业中，不论岩石条件和涌水量大小，均应选用高威力炸药（包括胶质炸药）；

（3）乳化炸药是竖井爆破作业的理想炸药。但炸药的威力尚不能适应中硬以上岩石中的深孔爆破作业的需要，应进一步研究解决。

标准型药卷直径有：32mm、35mm 及 45mm。光爆用炸药可将 2 号岩石乳化炸药根据炮孔密集系数大小而改装成直径为 22mm、25 mm、28mm 的药卷，或者采用 ϕ32mm 的药卷和导爆索，用竹片绑扎在一起，使各药卷之间留有较大的距离，以实现空气间隔装药。但此种办法只适用于 2m 以下的浅孔，深孔则不便。我国已研制成功专用光爆炸药。

B　起爆器材与选择

适用于金属矿山竖井爆破作业的起爆材料主要有以下几种：秒延期电雷管、毫秒延期电雷管、毫秒（或半秒）非电塑料导爆系统、抗杂散电流电雷管（简称抗杂电雷管）及导爆索等。

在竖井掘进中，选择毫秒非电塑料雷管起爆，其优点有：

（1）爆破效率高；

（2）破碎后的岩块小而均匀，从而能提高装岩效率；

（3）拒爆事故大大减少；

（4）有利于推广光面爆破技术。

非电半秒导爆管是竖井中深孔爆破的理想起爆器材，它除有抗水性能好、成本低、操作简单安全等优点外，还可以用较少的电雷管进行起爆，从而使爆破网路有足够的起爆电流，保证起爆的可靠性。

6.3.2.2　爆破参数及炮孔布置[18]

正确选择凿岩爆破参数，对提高爆破效率，减少超挖，保证井筒掘进质量和工作安全，提高掘进速度，降低成本等有着重要意义。部分快速掘进井筒的凿岩爆破参数见表6-3。

表6-3　部分快速掘进井筒的凿岩爆破参数

项　目	单位	万年矿主风井	金山店铁矿西风井	凡口矿新副井	红阳二矿主井	凤凰山新副井	铜山新大井
掘进断面	m³	26.4	24.6	27.33	36.3	26.4	29.22
岩石坚固性系数 f		4~6	10~14	8~10	4~8	6~10	4~6
炮孔数目	个	56	64	80	60	104	62
单位炮孔数目	个/m²	2.12	2.6	2.93	1.65	3.93	2.12
掏槽方式		垂直漏斗	锥形	锥形、角柱	垂直	复式锥形	垂直
炮孔深度	m	4.2~4.4	1.5	2.7	1.5	3.76	3~4.0
爆破进尺	m	3.86	1.11	2.18	1.3	2.9	3.14
炮孔利用率	%	0.89	0.85	0.81	0.87	0.77	0.94
联线方式		并联	并联	并联	并联	并联	并联
炸药种类		硝黑	硝铵	甘油、硝铵	40%的甘油	铵黑梯	铵梯
药包直径	mm	45	32	32	35	32	32
雷管种类		毫秒	秒差	毫秒	毫秒	毫秒、秒差	毫秒
单位炸药消耗量	kg/m³	2.28	1.75	1.96		3.14	1.67
凿岩设备		伞钻	01-30	环钻 YT-30	01-30	环钻 YT-30	环钻 YT-30
最高月成井速度	m/月	82.9	93.6	120.1	134.3	115.25	113
创纪录时间		1978年2月	1972年11月	1976年11月	1970年7月	1977年7月	1975年10月

A　炸药消耗量

单位炸药消耗量是衡量爆破效果的重要参数。装药量过少，岩石块度大，爆破效率低，井筒成型差；装药量过大，既浪费炸药，又破坏了围岩的稳定性，造成井筒大量超挖，还可能飞石过高，打坏井内设备。

炸药消耗量的确定：一是可参考某些经验公式进行计算，但这些公式常因工程条件变化，其计算结果与实际消耗量往往有出入；二是可按炸药消耗量定额（表6-4）或实际统计数据确定。

表6-4　竖井掘进（原岩）炸药消耗定额　　（kg/m³）

岩石硬度系数 f	井筒直径/m								
	4.0	4.5	5.0	5.5	6.0	6.5	7.0	7.5	8.0
<3	0.75	0.71	0.68	0.64	0.62	0.61	0.60	0.58	0.57
4~6	1.25	1.71	1.11	1.07	1.05	0.99	0.95	0.92	0.91

岩石硬度系数 f	井筒直径/m								
	4.0	4.5	5.0	5.5	6.0	6.5	7.0	7.5	8.0
6~8	1.63	1.53	1.46	1.41	1.39	1.32	1.28	1.24	1.23
8~10	2.01	1.89	1.8	1.74	1.72	1.65	1.61	1.56	1.55
10~12	2.31	2.2	2.13	2.04	2.0	1.92	1.88	1.81	1.78
12~14	2.6	2.5	2.46	2.34	2.27	2.18	2.14	2.05	2.0
15~20	2.8	2.76	2.78	2.67	2.61	2.53	2.5	2.38	2.3

注：1. 表中数据指 62% 硝化甘油炸药消耗量。

2. 涌水量调整系数：涌水量 $Q<5m^3/h$ 时为 1；$<10m^3/h$ 时为 1.05；$<20m^3/h$ 时为 1.12；$<30m^3/h$ 时为 1.15；$<50m^3/h$ 时为 1.18；$<70m^3/h$ 时为 1.21。

光面爆破炮孔装药量一般以单位长度装药量计。

B　炮孔直径

药卷直径和其相应的炮孔直径，是凿岩爆破中另一个重要参数。最佳的药卷直径应以获得较优的爆破效果，同时又不增加总的凿岩时间作为衡量标准。许多实例说明，使用直径为 45mm 的药卷比使用直径为 32mm 的药卷，其孔数可减少 30%~50%，炸药消耗量可减少 20%~25%，且岩石的破碎块度小，装岩生产率得以提高。但炮孔直径加大后，尤其是采用较深的炮孔后，凿岩效率会降低。因此，在当前技术装备条件下，综合竖井掘进的特点，掏槽孔与辅助孔的药卷直径宜采用 40~45mm，相应的炮孔直径相应增加到 48~52mm，而周边孔仍可采用标准直径药卷，这样既可减少炮孔数目和提高爆破效率，也便于采用光面爆破，保证井筒的规格。

C　炮孔深度

炮孔深度不仅是影响凿岩爆破效果的基本参数，也是研制钻具和爆破器材，决定循环工作组织和凿井速度的重要参数。最佳的炮孔深度应使每米井筒的耗时、耗工量减少，并能提高设备作业效率，从而取得较高的凿井速度。根据近年来的凿井实践，确定合理的炮孔深度要考虑下面一些主要问题：

（1）采用凿岩钻架凿岩，每循环辅助作业时间比手持式凿岩增加一倍。为了使钻架凿岩掘凿一米井筒所耗的辅助工时低于手持式凿岩，必须将炮孔深度也提高一倍，即，提高到 2.5~4.0m 以上。

（2）为了发挥大抓岩机的生产能力，一次爆破的岩石量应为抓岩机小时生产能力的 3~5 倍，否则，清底时间所占比重太大。在爆破效果良好的前提下，炮孔深度越深，总的抓岩时间越少。

（3）每昼夜完成的循环数应为整数，否则，要增加辅助作业时间并不便于组织安排，在现有的技术水平条件下炮孔深度不宜太深。

（4）从我国现有的爆破器材的性能来看，要取得良好的爆破效果，炮孔深度也不能过深；从当前的凿岩机具性能来看，钻凿 5m 以上的深孔时，钻速降低甚多，必须进一步改进现有的凿岩机具，否则，凿岩时间便要拖长。

综合上述分析与现场实际经验，目前在竖井掘进中，用手持式凿岩和 NZQ$_2$-0.11 型小抓岩机时，炮孔深度为 1.5~2.0m；采用钻架和大抓岩机配套时，炮孔深度以 2.5~4.5m 为宜。

D　炮孔数目

炮孔数目取决于岩石性质，炸药性能、井筒断面大小以及药卷直径等。炮孔数目可用计算方法初算，或用经验类比的方法初步确定炮孔数目，作为布置炮孔的依据；然后再按炮孔排列布置情况，适当加以调整；最后确定。

E　炮孔布置

在圆形竖井中，炮孔通常采用同心圆布置。布置的方法是：首先确定掏槽孔形式及其数目；其次布置周边孔；再次确定辅助孔的圈数、圈径及孔距。

a　掏槽孔布置

掏槽孔的布置是决定爆破效果、控制飞石的关键，一般布置在最易爆破和最易钻凿炮孔的井筒中心。掏槽形式根据岩石性质、井筒断面大小、炮孔深度不同而分为两种：斜孔掏槽和直孔掏槽。竖井掏槽方式如图 6-9 所示。

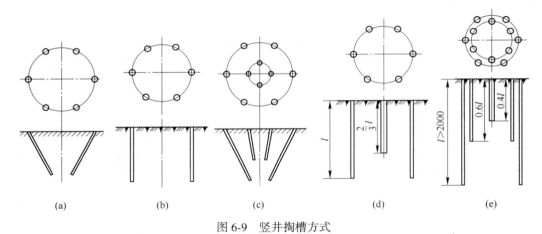

图 6-9　竖井掏槽方式
（a）斜孔掏槽；（b）直孔掏槽；（c）复锥掏槽；（d）带中心空孔的直孔掏槽；（e）二阶直孔掏槽

斜孔掏槽：孔数 4~6 个，呈圆锥形布置，倾角一般为 70°~80°。掏槽孔比其他孔深200~300mm，各孔底间距不得小于 200mm。采用这种掏槽形式，打斜孔不易掌握角度，且受井筒断面的限制，但可使岩石破碎和抛掷较易。为防止爆破时岩石飞扬打坏井内设施。常加打一个井筒中心空孔，孔深为掏槽孔的 1/3~1/2，借以增加岩石碎胀的补偿空间。此种掏槽形式多适用于岩石坚硬的浅孔爆破的井筒中（图 6-9（a））。

如果岩石韧性很大，炮孔较深，单锥掏槽效果不好，则可用复锥掏槽（图 6-9（c）），后分次爆破。

直孔掏槽：圈径 1.2~1.8m，孔数 6~8 个。由于打直孔，方向易掌握，也便于机械化施工。但直孔，特别是较深炮孔时，往往受岩石的夹制作用而使爆破效果不佳。为此，可采用多阶（2~3 阶）复式掏槽（图 6-9（e））。后一阶的槽孔，依次比前一阶的槽孔要深。各掏槽孔圈间距也较小。一般为 250~360mm，分次顺序起爆。但后爆孔装药顶端不宜高出先爆孔底位置。孔内未装药部分，宜用炮泥填塞密实。为改善掏槽效果，要求提高炮泥的堵塞质量以增加封口阻力，而且必须使用高威力炸药。

　　b　周边孔布置

一般距井壁 100~200mm，孔距 500~700mm，最小抵抗线为 700mm 左右。如采用光面爆破，须考虑炮孔密集系数 $a = \dfrac{E}{W} = 0.8 \sim 1.0$。式中，$E$ 为周边孔间距；W 为光爆层的最小抵抗线。

竖井光爆的标准，要视具体情况而定，如井筒采用浇灌混凝土支护，且用短段掘砌的作业方式，支护可紧跟掘进工作面，则竖井光面爆破的标准可以降低。在此种情况下，过于追求井帮上孔痕的多少，势必增加炮孔的数目，使装药结构复杂化，从而降低技术经济效果。只有在采用喷锚支护，或光井壁单行作业的情况下才应提高光面爆破的标准。

　　c　辅助孔布置

辅助孔圈数视岩石性质和掏槽孔至周边孔间距而定，一般控制各圈圈距为 600~1000mm，硬岩取小值，软岩取大值，孔距约为 800~1000mm。

各炮孔圈直径与井筒直径之比见表 6-5。各圈炮孔数与掏槽孔数之比见表 6-6。

表 6-5　孔圈直径与井筒直径比值

井筒掘进直径/m	圈　数	第一圈	第二圈	第三圈	第四圈	第五圈
4.5~5.0	3	0.33~0.36	0.65~0.72	0.92~0.95		
5.5~7.0	4	0.23~0.28	0.5~0.55	0.65~0.72	0.94~0.96	
7.0~8.5	5	0.2~0.25	0.4~0.45	0.6~0.65	0.65~0.72	0.96~0.98

表 6-6　各圈炮孔数与掏槽孔数之比

井筒掘进直径/m	圈　数	第一圈	第二圈	第三圈	第四圈
0.5~5.0	3	1	2		
5.5~7.0	1	1	1.5~2.0	2.5~3.0	
7.0~8.5	5	1	1.5~2.0	2.5~3.0	3.5~4.0

6.3.2.3　爆破图表编制[19]

爆破图表是竖井基岩掘进时指导和检查凿岩爆破工作的技术文件，它包括炮孔深度、炮孔数目、掏槽形式、炮孔布置、每孔装药量、电爆网路连线方式、起爆顺序等，然后归纳成爆破原始条件表、炮孔布置图及其说明表、预期爆破效果三部分。岩石性质及井筒断面尺寸不同，就有不同的爆破图表。

编制爆破图表前，应取得下列原始资料：井筒所穿过岩层的地质柱状图、井筒掘进规格尺寸、炸药种类、药卷直径、雷管种类。所编制的爆破图表实例见表 6-7~表 6-9 和图 6-10。

表6-7 爆破原始条件

序号	项 目	参 数	序号	项 目	参 数
1	井筒掘进直径	5.8m	5	炸药种类	威力硝铵炸药
2	井筒掘进断面积	27.34m²	6	药包规格	32mm×200mm×150g
3	岩石种类	石英岩	7	雷管种类	毫秒电雷管
4	岩石坚固性系数	8~10	8	炸药种类	

表6-8 爆破参数表

炮孔序号	圈径/m	圈距/m	孔数/个	孔距/m	炮孔角度/(°)	孔深/m	孔径/mm	装药量/kg 每孔	装药量/kg 每圈	充填长度/m	起爆顺序	连线方式
1~4	0.75	0.375	4	0.6	90	3	42	1.8	7.2	0.6	Ⅰ	
5~12	1.8	0.53	8	0.7	85	2.8	42	1.8	14.4	0.6	Ⅱ	
13~26	3	0.6	14	0.67	90	2.8	42	1.5	21	0.8	Ⅲ	分两组并联
27~46	4.4	0.7	20	0.68	90	2.8	42	1.5	30	0.8	Ⅳ	
47~76	5.7	0.65	30	0.6	92	2.8	42	1.35	40.5	1	Ⅴ	
合计			76						113.1			

表6-9 预期爆破效果

序号	指标名称	单 位	数 量
1	炮孔利用率	%	85
2	每一循环进尺	m	2.38
3	每一循环实体岩石量	m³	62.83
4	每m³实体岩石炸药消耗量	kg/m³	1.8
5	每m进尺炸药消耗量	kg/m	47.52
6	每m³实体岩石雷管消耗量	个/m³	1.21
7	每m进尺雷管消耗量	个/m	31.93

6.3.2.4 装药、连线、放炮

炮孔装药前，应用压风将孔内岩粉吹净。药卷可逐个装入，或者事先在地面将几个药卷装入长塑料套中或防水蜡纸筒中，一次装入孔内。这样可加快装药速度，也可避免药卷间因掉入岩石碎块而拒爆。装药结束后炮孔上部须用黄泥或沙子充填密实。

为了防止工作面爆破网路被水淹没，可将连接雷管脚线的放炮母线（16~18号铁丝），架在插入炮孔中的木橛上，放炮母线可与吊盘以下放炮干线（断面4~6mm²）相连。吊盘以上则为爆破电缆（断面10~16mm²）。在地面由专用的放炮开关与220V或380V交流电源接通放炮。

竖井爆破通常采用并联、串并联网路（图6-11）。无论采用哪种连线，均应使每个雷管至少获得准爆电流。采用串并联时，还应使分组串联的雷管数要大致相等。

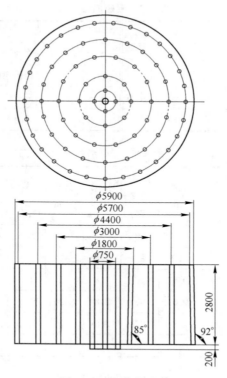

图 6-10 炮孔布置图

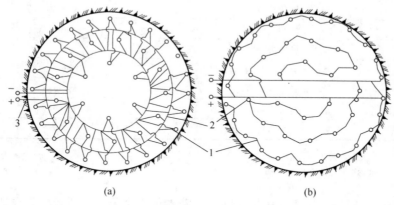

| (a) | (b) |

图 6-11 竖井爆破网路

（a）并联；（b）串并联

1—雷管脚线；2—爆破母线；3—爆破干线

6.3.2.5 爆破安全问题

竖井施工中进行爆破作业应严格遵守《爆破安全规程》的有关规定，同时必须注意以下几点：

（1）加工起爆药卷，必须在离井筒 50m 以外的室内进行，且只许由放炮工送到井下；

禁止同时携带其他炸药，也不得有其他人员同行。

（2）装药前所有井内设备均须提至安全高度，非装药连线人员一律撤出井外。

（3）装药、连线完毕后，由爆破工进行严格检查。检查合格后爆破工将放炮母线与干线相连，此时井内人员应全部撤出。

（4）井口爆破开关应专门设箱上锁，专人看管。连线前，必须打开爆破开关，并切断通往井内的一切电源。信号箱、照明线等均须提到安全高度。

（5）放炮前，要将井盖门打开，确认井筒全部人员撤出后，才由专责放炮工合闸放炮。

（6）放炮后，立即拉开放炮开关，开动通风机，待工作面炮烟吹净后，方可允许班组长及少数有经验人员进入井内做安全情况检查，清扫吊盘上及井帮浮石；待工作面已呈现安全状态后，才允许其他人员下井工作。

6.4 装岩、翻矸、排矸

6.4.1 装岩工作

爆破后，经过通风与安全检查后即可装岩。竖井装岩工作是井筒掘进中最繁重、最费力的工序，约占掘进循环时间的50%～60%，是决定竖井施工速度的主要因素。

以前国内一直采用 NZQ$_2$-0.11 型抓岩机，其生产率低，劳动强度大。近年来，已成功地研制出几种不同形式的、机械化操作的大抓岩机，并与其他凿井设备配套，形成了具有我国特色的竖井机械化作业线。

6.4.1.1 NZQ$_2$-0.11 型抓岩机[20]

NZQ$_2$-0.11 型抓岩机是我国应用最广的一种小型抓岩机，抓斗容积为 0.11m^3，以压风为动力，人工操作。它由抓斗、气缸升降器和操纵架三大部件组成（图6-12）。平时用钢丝绳悬吊在吊盘上的气动绞车上，装岩时下放到工作面；装岩结束后，用气动绞车提升到吊盘下方距工作面 15～20m 的安全高度，以免炮崩。

抓斗：它由机体外壳、气缸和抓片组成。气缸的双层活塞杆 4 一端与机体外壳 1 固定在一起，分别向气缸活塞 3 的两端供气，使缸体 2 相对机壳做升降运动，经绞链 5 带动抓片 6 绕小轴 7 转动张合。

气缸升降器：抓片抓满岩石后，升降器将抓斗提至吊桶高度，向桶内卸矸。气缸活

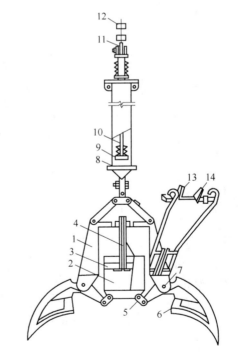

图 6-12 NZQ$_2$-0.11 型抓岩机

1—机体；2—抓斗气缸；3—活塞；4—双层活塞杆；
5—铰链；6—抓片；7—小轴；8—起重器气缸；
9—活塞；10—活塞杆；11—护绳环；
12—悬吊钢丝绳；13，14—配气阀

塞杆 10 的上端经护绳环 11 与悬吊钢丝绳连接。

操纵架：它用钢管弯成，兼作抓岩机气路的一部分。手把上设左、右配气阀 13、14。司机旋动气阀，摆动机体，控制气路，使升降器起落，抓片张合。一台 NZQ$_2$-0.11 型抓岩机抓取面积为 9~20m^2，需配备 2~3 名工人。为了缩短装岩时间，普遍采用多台抓岩机分区同时抓岩。为此，抓岩机在井筒中应合理布置。

该机生产率低，一般为 8~12m^3/h（松散体积），劳动强度大，机械化程度低。但结构简单，使用方便，投资少，适用于小井、浅井或浅孔掘进中。在大型井中，可同时配备 3~4 台。

6.4.1.2　HK 型液压靠壁式抓岩机[20,21]

我国自 20 世纪 60 年代初期开始研制大型抓岩机。现有国产大型抓岩机按斗容有 0.4m^3 和 0.6m^3 两种；按驱动动力分有气动、电动、液压（包括气动液压和电动液压）三种；按机器结构特点和安装方式有靠壁式、环形轨道式和中心回转式三种。

各种抓岩机的技术性能见表 6-10。

表 6-10　抓岩机的主要技术性能

技术性能	机械化操作						人力操作
	靠壁式		中心回转式		环行轨道式		
	HK-4	HK-6	NZH-5	HZ-6	HH-6	2HH-6	NZQ$_2$-0.11
驱动方式	风动-液压 电动-液压	风动-液压 电动-液压	风动	风动	风动	风动	风动
技术生产率/m^3·h^{-1}	30	50	50	50	50	80~100	12
抓斗容积/m^3	0.4	0.6	0.5	0.6	0.6	2×0.6	0.11
抓斗闭合直径/mm	1296	1600	1600	1600	1600	1600	1000
抓斗张开直径/mm	1965	2130	2130	2130	2130	2130	1305
提升能力/kg	2900	4000	4300	3500	3500	3500	1000
提升高度/m	6.2	6.8	60	50	50		40
提升速度/m·s^{-1}	0.3	0.35	0.36	0.3~0.4	0.3~0.4	0.35	0.6
回转角度/(°)	120	120	360	360	360		
径向位移/m	4	4.3		2.45			
工作风压/MPa	0.5~0.7	0.5~0.7	5~7	5~7	0.5~0.7	0.5~0.7	0.5~0.7
压气消耗量/m^3·min^{-1}	20	30	10	17	15	30	4~5
功率总容量/kW	18~22	25~30	37	25~30	25~30		3.7
外形尺寸（长×宽×高）/mm	1190×930 ×5840	1300×1100 ×6325		900×800 ×7100			
机器重量/kg	5450	7340	7400	8077	7710~8580	13126~ 13636	6680（最高） 4180（最低）
适用井筒直径/m	4~5.5	5~6.5	>5	4~6	5~8	6.5~8	5~6
配套吊桶容积/m^3	2	3		2~3		2~3	<2

下面介绍一种使用较多的靠壁式抓岩机。

靠壁式抓岩机有 HK-4 型和 HK-6 型两种。分别用 10t 和 16t 稳车，由地面单独悬吊。抓岩时，将抓岩机下放到距工作面约 6m 高度处，用锚杆紧固在井壁上，然后将抓斗下放到工作面进行抓岩。抓岩结束后，松开固定装置，将机器提到吊盘下面适当的安全高度，然后进行凿岩爆破或支护工作。

HK 型抓岩机由风动抓斗、提升机构、回转变幅机构、液压系统、风压系统、机架、固定装置及悬吊装置等部件组成（图 6-13）。

提升机构：由提升机架、升降油缸、滑轮组和储绳筒组成。提升机架由两根 20 号槽钢焊成一个框架。升降油缸铰装在提升机架内。提升绳一端固定在提升机架下端的储绳筒上，然后绕过动滑轮和定滑轮，另一端与抓斗连接。油缸活塞运动带动滑轮组运动实现抓斗的提升。抓斗的下落靠本身自重实现。

回转变幅机构：包括回转和变幅两套机构，它的作用是使抓斗在井筒中做圆周运动和径向位移运动，主要由回转立柱，变幅油缸，回转油缸及其导向装置、齿轮、齿条、支座等组成。变幅油缸安装在由两条 18 号槽钢组成的立柱中。当高压油推动回转油缸移动时，镶在缸体上的齿条也随之移动，齿条再推动连于立柱上的齿轮，带动立柱及提升斜架回转，实现抓斗的圆周运动。提升斜架上端的连接座与变幅油缸活塞杆铰接，斜架中间有拉杆相连。

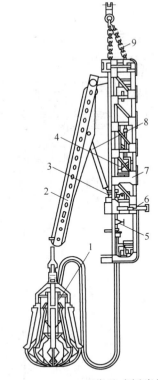

图 6-13 HK-6 型靠壁式抓岩机
1—抓斗；2—提升机构；
3—回转变幅机构；4—液压系统；
5—气动系统；6—支撑装置；
7—机架；8—支杆；9—悬吊装置

当变幅油缸活塞杆伸缩时，提升斜架收拢和张开，实现抓斗的径向运动，从而使抓斗能抓取井筒内任意位置上的矸石。

操作机构：设于机器下方司机室内，分风动系统和油压系统，配有各种风、油控制阀以及操纵机构。

此种抓岩机具有生产效率高，操作方便，结构紧凑，体积小，机器悬挂不与吊盘发生关系，故不受吊盘升降影响等优点。但为了往井壁固定机器，须事先打好锚杆孔，安装锚杆，还要求井壁围岩坚固，以保证锚杆固定机器牢固可靠。

6.4.1.3 中心回转式抓岩机

NZH-5 型中心回转式抓岩机的结构如图 6-14 所示[22]。其工作情况如图 6-15 所示。抓岩机以吊盘下层盘为工作盘，在工作盘中心装有一根可回转的中心轴 6，工作盘下侧周边装有环形轨道 8，横梁 12 的一端套在中心轴上，另一端通过环形小车 9 支于环形轨道上。小车 9 由一台风马达驱动，沿环形轨道行驶，带动横梁 12 绕中心轴 6 回转。横梁上装有径向行走小车 5，行走风动绞车 13 的钢绳绕过横梁两端的滑轮，可牵引小车 5 沿横梁左右移动。小车 5 的下面装有提升绞车固定架 4，固定架上装有两台风马达驱动的提升

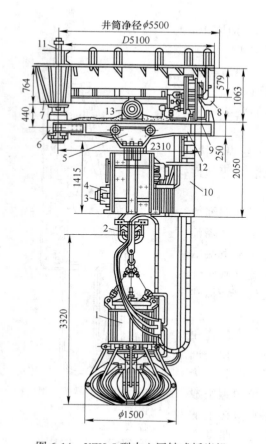

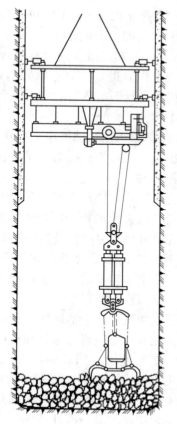

图 6-14　NZH-5 型中心回转式抓岩机

1—抓斗；2—绳轮；3—提升绞车；4—提升绞车固定架；
5—径向行走小车；6，7—中心轴；8—环形轨道；
9—环形小车；10—操纵室；11—供风管；12—横梁；
13—径向行走风动绞车

图 6-15　NZH-5 型抓岩机工作示意图

绞车 3，两台绞车的钢丝绳绕过绳轮 2 闭合，绞车用缠绕和放出钢丝绳使抓斗 1 升降。利用小车 9 的环形运动和小车 5 的往复运动，可将抓斗送到不同的抓岩地点。

中心回转抓岩机结构简单，操纵灵活，动力消耗少，生产能力大，适合大断面井筒掘进。但必须依附于吊盘，机动性小，操纵室距井底视野较差，而且吊泵外其余悬吊设备难以通过吊盘的下层盘面。其技术性能见表 6-10。

为了发挥大型抓岩机的生产能力，除抓岩机本身结构不断改进和完善外，还必须改进掘进中其他工艺使其相适应。例如加大炮孔深度，改善爆破效果，适当加大提升能力和吊桶容积，提高清底效率，及时处理井筒淋水，实现打干井，从而使抓岩机生产率提高。

6.4.2　翻矸方式[23]

岩石经吊桶提到翻矸台上后，须翻卸在溜矸槽内或卸在井口矸石仓内，以便用自卸汽车或矿车运走。自动翻矸有翻笼式、链球式和座钩式等几种翻矸方式，其中以座钩式使用效果最好。

座钩式自动翻矸装置（图6-16），是由底部带中心圆孔的吊桶1、座钩2、托梁4及支架6等组成。翻矸装置通过支架固定在翻矸门7上。

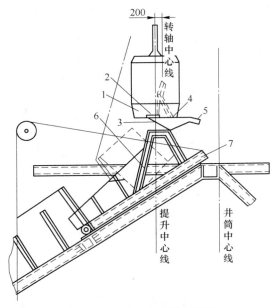

图 6-16 座钩式自动翻矸装置
1—吊桶；2—座钩；3—轴承；4—托梁；5—平衡尾架；6—支架；7—翻矸门

装满岩石的吊桶提到翻矸台上方后，关上翻矸门，吊桶下落，使钩尖进入桶底中心孔内。钩尖处于提升中心线上，而托梁的转轴中心偏离提升中心线200mm。吊桶借偏心作用开始向前倾倒，直到钩头钩住桶底中心孔边缘钢圈为止。翻矸后，上提吊桶，座钩自行脱离，并借自重恢复到原来位置。

此种翻矸装置具有结构简单，加工安装容易，翻矸动作可靠，翻矸时间较短等优点，现已在矿井广泛使用。

6.4.3 排矸方式

排矸能力要适当大于装岩和提升能力之和，以不影响装岩和提升为原则。通常用自卸汽车排矸，汽车排矸机动灵活，排矸能力大，可将矸石用来垫平工业广场，或附近山谷、洼地，方便迅速，故易为施工现场所采用。

在平原地区建井可设矸石山，井口矸石装入矿车后，运至矸石山卸载；在山区建井，矸石装入矿车，利用自滑坡道线路，将矸石卸入山谷中。

6.4.4 矸石仓

为调剂井下装矸、提升及地面排矸能力，应设立矸石仓（图6-17），其目的是储存适当数量的矸石，以保证即使中间某一环节暂时中断时排矸工作仍照常继续进行。矸石仓容量可按一次爆破矸石量的1/10~1/5进行设计，约为20~30m³。矸石仓设于井架一侧或两侧。为卸矸方便，溜槽口下缘至汽车车厢上缘的净空距为 300~500mm，溜矸口的宽度不小于 2.5~3 倍矸石最大块径，高度不小于矸石最大块径 1.7~2 倍；溜槽底板坡度不小于 40°。

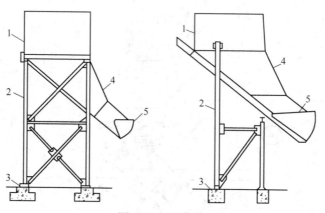

图 6-17　矸石仓
1—仓体；2—立柱；3—基础；4—溜槽；5—溜槽口

6.5　排水与治水

在竖井施工中地下水常给掘砌工作带来很不利的影响，如恶化作业条件，减慢工程进度，降低井壁质量，增加工程成本，甚至造成淹井事故，拖长整个建井工期。因此，须采取有效措施，将井内涌水量减少到最低限度。

井筒施工前，应打检查钻孔，详细了解井筒所穿过岩层的性质，构造及水文情况，含水层的数量、水压、涌水量、渗透系数、埋藏条件以及断层裂隙、溶洞、采空区和它们与地表水的联系情况，为选择治水方案提供依据，做到对地下水心中有数。

对水的治理，可归纳为两类：一类是在凿井前进行处理。设法堵塞涌水通道，减少或隔绝向井内涌水的水源，地面预注浆，使工作面疏干。另一类是在凿井过程中，采用壁后、壁内注浆封水，截水和导水等方法处理井筒淋水，用吊桶或吊泵将井筒淋水和工作面涌水排到地面。

当井筒通过含水丰富的岩层时，上述两种方法有时还须同时兼用。根据我国建井实践表明，井筒涌水量超过 40m³/h 时，凿井前实行预注浆堵水对井筒施工较为有利。

通过综合治水后，最好使井筒掘进能达到"打干井"的要求，即工作面上所剩的涌水，装岩时同时用吊桶排出。达不到上述要求时，也应使井筒内的剩余涌水只用一台吊泵即可排出。

虽然采用综合治水达到"打干井"的要求需要一定的费用和时间，但从总的速度、费用、质量、安全等方面加以比较，还是有利的。

6.5.1　排水工作

6.5.1.1　吊桶排水

当井筒深度不大且涌水量小时，可用吊桶排水，随同矸石一起提到地面。

吊桶排水能力取决于吊桶容积及每小时吊桶提升次数。吊桶每小时排水能力可用下式计算：

$$Q = nVK_1K_2 \qquad\qquad (6\text{-}1)$$

式中　V——吊桶容积，m^3；

　　　n——吊桶每小时提升次数；

　　　K_1——吊桶装满系数，$K_1 = 0.9$；

　　　K_2——松散岩石中的孔隙率，$K_2 = 0.4 \sim 0.5$。

吊桶容积及每小时提升次数是有限的，而且随井筒加深，提升次数减少，排水能力受限制，一般只限井筒涌水量小于 $8 \sim 10 m^3/h$ 的条件。吊桶排水时，须用压气小水泵置于井筒工作面水窝中，将水排至吊桶中提出，如图 6-18 所示。压气小水泵的构造如图 6-19 所示，其技术性能见表 6-11。

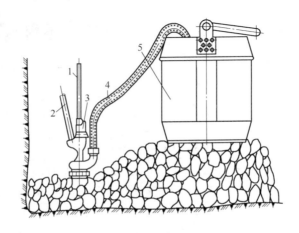

图 6-18　压气泵吊桶排水

1—进气管；2—排气管；3—压气泵；4—排水软管；5—吊桶

表 6-11　压气泵技术性能

型号	流量 /$m^3 \cdot h^{-1}$	扬程 /m	工作风压 /MPa	耗风量 /$m^3 \cdot min^{-1}$	进气管内径 /mm	排气管内径 /mm	排水管内径 /mm	重量 /kg
F-15-10	15	10	>0.4	2.5	16	—	40	15
1-17-70	17	70	≥0.5	4.5	25	50	40	25

6.5.1.2　吊泵排水

当井筒涌水量超过吊桶的排水能力时，须设吊泵排水。吊泵为立式泵，泵体较长，但所占井筒的水平断面积较小，有利于井内设备布置。吊泵在井内的工作状况如图 6-20 所示。

常用吊泵为 NBD 型及 80DGL 型多级离心泵，它由吸水龙头、吸水软管、水泵机体、电动机、框架、滑轮、排水管，闸阀等组成，在井内由双绳悬吊。NBD 型及 80DGL 型吊泵的技术性能见表 6-12。

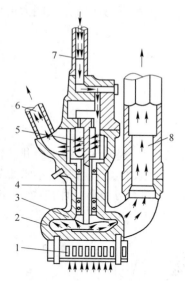

图 6-19 压气泵构造

1—滤水器；2—泵体；3—工作轮；4—主轴；
5—风动机；6—排气管；7—进气管；
8—排水管（排入吊桶或吊盘上水箱中）

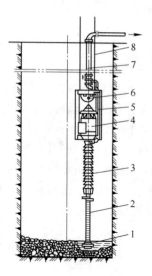

图 6-20 工作面吊泵排水示意图

1—吸水龙头；2—吸水软管；3—水泵机体；
4—电动机；5—框架；6—滑轮；7—排水水管；
8—吊泵悬吊绳

表 6-12 国产吊泵技术性能

型 号	排水量 /m³·h⁻¹	扬程 /m	电机功率 /kW	转速 /r·min⁻¹	工作轮 级别	外形尺寸/mm			重 量 /kW	吸程 /m
						长	宽	高		
NBD30/250	30	250	45	1450	15	990	950	7250	3100	5
NBD50/250	50	250	75	1450	11	1020	950	6940	3000	5
NBD50/500	50	500	150	2950		1010	868	6695	2500	4
80DGL50×10	50	500	150	2950	10	840	925	5503	2400	
80DGL50×15	50	750	250	2950	15	890	985	6421	4000	

当井筒排水深度超过一台吊泵的扬程时，须采用接力排水方式。当排水深度超过扬程不大时，可用压气泵将工作面的水排至吊盘上或临时平台的水箱中，再用吊泵或卧泵将水排至地面（图 6-21）。当排水深度超过扬程很大时，须在井筒的适当深度上设转水站（腰泵房）或转水盘，工作面的吊泵将水排至转水站，再由转水站用卧泵排出地表（图6-22）。如果主、副井相距不远，可以共用一个转水站，即在两井筒间钻一稍为倾斜的钻孔，连通两井，将一个井筒的水通过钻孔流至另一井筒的转水站水仓中，再集中排出地面。

6.5.2 治水方式[19]

6.5.2.1 截水

为消除淋帮水对井壁质量的影响和对施工条件的恶化，在永久支护前应采用截水和导水的方法。

　　井筒掘进时，沿临时支护段的淋水，可采用吊盘折页（图 6-23）或用挡水板（图 6-24）截住导至井底后排出。

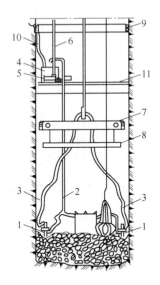

图 6-21　利用压气小水泵

1—吊泵；2—吊泵排水管；3—卧泵；

4—卧泵排水管；5—水仓；6—排水管；7—吊盘；

8—凿岩环；9—集水槽；10—导水管；11—临时平台

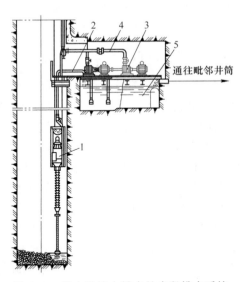

图 6-22　转水站接力排水的多段排水系统

1—高压风动小水泵；2—排水管；3—压风管；

4—水箱；5—卧泵

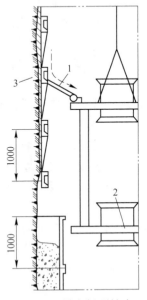

图 6-23　吊盘折页挡水

1—折页；2—吊盘；3—挂圈背板临时支护

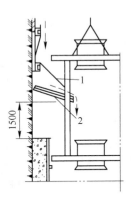

图 6-24　挡水板截水

1—铁丝；2—挡水板；3—木板；4—导水木条

　　在永久井壁漏水严重的地方应用壁后或壁内注浆予以封闭；剩余的水也要用固定的截

水槽将水截住，导入腰泵房或水箱中就地排出地面（图 6-25）。截水槽常设在透水层的下边。在腰泵房上方有淋水时也应设截水槽。

6.5.2.2　钻孔泄水

在开凿井筒时，如果井筒底部已有巷道可利用，并已形成排水系统，此时可在井筒断面内向下打一钻孔，直达井底巷道，将井内涌水泄至底部巷道排出。此法可取消吊泵或转水站设施，简化井内设备布置，改善井内作业条件，加快施工速度，在矿井改建、扩建有条件时应多利用。

泄水钻孔必须保证垂直，钻孔的偏斜值一定要控制在井筒轮廓线以内。其次，要保护钻孔，防止矸石堵塞泄水孔或因泄水孔孔壁坍塌堵孔。孔内可下一带筛孔的套管，随工作面的推进，逐段切除套管。放炮前，须用木塞将泄水孔堵住，以免爆破矸石掉入泄水孔将孔堵住。有矿在使用这一方法后取得较好效果。

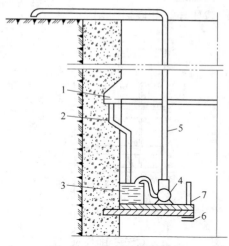

图 6-25　固定截水槽截水
1—混凝土截水槽；2—导水管；3—盛水小桶；
4—卧泵；5—排水管；6—钢梁；7—月牙形固定盘

6.6　竖井井筒支护

在井筒施工过程中，须及时进行井壁支护，以防止围岩风化，阻止围岩变形、破坏、坍塌，从而保证生产的正常进行。支护分临时支护和永久支护两种，以实现不同的目的。在支护材料方面，1963 年以前，料石井壁占 77.3%，包括混凝土块在内的混凝土井壁仅占 18%；在井壁结构方面，砌筑式井壁占 88%，而整体式井壁仅占 9%。随着水泥工业的迅速发展，目前，整体式混凝土井壁得到了广泛的应用。

与砌筑式井壁相比，整体式混凝土井壁强度高，封水性能好，造价低，便于机械化施工，并能降低劳动强度及提高建井速度。

目前，整体式混凝土井壁的施工，从配料、上料、搅拌到混凝土的输送、捣固，基本上实现了机械化。整体式混凝土井壁施工所用的模板，也有了很大的发展。金属模板已普遍代替了木模板，移动式金属模板在竖井施工中的应用日益广泛，液压滑动模板在一些竖井中也得到了应用。

喷射混凝土也被用作竖井的永久支护，其井壁结构和施工工艺均不同于其他类型的井壁，明显的优点是施工简单、速度快。在条件合适的情况下可以采用。

随着竖井永久支护形式及施工工艺的发展，竖井的临时支护也发生了相应的变化，一些新的临时支护形式相继出现。

6.6.1　临时支护

临时支护是当井筒进行施工时，为了保证施工安全，对围岩进行的一种临时防护措施。根据围岩性质、井段高度及涌水量等的不同，临时支护分下列几种形式。

6.6.1.1 锚杆金属网

锚杆金属网支护是用锚杆来加固围岩，并挂金属网以阻挡岩帮碎块下落。金属网通常由 16 号镀锌铁丝编织而成，用锚杆固定在井壁上。锚杆直径通常为 12~25mm，长度视围岩情况为 1.5~2.0m，间距 0.7~1.5m。

锚杆金属网的架设是紧跟掘进工作面，与井筒的打眼工作同时进行。支护段高一般为 10~30m。

锚杆金属网支护，一般适用于 $f>5$、仅有少量裂隙的岩层条件下，并常与喷射混凝土支护相结合，既是临时支护又是永久支护的一部分。它是一种较轻便的支护形式。

6.6.1.2 喷射混凝土

喷射混凝土作临时支护，其所用机具及施工工艺均与喷射混凝土永久支护相同，只是喷层厚度稍薄，一般为 50~100mm。它具有封闭围岩、充填裂隙、增加围岩完整性、防止风化的作用。

喷射混凝土临时支护，只有在采用整体式混凝土永久井壁时，其优越性才较明显（便于采用移动式模板或液压滑模实现较大段高的施工，以减少模板的装卸及井壁的接茬）。当永久支护为喷射混凝土井壁时，从施工角度看，宜在同一喷射段高内按设计厚度一次分层喷够，以免以后再用作业盘等设施进行重复喷射。其次，从适应性角度看，采用喷射混凝土永久井壁的井筒，其围岩应该是坚硬、稳定、完整的，开挖后不产生大的位移。

6.6.1.3 挂圈背板

挂圈背板由槽钢井圈、挂钩、背板、立柱和楔子组成（图 6-26），它随着掘进工作面的下掘而自上向下吊挂。

20 世纪 60 年代，竖井临时支护多使用挂圈背板。这种临时支护对通过表土层及其他不稳定岩层，仍不失为一种行之有效的方式。然而，它存在着严重的缺点。随着掘砌工序的转换，井圈、背板，立柱等需反复装拆、提放，干扰其他工序，材料损耗也大。因此，随着新型临时支护的出现，挂圈背板逐渐被取代。

6.6.1.4 掩护筒

掩护筒是随着井筒掘进工作面的推进而下移的一种刚性或柔性的筒形金属结构。在其保护下，进行井筒的掘砌工作。掩护筒仅起"掩护"作用，而不起支护作用。

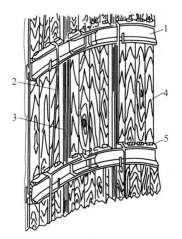

图 6-26 挂圈背板临时支护
1—井圈；2—挂钩；3—立柱；
4—背板；5—木楔

国内一些竖井施工中，曾用过各种类型的掩护筒。如弓长岭铁矿竖井，曾用过刚性和柔性掩护筒；贵州水城老鹰山副井和平顶山矿竖井，也使用了柔性掩护筒。在国外掩护筒的应用较多。

老鹰山副井采用平行作业施工，掩护筒以 100mm×100mm×10mm 的角钢为骨架，角钢

间距为 1m。在角钢架外敷设三层柔性网：第
一层为直径 2mm 的镀锌钢丝网，网孔为
4mm×4mm；第二层为直径 2mm 的镀锌钢丝
网，网孔为 25mm×25mm；第三层为经线直
径 9mm，纬线直径 6.2mm 的钢丝绳网，经线
兼作悬挂钢绳。柔性掩护筒如图 6-27 所示。

掩护筒外径 6650mm，距井帮 300mm。
掩护筒下部距工作面 4m 处扩大成喇叭形，
底部与井帮间距为 150mm。掩护筒总高
21.6m，总重 9.9t，用 96 根经线钢丝绳悬挂
在吊盘下层盘外沿的槽钢圈上。吊盘用 25t
稳车回绳悬吊。

各种掩护筒一般用于岩层较为稳定，平
行作业的快速建井施工中。

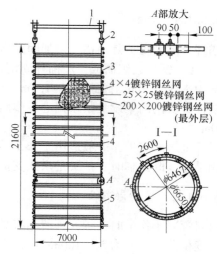

图 6-27 柔性掩护筒
1—悬吊掩护筒的吊盘下层盘；2—拉线绝缘子 96 个；
3—9mm 钢丝绳；4—100mm×10mm 角钢；
5—12.5mm 钢丝绳

6.6.2 永久支护

混凝土（或称现浇混凝土）与喷射混
凝土同为目前竖井支护中两种主要形式。混
凝土由于其强度高，整体性强，封水性能好，便于实现机械化施工等优点，故使用相
当普遍，尤其在不适合采用喷射混凝土的地层中，常用混凝土作永久支护。混凝土的
水灰比应控制在 0.65 以下，所用砂子为粒径 0.15～5mm 的天然砂，所用石子为粒径
30～40mm 的碎石或卵石，并应有良好的颗粒级配。井壁常用的混凝土标号为 150～200
号。混凝土的配合比，可按普通塑性混凝土的配合比设计方法进行设计，或者按有关
参考资料选用。现将混凝土井壁厚度、浇灌混凝土时所用的机具及工艺特点分别介绍
如下。

6.6.2.1 混凝土井壁厚度的选择

由于地压计算结果还不够准确，因而井壁厚度计算也只能起参考作用。设计时多按工
程类比法的经验数据，并参照计算结果确定壁厚。

在稳定的岩层中，井壁厚度可参照表 6-13 的经验数据选取[24]。

表 6-13 井壁厚度参考数据[24]

井筒净直径/m	混凝土井壁支护厚度/mm	井筒净直径/m	混凝土井壁支护厚度/mm
3.0～4.0	250	6.5～7.0	400
4.0～5.0	300	7.5～8.0	500
5.5～6.0	350		

注：1. 本表适用于 $f=4\sim6$。
     2. 混凝土强度等级采用 C20 号。

6.6.2.2　混凝土上料、搅拌系统

目前，混凝土的上料、搅拌已实现了机械化，可以满足井下大量使用混凝土的需要（图6-28）。地面设1～2台铲运机1，将砂、石装入漏斗2中，然后用胶带机3送至储料仓中。在料仓内通过可转动的隔板4将砂、石分开，分别导入砂仓或石子仓中。料仓、计量器、搅拌机呈阶梯形布置，料仓下部设有砂、石漏斗闸门7及计量器8。每次计量好的砂、石可直接溜入搅拌机10中。水泥及水在搅拌机处按比例直接加入。搅拌好的混凝土经溜槽溜入溜灰管的漏斗11送至井下使用。此上料系统结构紧凑，上料及时，使用方便。

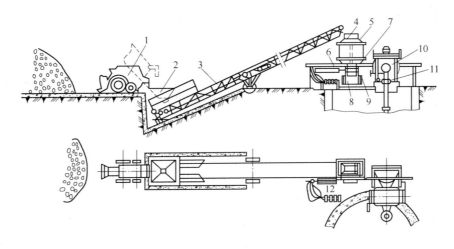

图6-28　混凝土上料系统

1—气动铲运机（ZYQ—12G）；2—0.9m漏斗；3—胶带机；4—储料仓间隔挡板；
5—储料仓；6—工字钢滑轨；7—砂石漏斗闸门；8—底卸式计量器；9—计量器底卸气缸；
10—搅拌机；11—输料管漏斗；12—计量器行程气缸

6.6.2.3　混凝土的下料系统

为使混凝土的浇灌连续进行，目前多采用溜灰管路将在井口搅拌好的混凝土输送到井筒支护工作面。使用溜灰管下料的优点是：工序简单，劳动强度小，能连续浇灌混凝土，可加快施工速度。

溜灰管下料系统见图6-29。混凝土经漏斗1、伸缩管2、溜灰管3至缓冲器6，经减速、缓冲后再经活节管进入模板中。浇灌工作均在吊盘上进行。

（1）漏斗：由薄钢板制成，其断面可为圆形或矩形，下端与伸缩管连接。

（2）伸缩管（图6-30）：在混凝土浇灌过程中，为避免溜灰管拆卸频繁，可采用伸缩管。伸缩管的直径一般为125mm，长为5～6m。上端用法兰盘和漏斗连接，法兰盘下用特设在支架座上的管卡卡住，下端插入 ϕ150mm 的溜灰管中。浇灌时随着模板的加高，伸缩管固定不动，溜灰管上提，直到输料管上端快接近漏斗时，才拆下一节溜灰管，使伸缩管下端仍刚好插入下面溜灰管中继续浇灌。为使伸缩管的通过能力不致因管径变小而降低，常采用与溜灰管等管径的伸缩管，溜灰管上端加一段直径较大的变径管，接管时拆下变径

管即可（图6-31）。

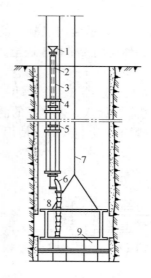

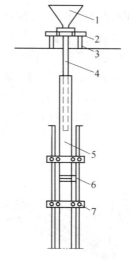

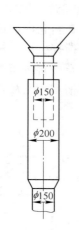

图6-29 混凝土输送管路

1—漏斗；2—伸缩管；3—溜灰管；

4—管卡；5—悬吊钢丝绳；6—缓冲器；

7—吊盘钢丝绳；8—活节管；9—金属模板

图6-30 伸缩管

1—漏斗；2，7—管卡；3—支架座；

4—伸缩管；5—溜灰管；

6—悬吊钢丝绳

图6-31 变径管

（3）溜灰管：一般用 $\phi150$mm 的厚壁耐磨钢管，每节管路之间用法兰盘连接。一条 $\phi150$mm 的溜灰管，可供三台 400L 搅拌机使用。所以在一般情况下，只需设一条溜灰管。

（4）活节管：为了将混凝土送到模板内的任何地点而采用的一种可以自由摆动的柔性管。一般由 15～25 个锥形短管（图6-32）组成。总长度为 8～20m。锥形短管的长度为 360～660mm，宜用厚度不小于 2mm 的薄钢板制成。挂钩的圆钢直径不小于 12mm。

（5）缓冲器：缓冲器用法兰盘连接在溜灰管的下部，借以减缓混凝土的流速和出口时的冲击力，其下端和活节管相连。常用的缓冲器有单叉式（盲肠式）、双叉式和圆筒形几种：

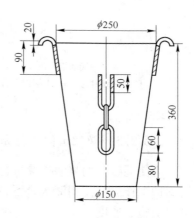

图6-32 锥形短管

1）单叉式缓冲器（图6-33）所示，由 $\phi150$mm 的钢管制成。分岔角（又称缓冲角，即侧管与直管的夹角）一般取 13°～15°，以 14°为佳；太大则易堵管，太小则缓冲作用不大。此种缓冲器易磨损。

2）双叉式缓冲器（图6-34），中间短段直管（即所谓溢流管）直径与上部直管相同，其长度以能安上堵盘为准，一般取 200mm，混凝土通过时，此段短管全部被混凝土充实，从而减轻了混凝土对转折处的冲击和磨损。

双叉式缓冲器的优点在于能使溜灰管受力均匀，不易磨损和堵塞，而且混凝土经缓冲器后分成两路对称地流入模板，模板受力均衡，不易变形。

3）圆筒形缓冲器（图6-35），其中央为一实心圆柱，承受混凝土的冲击，端部磨损后可以烧焊填补。四片肋板将环形空间等分为四部分。每一扇形大致和 $\phi150$mm 管断面相等。

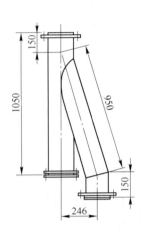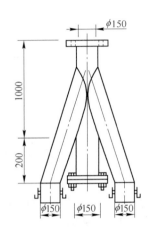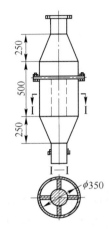

图 6-33 单叉式缓冲器　　　　图 6-34 双叉式缓冲器　　　　图 6-35 圆筒形缓冲器

这种缓冲器结构简单，不易堵塞、磨损。平顶山八矿东风井深超过300m，在建井过程中只用一个圆筒形缓冲器，成井后尚未磨损。

溜灰管输送混凝土的深度不受限制。为减速而设置的缓冲器，也无需随井深而增加（用一个即够）。缓冲器的缓冲角可取定值，无需随井深而增大。

6.6.2.4 模板

在浇灌混凝土井壁时，必须使用模板。模板的作用是使混凝土按井筒断面成型，并承受新浇混凝土的冲击力和侧压力等。模板从材料上分有木模板、金属模板；从结构形式上分有普通组装模板、整体式移动模板等；从施工工艺上分，有在砌壁全段高内分节立模，分节浇灌的普通模板，一次组装，全段高使用的滑升模板等。木模板重复利用率低，木材消耗量大，使用得不多；金属模板强度大，重复利用率高，故使用广泛。大段高浇灌时多用普通组装模板或滑升模板，短段掘砌时多用整体式移动金属模板。

组装式金属模板是在地面先做成小块弧形板，然后送到井下组装。每圈约由10~16块组成；块数视井筒净径大小而定，每块高度1~1.2m。弧长按井筒净周长的1/8~1/16，以两人能抬起为准。模板用4~6mm钢板围成，模板间的连接处和筋板用60mm×60mm×4mm或80mm×80mm×5mm角钢制成，每圈模板和上下圈模板之间均用螺栓连接。为拆模方便，每圈模板内有一块小楔形模板，拆模时先拆这块楔形模板。模板及组装见图6-36。

组装式金属模板使用时需要反复组装及提放，既笨重，又费时。为了解决这一矛盾，我国自1965年起，成功地设计、制造、使用了整体式移动金属模板。它具有明显的优越性：节约钢材，降低施工成本，简化施工工序，提高施工机械化水平，减轻劳动强度，有利于提高速度和工效。如今，它已在全国各矿山得到推广使用，并在实践中不断改进。整体式移动金属模板有多种，各有优缺点，下面介绍门轴式移动模板的结构和使用。

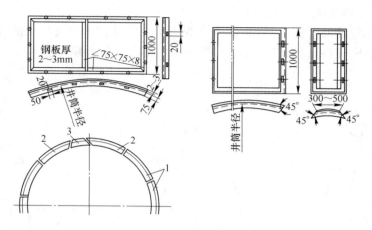

图 6-36　组装式金属模板

1—弧形模板；2—单斜面弧形模板；3—楔形小块弧形模板

整体门轴式移动模板如图 6-37 所示。此种模板由上下两节共 12 块弧板组成，每块弧板均由六道槽钢作骨架，其上围以 4mm 厚钢板，各弧板间用螺栓连接。模板分两大扇，用绞链 2、8（门轴）连成整体。其中一扇设脱模门，与另一扇模板斜口接合，借助销轴将其锁紧，呈整体圆筒状结构。模板的脱模是通过单斜口活动门 1、门轴 2 转动来完成的，故称门轴式。在斜口的对侧与门轴 2 非对称地布置另一门轴 8，以利于脱模收缩。模板下部为高 200mm 的刃脚，用以形成接茬斜面。上部设 250mm×300mm 的浇灌门，共 12 个，均布于模板四周。模板全高 2680mm，有效高度为 2500mm；为便于混凝土浇灌，在模板高 1/2 处设有可拆卸的临时工作平台。模板用 4 根钢丝绳通过 4 个手拉葫悬挂在双层吊盘的上层盘上。模板与吊盘间距为 21m。它与组装式金属模板的区别在于，每当浇灌完模板全高，经适当养护，待混凝土达到能支承自身重量的强度时，即可打开脱模门，同步松动模板的四根悬吊钢丝绳，依靠自重，整体向下移放。使用一套模板即可由上而下浇灌整个井筒，既简化了模板拆装工序，也节省了钢材。

采用这种模板的施工情况如图 6-38 所示。当井筒掘进 2.5m 后，再放一次炮，留下虚碴整平，人员乘吊桶到上段模板处，取下插销，打开斜口活动门，使模板收缩呈不闭合状。然后，下放吊盘，模板即靠自重下滑至井底。用手拉葫芦调整模板，找平、对中、安装活动脚手架后即可进行浇灌。

这种模板是直接稳放在掘进工作面的岩碴上浇灌井壁，因此只适用于短段掘砌的施工方法。模板高度应配合掘进循环进尺并考虑浇灌方便而定。

此种模板拆装和调整均较方便，因此应用较多，效果也好。但变形较大，井壁封水性较差。

6.6.2.5　混凝土井壁的施工

A　立模与浇灌

在整个砌壁过程中，以下部第一段井壁质量（与设计井筒同心程度、壁体垂直度及壁厚）最为关键，因此立模工作必须给予足够的重视。根据掘砌施工程序的不同，分掘

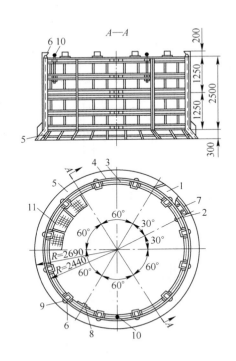

图 6-37 整体门轴式移动模板

1—单斜口活动门；2，8—门轴；3—槽钢骨架；

4—围板；5—陂板刀角；6—浇灌门；7—刃角加强筋；

9—浇枯孔盒（预留下井段浇灌孔）；

10—模板悬吊装置；11—临时工作台

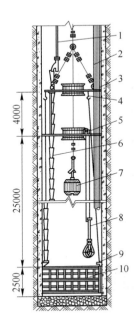

图 6-38 短段掘砌时混凝土井壁的施工

1—下料管；2—胶皮风管；3—吊盘；4—手拉葫芦；

5—抓岩机风动绞车；6—金属活节下料管；

7—吊桶；8—抓岩机；9—浇灌孔门；

10—整体移动式金属模板

进工作面砌壁和高空砌壁两种：

（1）在掘进工作面砌壁时，先将矸石大致平整并用砂子抄平，铺上托盘，立好模板，然后用撑木将模板固定于井帮（图6-39）。立模时要严格对中，边线抄平找正，确保井筒设计的规格尺寸。

（2）当采用长段掘砌反向平行作业施工须高空浇灌井壁时，则可在稳绳盘上或砌壁工作盘上安设砌壁底模及模板的承托结构（图6-40），以承担混凝土尚未具有强度时的重量。待具有自撑强度后，即可在其上继续浇灌混凝土，直到与上段井壁接茬为止。浇灌和捣固时要对称分层连续进行，每层厚为250~300mm。人工捣固时要求混凝土表面要出现薄浆；用振捣器捣固时，振捣器要插入混凝土内50~100mm。

B 井壁接茬

下段井壁与上段井壁接茬必须严密，并防止杂物、岩粉等掺入，使上下井壁结合成一整体，无开裂及漏水现象。井壁接茬方法主要有：

（1）全面斜口接茬法（图6-41）：适用于上段井壁底部沿井筒全周预留有刃脚状斜口，斜口高为200mm。当下段井壁最后一节模板浇灌至距斜口下端100mm时，插上接茬模板，边插边灌混凝土，边向井壁挤紧，完成接茬工作。

（2）窗口接茬法（图6-42）：适用于上段井壁底部沿周长上每隔一定距离（不大于2m）预留有300mm×300mm的接茬窗口。混凝土从此窗口灌入，分别推至窗口两侧捣实，最后用小块木模板封堵即可。也可用混凝土预制块砌严，或以后用砂浆或混凝土抹平。

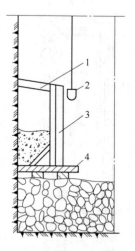

图6-39 工作面筑壁立模板示意图

1—撑木；2—测量；3—模板；4—托盘

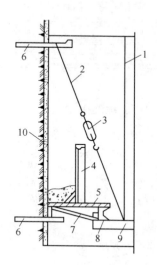

图6-40 高空浇灌井壁示意图

1—稳绳盘悬吊绳；2—辅助吊挂绳；3—紧绳器，4—模板；
5—托盘；6—托钩；7—稳绳盘折页；8—找平用槽钢圈；
9—稳绳盘；10—喷射混凝土临时井壁

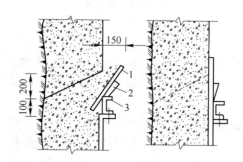

图6-41 全面斜口接茬法

1—接茬模板；2—木楔；3—槽钢石旋骨圈

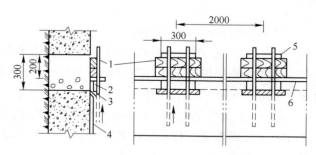

图6-42 窗口接茬法

1—小模板；2—长400mm插销；3—木垫板
4—模板；5—窗口；6—上段井壁下沿

（3）倒角接茬法（图6-43）：将最后一节模板缩小成圆锥形，在纵剖面看似一倒角。通过倒角和井壁之间的环形空间将混凝土灌入模板，直至全部灌满，并和上段井壁重合一部分形成环形鼓包。脱模后，立即将鼓包刷掉。

这种方法能保证接茬处的混凝土充填饱满，从而保证接茬处的质量，施工方便，在使用移动式金属模板时更为有利，但增加了一道刷掉鼓包的工序。

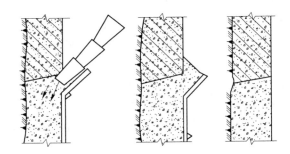

图 6-43　倒角接茬法

采用刚性罐道时，可以预留罐道梁梁窝，即在浇灌过程中，在设计的梁窝位置上预先埋好梁窝木盒子，盒子尺寸视罐道梁的要求而定。以后井筒安装时，即可拆除梁窝盒子，插入罐道梁，用混凝土浇灌固定（图 6-44）。但目前有的矿山已推广使用树脂锚杆在井壁上固定罐道梁方法，收到良好效果。至于现凿梁窝，因费工费时，现已使用不多。

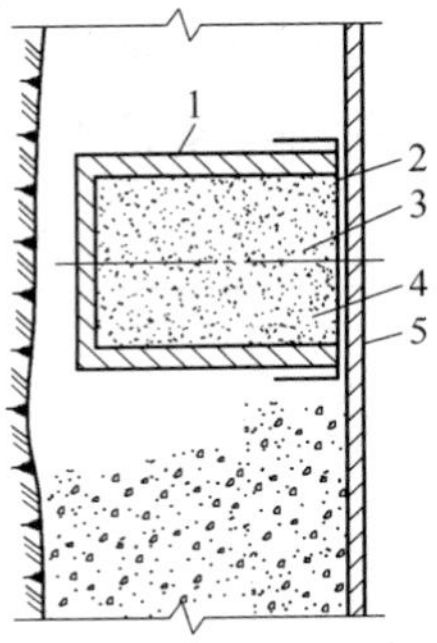

6.6.2.6　喷射混凝土支护

近些年来，喷射混凝土永久支护，在竖井工程中得到了较多的应用。采用喷射混凝土井壁，可减少掘进量和混凝土量，简化施工工序，提高成井速度。

图 6-44　木梁窝盒及其固定
1—木梁窝盒；2—油毡纸；
3—铁丝；4—木屑；5—钢模板

喷射混凝土支护虽有着明显的优越性，但因其支护机理等尚有待进一步探讨，故在设计和施工中均存在着一些具体问题。喷射混凝土支护存在着适应性问题，对竖井工程更是如此。金属矿山井筒的围岩一般均较坚硬、稳定，因此，采用喷射混凝土井壁的条件稍好些。

A　喷射混凝土井壁结构类型
（1）喷射混凝土支护；
（2）喷射混凝土与锚杆联合支护；
（3）喷射混凝土和锚杆、金属网联合支护；
（4）喷射混凝土加混凝土圈梁。
喷锚和喷锚网联合支护，用在局部围岩破碎、稳定性稍差的地段。混凝土圈梁除起加强支护的作用外，尚用于固定钢梁及起截水作用。圈梁间距一般为 5~12m。

B　喷射混凝土井壁厚度的确定
目前一般均采用类比法，视现场具体条件而定。如地质条件好，岩层稳定，喷射混凝土厚度可取 50~100mm；在马头门处的井壁应适当加厚或加锚杆。如果地质条件稍差，岩层的节理裂隙发育，但地压不大岩层较稳定的地段，可取 100~150mm；地质条件较差，风化严重破碎面大的地段，喷射混凝土应加锚杆、金属网或钢筋等，喷射厚度一般为 100~150mm。表 6-13 可作为设计参考。

C 竖井喷射混凝土井壁的适用范围

对竖井喷射混凝土井壁的适用范围可做如下考虑：

（1）一般在围岩稳定，节理裂隙不甚发育、岩石坚硬完整的竖井中，可考虑采用喷射混凝土井壁。

（2）当井筒涌水量较大、淋水严重时，不宜采用喷射混凝土井壁；但局部渗水、滴水或小量集中流水，在采取适当的封、导水措施后，仍可考虑采用喷射混凝土井壁。

（3）当井筒围岩破碎、节理裂隙发育、稳定性差、f 值小于 5，则不宜采用喷射混凝土井壁；但可采用喷锚或喷锚网作临时支护。

（4）松软、泥质、膨胀性围岩及含有蛋白石、活性二氧化硅的围岩，均不宜采用喷射混凝土井壁。

（5）就竖井的用途而论，风井、服务年限短的竖井，可采用喷射混凝土井壁；主井、副井，特别是服务年限长的大型竖井，不宜采用喷射混凝土井壁。

竖井锚喷支护类型和设计参数见表 6-14[25]。

表 6-14 竖井锚喷支护类型和设计参数[25]

围岩类别	竖井毛径 D/m	
	$D>5$	$5 \leqslant D<7$
Ⅰ	100mm 厚喷射混凝土，必要时，局部设置长 1.5~2.0m 的锚杆	100mm 厚喷射混凝土，设置长 2.0~2.5m 的锚杆，或 150mm 厚喷射混凝土
Ⅱ	100~150mm 厚喷射混凝土，设置长 1.5~2.0m 锚杆	100~150mm 厚钢筋网喷射混凝土，设置长 2.0~2.5m 的锚杆，必要时，加设混凝土圈梁
Ⅲ	150~200mm 钢筋网喷射混凝土，设置长 1.5~2.0m 的锚杆，必要时，加设混凝土圈	150~200mm 厚钢筋喷射混凝土，设置长 2.0~3.0m 的锚杆，必要时，加设混凝土圈梁

注：1. 井壁采用喷锚作初期支护时，支护设计参数要适当减少。

2. Ⅲ类围岩中井筒深度超过 500m 时，支护设计参数应予以增大。

6.6.2.7 喷射混凝土机械化作业线

喷射混凝土工艺流程主要包括计量、搅拌，上料、输料、喷射等几个工序。机械化作业线的配套及其布置，也是根据工艺流程，结合工程对象、地形条件，以及所用机械设备的性能、数量而做出的。图 6-45 为平地的机械化作业线设备的布置方法；图 6-46 为铜山铜矿新大井采用的喷射混凝土机械化作业线实例，它较好地利用了当地地形，节省了部分输送设备。

上述两条作业线的机械化程度均较高，能满足两台喷枪同时作业。

喷射混凝土作业方式有：

（1）长段掘喷单行作业。所取段高一般为 10~30m。混凝土喷射作业在段高范围内自下而上在操作盘上进行。当设计有混凝土圈梁时，可在井底岩堆上浇灌，也可采用高空打混凝土壁圈的方法施工。

这种作业方式，在喷射混凝土用于竖井前期使用较多。

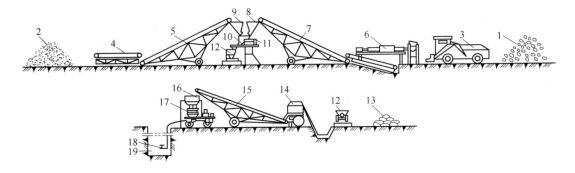

图 6-45 喷射混凝土机械化作业线设备布置

1—碎石堆；2—砂堆；3—碎石铲运机；4，5—胶带输送机（运砂子）；6—石子筛洗机；

7—胶带输送机（运石子）；8—碎石仓；9—砂仓；10—砂石混合仓；11—计量秤；

12—侧卸矿车；13—水泥；14—搅拌机；15—胶带输送机（运混凝土拌合料）；

16—混凝土储料罐；17—喷射机；18—喷枪；19—井筒

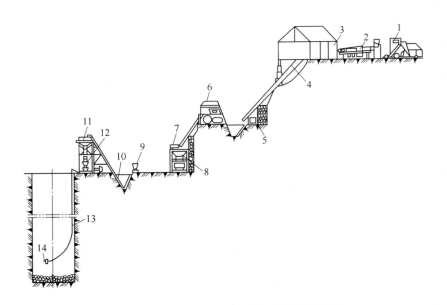

图 6-46 铜山新大井喷射混凝土机械化作业线

1—铲运机；2—石子筛洗机；3—砂石料棚；4—砂石漏槽；5—水泥平板车；6，7—振动筛；

8—小料仓；9—0.55m³ 矿车；10—提升斗车；11—贮料仓；12—喷射机；13—输料管；14—喷头

（2）短段掘喷作业。所采的段高一般在 2m 左右，掘喷的转换视炮孔的深度、装岩能力的不同，可采用"一掘一喷"或"二掘一喷"。桥头河二井采用每小班完成"一掘一喷"成井 1.6m 的组织方式；凡口铅锌矿新副井使用大容积抓岩机及环形凿岩钻架等机械化配备设备，采用两小班完成"一掘一喷"的组织方式，平均循环进尺达 2.18m。

为减少爆破对喷射混凝土井壁的影响，喷射前井底应留一茬炮的松碴，喷射作业一般于每次爆破后在碴堆上进行。

这种作业方式的主要优点是：充分发挥喷射混凝土支护的作用，能及时封闭围岩，使围岩起自撑作用；节省喷射作业盘，减少喷前的准备工作，工序单一，便于管理；管路、吊盘等可随工作面的掘进而逐步加长、下落，无需反复拆装、起落；喷射作业可和抓岩准备平行作业；省去喷后集中清理吊盘及井底的工序。桥头河二井采用这种作业方式和地面搅拌系统的机械化，自动化相结合，曾使喷射混凝土井壁的施工达到较高速度，创月成井174.82m 的纪录。

参 考 文 献

[1] 肖瑞玲. 立井施工技术发展综述 [J]. 煤炭科学技术, 2015 (8): 13-17.
[2] 奥德布雷茨特 V E, 王维德. 南非和加拿大的竖井掘进技术 [J]. 国外金属矿山, 1996 (8): 24-28.
[3] 龙志阳. 立井短段掘砌混合作业法及其配套施工设备 [J]. 建井技术, 1998 (3): 2-7.
[4] 赵立新. 立井金属活动模板的革新 [J]. 建井技术, 1984 (1): 35-36.
[5] 陆宝云, 薛荣海, 张景俊, 等. 竖井井筒简挂井壁施工法 [M]. 北京: 煤炭工业出版社, 1959.
[6] 陈志文, 王广彬. 立井过流砂层板桩法施工技术 [C] //中国煤炭学会煤矿建设与岩土工程专业委员会. 矿山建设工程技术新进展——2009 全国矿山建设学术会议文集 (下册), 2009: 7.
[7] 洪伯潜. 钻井法凿井 [J]. 煤炭科学技术, 1987 (4): 34-40.
[8] 崔广心. 钻井法凿井 (二) [J]. 建井技术, 1984 (1): 53-57.
[9] 杨宗仁, 袁洁, 张鹏, 等. 超大直径、巨厚漂卵石地层钻井泥浆护壁洗井工艺技术 [J]. 探矿工程 (岩土钻掘工程), 2010, 37 (4): 50-53.
[10] 房朝阳. 大口径立井钻井法施工技术 [J]. 山东工业技术, 2014 (8): 75.
[11] 赵维收, 亢晓涛. 浅谈立井施工作业方式及选择 [J]. 民营科技, 2012 (8): 5.
[12] 董友庭. 对立井施工作业方式分类方法的讨论 [J]. 建井技术, 1986 (3): 39-40.
[13] 赵庭煜. 关于立井施工作业方式分类的探讨 [J]. 建井技术, 1988 (3): 41-42.
[14] 樊正祥. 立井短段掘砌混合作业机械化配套施工 [J]. 建井技术, 1995 (4): 9-13.
[15] 丁卫华. 立井短段掘砌混合作业机械化配套施工 [C] //中国煤炭学会矿井建设专业委员会 99 学术年会, 1999.
[16] 罗映书. 易门铜矿狮子山分矿竖井车场联动化试车投产 [J]. 云南冶金, 1983 (3): 59.
[17] 裴海兴. 冶金矿山矿用炸药的现状及发展趋势 [J]. 矿业快报, 2008 (5): 14-16.
[18] 王家臣, 王炳文. 金属矿床露天与地下开采 [M]. 徐州: 中国矿业大学出版社, 2008.
[19] 赵兴东. 井巷工程 [M]. 2 版. 北京: 冶金工业出版社, 2014.
[20] 介绍几种抓岩机 [J]. 有色金属 (采矿部分), 1974 (5): 9-12.
[21] 明景谷. HK-6 型竖井抓岩机 [J]. 有色金属 (矿山部分), 1978 (2): 9-12.
[22] 张广增, 王荣光. HZ 型中心回转抓岩机的技术改进 [J]. 煤炭科学技术, 2009 (3): 67-71.
[23] 郑雨天. 介绍几种新型自动翻矸装置 [J]. 煤炭科学技术, 1978 (3): 28-29.
[24] 王运敏. 现代采矿手册 [M]. 北京: 冶金工业出版社, 2011.
[25] 郑颖人. 地下工程围岩稳定分析与设计理论 [M]. 北京: 人民交通出版社, 2012.

7 深竖井建设实例

7.1 思山岭铁矿副井建设

7.1.1 矿区概况

思山岭铁矿位于辽宁省本溪市东南郊 16km，南芬区北 9km 处思山岭村北侧一带，行政区划隶属于思山岭满族乡所辖。矿区北距沈阳市直距 70km，距沈阳桃仙国际机场 65km，南距丹东港 180km，西距沈丹铁路桥头站 8km，距 G025 高速公路桥头出口 3km，与其连通的乡级公路纵贯矿区东西南北，交通条件十分方便。

矿区的开采深度由 −134m 至 −1713m 标高。矿区面积 3.7356km²，全矿区铁矿资源储量 248717 万吨。思山岭铁矿矿床规模大，品位中等，矿床埋藏深，适合于地下开采。根据矿床的开采条件和保有资源量，综合考虑，确定采选矿石一期生产规模为 1500 万吨/年。

7.1.2 副井工程设计概况

开拓系统纵投影图如图 7-1 所示，副井纵剖面图如图 7-2 所示，井颈和井身施工设计图如图 7-3 所示。

副井井筒中心坐标 $X = 62665.767$，$Y = 566829.743$；井口标高 +215.200m，井底标高 −1288.700m（含封底 600mm 厚），井筒深度 1503.9m，井筒净直径 10.0m。井颈段共 40m，其中临时锁口段 3.7m，采用 1000mm 厚砖砌支护，井颈段采用 1000mm 厚钢筋混凝土支护。

副井井筒设计深度为 1503.9m，副井井筒断面净直径 10m，"巷径" 11m，施工时每隔 60m 设计一个马头门，该副井井筒共穿过 20 个单侧马头门和 1 个水平双侧马头门（−482m 马头门）。采用边开挖边支护的顺序施工方案，竖井开挖断面的荒径为 11.2m，采用混凝土进行井壁支护，井壁支护的分段高度为 4.5m，井筒马头门处使用锚网和双层钢筋混凝土支护，支护厚度 600mm，其他井身段使用 600mm 素混凝土支护。

在井筒 +25.000 ~ 0.000m、−145.000 ~ −183.000m、−190.000 ~ −215.000m、−270.000 ~ −310.000m、−360.000 ~ −370.000m、585.000 ~ −665.000m、−740.000 ~ 835.000m、−925.000 ~ 935.000m 等较破碎稳定岩层段，设计采用锚网和混凝土永久支护，支护厚度 600mm。在井筒 +38.000 ~ 25.000m、0.000 ~ −20.000m、−55.000 ~ −105.000m、−310.000 ~ −320.000m 等破碎不稳定岩层段及井筒 −1100.0 ~ −1287.50m 段，设计采用锚网和双层钢筋混凝土支护，支护厚度 600mm。其余井筒正常段采用 600mm 素混凝土永久支护。

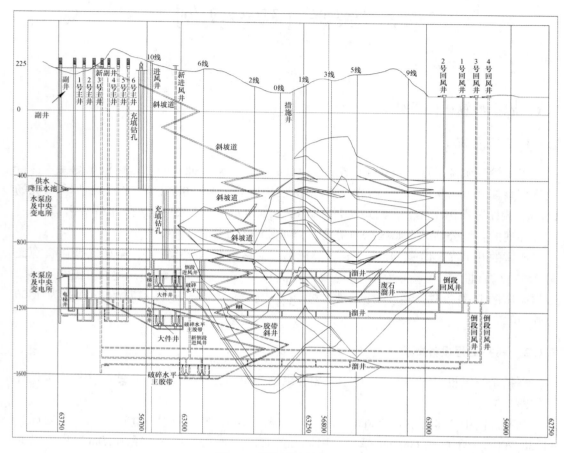

图 7-1　开拓系统纵投影图

7.1.3　副井井筒地质概况

7.1.3.1　水文地质

影响竖井施工的水文地质因素主要为风化裂隙水和基岩裂隙水，水量不大，基岩裂隙水均赋存于岩体节理裂隙中，其岩体节理裂隙多为闭合裂隙，其连通性和富水性均较弱。

根据副井岩土工程勘察报告，整个竖井总涌水量 485. 30m³/d 作为最大涌水量的设计依据，本投标施工方案以此数据作为最大涌水量考虑施工布置。

本区域地下水对混凝土具微腐蚀性，对混凝土中钢筋具有微腐蚀性。

7.1.3.2　工程地质条件（表 7-1）

副井位于矿区的西南侧矿体分布区的外围，出露地层为上元古界青白口系南芬组一段，主要岩性为泥灰岩、千枚岩、石英岩等。

井颈段岩石硬度普氏系数：$f = 4 \sim 6$；井身段：$f = 8 \sim 10$。

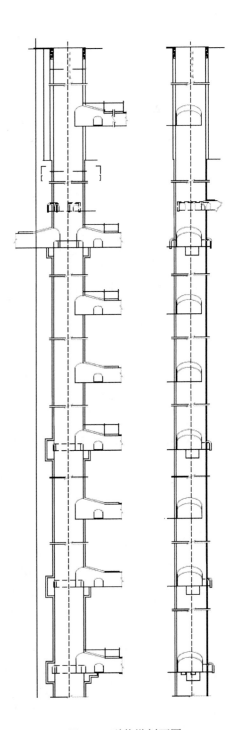

图 7-2 副井纵剖面图

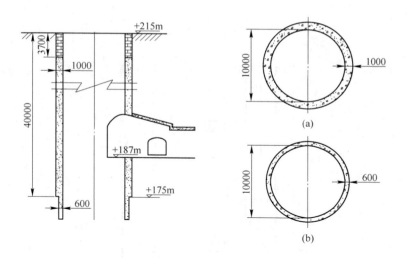

图 7-3　井颈和井身施工设计图

表 7-1　思山岭铁矿副井工程地质条件

岩　层	起止深度/m	厚度/m	工　程　地　质
第四系	0~3.00	3.00	岩性以碎石和粉质黏土为主，松散，工程稳定性差
强风化千枚岩	3.00~8.50	5.50	岩石极破碎，风化裂隙发育，岩石强度低，呈块状和碎石状，Ⅴ类岩体
弱风化千枚岩	8.50~14.53	6.03	岩石较完整，裂隙、节理较发育，结构面已部分破坏，Ⅲ类岩体
微风化千枚岩	14.53~37.20	22.67	岩石较完整，裂隙、节理微发育，结构面结合差，呈柱状和短柱状，Ⅱ类岩体
未风化千枚岩	37.20~192.10	154.90	岩石完整，裂隙、节理不发育，岩心呈短柱状和柱状，Ⅰ类岩体
未风化石英岩	192.10~404.3	212.2	岩石完整，裂隙、节理不发育，岩心呈短柱状和柱状，个别块状，Ⅱ类岩体
未风化白云质大理岩	404.30~424.05	19.75	岩石完整，裂隙、节理不发育，局部岩石较破碎，呈短柱状和柱状，个别块状，Ⅰ类岩体
未风化赤铁石英岩	424.05~754.41	330.36	岩石完整，裂隙、节理不发育，岩心呈短柱状和柱状，Ⅰ类岩体
未风化白云质大理岩	754.41~773.90	19.49	岩石完整，裂隙、节理不发育，局部岩石较破碎，呈短柱状和柱状，个别块状，Ⅰ类岩体
未风化赤铁石英岩	773.9~786.66	12.76	岩石完整，裂隙、节理不发育，岩心呈短柱状和柱状，Ⅰ类岩体
未风化石英砂岩	786.66~806.97	20.31	岩石完整，裂隙、节理不发育，岩心呈短柱状和柱状，Ⅰ类岩体
未风化混合花岗岩	806.97~976.48	169.51	岩石完整，裂隙、节理不发育，岩心呈短柱状和柱状，Ⅰ类岩体

岩　层	起止深度/m	厚度/m	工　程　地　质
未风化石英岩	976.48~1007.90	31.42	岩石完整，裂隙、节理不发育，岩心呈短柱状和柱状，个别块状，Ⅱ类岩体
未风化绿泥石英片岩	1007.90~1033.70	25.80	岩石完整，裂隙、节理不发育，岩心呈短柱状和柱状，Ⅰ类岩体
未风化混合花岗岩	1033.70~1500.00	466.30	岩石完整，裂隙、节理不发育，岩心呈短柱状和柱状，Ⅰ类岩体

7.1.3.3　地下水条件

影响竖井施工的水文地质因素主要为风化裂隙水和基岩裂隙水，水量不大，根据工程地质勘探报告，井筒的含水层主要包括两段：第一段含水层主要位于地表到井深323.91m地段，岩性主要以风化千枚岩为主，渗透系数为8.2×10^{-6}cm/s，对照表7-2，折减系数可取0.18；第二段含水层主要位于井深962.50~1035.93m段，岩性为石英砂岩、石英岩和大理岩，渗透系数为2.5×10^{-6}cm/s，折减系数可取0.12，g取10cm/s^2。

表7-2　岩体渗透性等级表

岩体渗透性等级	渗透系数 K/cm·s^{-1}	外水压力折减系数 β_e
极微透水	$K < 10^{-6}$	$0 \leqslant \beta_e < 0.1$
微透水	$10^{-6} \leqslant K < 10^{-5}$	$0.1 \leqslant \beta_e < 0.2$
弱透水	$10^{-5} \leqslant K < 10^{-4}$	$0.2 \leqslant \beta_e < 0.4$
中等透水	$10^{-4} \leqslant K < 10^{-2}$	$0.4 \leqslant \beta_e < 0.8$
强透水	$10^{-2} \leqslant K < 1$	$0.8 \leqslant \beta_e \leqslant 1$
极强透水	$K \geqslant 1$	

7.1.3.4　地温状况

根据水文地质综合测井结果，未发现明显地温异常变化。50.00~1153.00m平均地温梯度为2.26℃/100m，1150m地下温度为40.1℃。地下温度较高，对井下工作人员工作环境具有一定影响，在地下施工过程中，应采取通风和降温措施。

7.1.4　施工概况

7.1.4.1　工程布置

井筒平面布置如下设备：6.0m^{3}吊桶两套和5m^{3}吊桶一套，YSJZ-6.12伞钻一台，HZ-6B中心回转抓岩机两台，压风管和供水管一趟，排水管和ϕ1000mm玻璃钢风筒各一趟，动力电缆两趟，通讯信号电缆两条，爆破电缆一趟，安全梯一架（图7-4）。

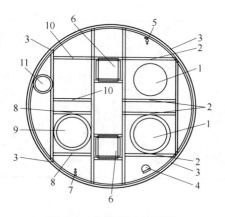

图 7-4　井筒平面布置图

1—主提吊桶；2—主提罐道绳；3—模板绳；4—安全梯；5—压风供水管；6—中心回转抓岩机；

7—排水管；8—副提罐道绳；9—副提吊桶；10—吊盘；11—风筒

井筒上方是超深大井特型亭式井架。主提升机 2JK-4.5×2.4/20 和副提升机 2JK-4.0×2.1/20 分别布置在井架的两侧。三层吊盘由 8 台 JZ-25/1800 稳车悬吊，井架两侧各布置 4 台。两台中心回转抓岩机由两台 JZ-25/1800 稳车悬吊。液压整体移动金属模板由四台 JZ-25/1800 稳车悬吊，井架两侧各布置两台。2 台 JZ-25/1800 稳车各自悬吊压风管和供水管。安全梯由一台 JZA-10/1800 专用稳车进行悬吊。玻璃钢风筒由两台 JZ-40/1800 稳车悬吊。排水管由一台 2JZ-25/1800 稳车悬吊（图 7-5）。

图 7-5　提升机和稳车平面布置图

7.1.4.2　凿井提升悬吊系统

A　井架

思山岭铁矿副井凿井工程采用最新研制的超深大井特型亭式井架。该井架规格尺寸大，结构好，强度高，能够满足大直径超深井筒悬吊要求（图 7-6）。

B　提升机

虽然是临时的凿井工作，但是选用的是永久提升机。这可以很大程度上地节约成本。提升机主要用来向吊盘或者井底运送人员材料，以及排矸工作。

主提升采用 2JK-4.5×2.4/20 型矿井提升机（图 7-7），配备 2 台 1200kW 电机。副提升采用 2JK-4.0×2.1/20 型矿井提升机，配备 2 台 1000kW 电机。提升机滚筒宽度大，容绳量多，可承担超深竖井施工。

图 7-6 凿井井架的建造

图 7-7 2JK-4.5×2.4/20 提升机

C 钢丝绳

提升和悬吊钢丝绳采用高强度新型不旋转钢丝绳。提升钢丝绳，前期（井深 900m 以上）采用国产 35W×7-ϕ42-1960 不旋转钢丝绳，后期（井深 900m 以下）采用德国进口 DIEPAD 1315 CZ-ϕ42-2160 不旋转钢丝绳。吊盘、模板、风筒、压风供水管和排水管等荷载较大的凿井设施均采用国产高强钢丝绳悬吊。

D 凿井吊盘

选用一座 ϕ9800mm 的三层吊盘（图 7-8），由 8 根吊盘绳（兼作稳绳）悬吊，悬吊吊

图 7-8 三层吊盘立面图

盘用的 8 台单 25t 凿井绞车即可以 8 机联动升降，吊盘绳及稳车选用同一型号，保证吊盘起落平稳，同时在上下层盘各安装六套轮胎稳盘装置，保证吊盘升降平稳，不磨井壁。悬吊整体模板用的 4 台单 25t 凿井绞车即可以 4 机联动升降。

7.1.4.3　凿井工艺流程

首先测量人员画出井筒轮廓线及炮孔布置位置，打孔爆破人员在井筒中线位置打 300~500mm 的垂直钻孔，安装伞钻底座，提升机下放伞钻到距工作面 600mm 处。通过导绳让伞钻坐落于底座之上，伸开支撑臂，使伞钻处于垂直稳固的状态，开始按照施工班组安排的 "三定" 措施进行作业（图 7-9（a））。打孔完成之后，提升伞钻至井口归位。然后下放炸药、雷管进行装药，装药完成后留 2~3 人在工作面，等吊盘提升至距工作面 40m 左右的安全位置后，进行连线，连线结束后，所有人员上井，由爆破员、安全员打开起爆铃，确保所有人员撤离后，进行起爆（图 7-9（b））。

爆破后通风 30~60min，然后下放吊盘，进行出渣平底工作（图 7-9（c））。中心回转抓岩机配合吊桶出渣，出渣深度主要由爆破进尺和模板高度决定，即上次浇筑混凝土下灰面至平底面控制在 4.4~4.5m 左右。然后进行支模工作，根据井筒中心线和设计断面尺寸决定支模半径，一般半径控制在 5.0m。启动液压装置脱模，利用地表集控的四台模板稳车下放模板。调整四条模板绳，使整体模板上部导向装置与井壁搭接严密，然后启动液压装置胀模，在模板上表面和下表面对称位置各取 4 个点，用井筒中心线进行调整，使模板半径和垂直度均满足要求。模板调整结束后，用细渣充填模板底部，使模板整体稳固，然后利用地表自动计量搅拌站和底卸式吊桶下放混凝土对称浇筑（图 7-9（d））。

浇筑完成之后间隔一段时间（即混凝土初凝时间），继续出渣工作，清底至硬岩出现，没有爆破松散岩石为止（图 7-9（e））。然后进行下一循环。

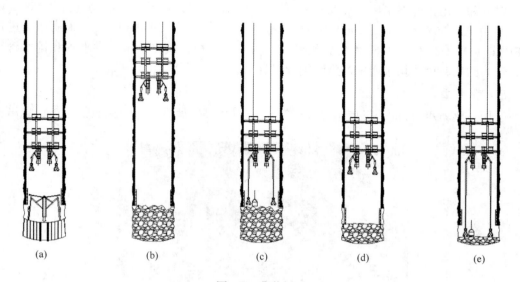

(a)　　　　(b)　　　　(c)　　　　(d)　　　　(e)

图 7-9　凿井循环

凿井循环中各工序所需时间见表 7-3。

表 7-3 凿井循环表

序 号	工序内容	时 间	
		小 时	分 钟
1	交接班		10
2	下钻定钻		20
3	打孔	3	
4	伞钻升井		20
5	装药连线	1	40
6	放炮、通风		30
7	交接班		10
8	安全检查、扫盘		20
9	出渣	6	
10	平底	1	
11	收落模板、立模找正	2	
12	安装浇筑漏斗		30
13	浇筑混凝土	3	30
14	拆浇筑漏斗		30
15	卷扬调绳深度		30
16	交接班、出渣准备		30
17	出渣	3	
18	清底	2	
总时间/h		26	
循环进尺/m		4.5	
日进尺/m		4	
月进尺/m		110	

打孔深度 5.0m，爆破效率按 90%，掘进进尺为 4.5m。正规循环率按 90%，每月可完成 25 个循环。模板高度 4.5m，支护段高 4.5m，月成井 110m，1000m 以上按 100 米/月安排网络计划。当 1000~1503m 段时，循环时间平均共增加 3.5h，正规循环率按 90%，月成井 99m，按 90 米/月安排网络计划。在不良岩层段，打锚杆挂网每循环增加 5h，绑扎钢筋增加 5h。

A　凿岩爆破

a　爆破设计

工作面炮孔采用等深锅底形布置，采用双阶等深直孔掏槽方式（图 7-10）。

井筒的掘进直径 11.2m，炮孔深度 5m，掏槽孔深 5.2m。共有七圈炮孔，其中有两圈

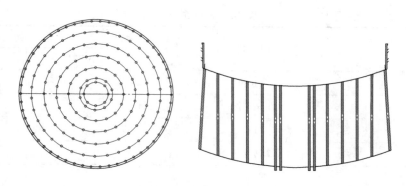

图 7-10　炮孔布置图

掏槽孔，一圈周边孔。使用的炸药都是岩石乳化炸药，均使用非电毫秒导爆管雷管起爆。下面分别介绍掏槽孔、周边孔和辅助孔的设计参数。

思山岭铁矿副井采用的是双阶等深直孔掏槽的方式，第一圈掏槽孔的圈径是 1800mm，共有 8 个炮孔，孔间距 689mm，孔深 5.2m，孔倾角为 90°，装药长度为 4.5m。第二圈掏槽孔的圈径是 2400mm，共有 10 个炮孔，孔间距 744mm，其余参数与第一圈掏槽孔相同。

思山岭铁矿副井周边孔的圈径是 11000mm，共有 54 个炮孔，孔间距 640mm，孔深 5.0m，孔倾角是 92°，装药长度是 3.0m。辅助孔分布于掏槽孔和周边孔之间。思山岭铁矿副井的辅助孔有 4 圈，孔深均为 5.0m，孔倾角均为 90°，装药长度均为 3.5m。

b　爆破施工

采用 YSJZ6.12 液压伞钻配六台 HYD200 液压凿岩机钻眼（图 7-11），按定人、定机、定眼位的"三定"方法进行凿岩，以保证凿岩质量，提高凿岩效率。液压凿岩机配 LG32mm 中空六角长 5525mm 成品钎杆和 ZQ45-R32 柱齿合金钻头。每次钻孔前应清至实底，施工人员按设计尺寸标出开挖轮廓线及各炮孔位置。

图 7-11　YSJZ6.12 液压伞钻

B　装岩出渣工作

思山岭铁矿副井采用 2 台 HZ-6B 中心回转抓岩机装岩（图 7-12），并用 MWY6/0.3 电动小挖作为辅助（图 7-13），主提升机配 6m³ 吊桶双钩提渣，副提升机配 5m³ 吊桶单钩提渣，地表经座钩式自动翻矸装置卸入溜槽内，风动闸门控制，自卸汽车排至业主指定的矸石场。

为加快出渣速度，抓岩前先抓出水窝，迅速排除工作面积水，工作面水面应低于渣面0.2m以上。采取MWY6/0.3电动小挖进行清底，人工辅助，以加快清底速度。

图 7-12　0.6m³中心回转抓岩机

图 7-13　MWY6/0.3 微型挖掘机

主提升机最大提升速度 $v_{ms}=6.96$m/s，副提升机最大提升速度 $v_{ms}=7.54$m/s。两台提升机的提升能力见表7-4。

表 7-4　提升能力

井深/m		200	400	600	800	1000	1200	1400	1500
4m 卷扬配 5m³吊桶	提升循环时间	217	270	323	376	429	482	535	561
	提升能力/m³·h⁻¹	59.7	48	40.1	34.5	30.2	26.9	24.2	23.1
4.5m 卷扬配 6m³吊桶	提升循环时间	205	234	263	291	320	349	378	392
	提升能力/m³·h⁻¹	75.9	66.5	59.1	53.4	48.6	44.6	41.1	39.7
合　计		135.6	114.5	99.2	87.9	78.8	71.5	65.3	62.8

每炮进尺4.5m，岩石松散系数取1.7，每炮渣102×4.5×1.7＝780m³。以井筒掘进到800m深时为例，主副提升机的提升能力分别为53.4m³/h和34.5m³/h，两台提升机同时出渣，排完一炮渣需要8.7h，考虑工序准备和收尾时间，排完一炮渣预计实际需要为9.5h。

C 混凝土浇筑

混凝土搅拌和浇筑是在井口设一座自动计量搅拌站，安装一台 JS-1000 搅拌机搅拌混凝土，PLD-1600 配料机配料，200t（或两个 150t）水泥仓储存计量水泥（图 7-14）。采用主副提单钩提升两个 3.5m³ 底卸式吊桶下放混凝土到井下吊盘，然后卸载到吊盘接料斗并通过输料管入模，用插入式振捣器振捣。

图 7-14 混凝土搅拌站

模板采用段高 4.5m、直径 φ10.0m 的单缝液压式整体模板，采用"一掘一支"的短段混合作业（图 7-15 和图 7-16）。每循环支护段高 4.5m，浇筑混凝土约 108m³。

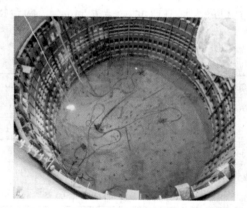

图 7-15 液压模板图

图 7-16 井筒衬砌

7.1.4.4 马头门施工

井筒马头门的设计参数如图 7-17 所示。

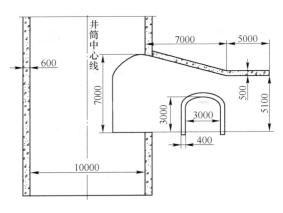

图 7-17 马头门平面图

A 凿岩爆破

提前控制马头门上部井壁衬砌接茬位置，保证衬砌接茬距马头门净拱部 1.0～1.3m。当井筒掘进超过马头门 1.5m，采用 YT-28 型气腿式凿岩机，配 ϕ22mm 六角中空成品钎钢，长 2.5m，ϕ40mm 柱齿合金钻头开挖马头门，并随井筒下掘同时掘进马头门。

B 出渣

马头门开挖初始阶段，采用小挖配合中转进行出渣，待 10m 巷道掘进时，由于排渣距离加大，采用 2JP-30 型电动绞车耙渣到井筒，然后由中转抓岩机抓到吊桶提升地表。

C 衬砌

从马头门底板开始衬砌马头门，分两次将马头门衬砌完成。马头门衬砌采用预制组合式金属支架、组合金属板。马头门与井筒连接处要同时浇筑混凝土。采用溜灰管下放混凝土并直接入模（图 7-18）。

图 7-18 马头门大型整体模板施工

7.2 新城金矿新主井建设

7.2.1 工程概况

山东黄金矿业股份有限公司新城金矿位于莱州市东北 35km 新城村境内，地理坐标：

120°07′30″~120°09′15″，北纬 37°25′45″~37°27′00″，面积 3.91km³。隶属莱州市金城镇管辖。矿区南距莱州城 35km，距潍坊火车站 134km，有公路相通，向西 20km 可达三山岛港，往北 30km 可达龙口港，水陆交通便利。

烟台—潍坊（206 国道）公路穿过矿区、文登—三山岛公路从矿区南侧通过，大家洼—莱州—龙口铁路从矿区西侧通过。南距威乌高速公路招远站 18km，北距龙口港 35km，水陆交通极为方便。

根据山东黄金矿业股份有限公司新城金矿发展规划，新城金矿区拟建深部采矿工程—主井，主井位于新城金矿生产区内。

开拓系统纵投影图如图 7-19 所示。主井剖向示意图如图 7-20 所示。井筒及钻孔设计参数见表 7-5。

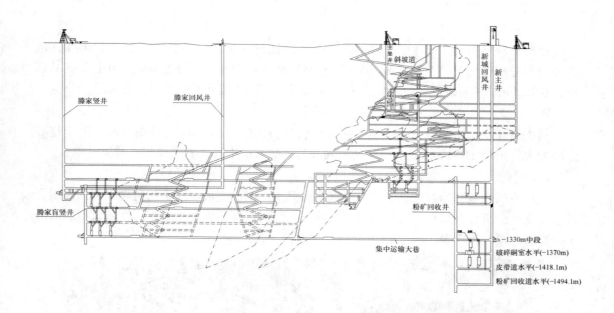

图 7-19　开拓系统纵投影图

7.2.2　地质条件

7.2.2.1　水文地质

拟建主井场地含水岩组分为：（1）基岩风化裂隙含水岩组；（2）基岩破碎带含水岩组。基岩风化裂隙含水岩组，水力性质属潜水。根据注水试验，该层渗透系数 $k_{cp}=0.168m/d$。由于周围工程采矿疏干，该含水段含水微弱。

基岩破碎带含水岩组，水力性质属承压水。根据注水试验，该层渗透系数 $k_{cp}=0.0207m/d$、$k_{cp}=0.0290m/d$、$k_{cp}=0.0052m/d$。该层为弱富水性含水层。井壁出水量约为总涌水量的 25%。由于裂隙发育的不均匀性，主井掘进时可能出现局部涌水量短时的

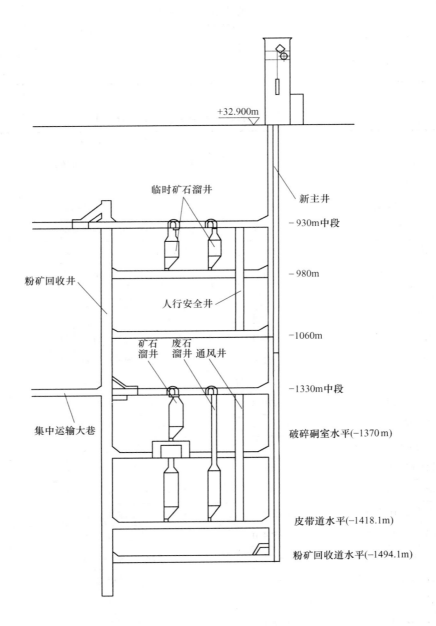

+32.900m

新主井

临时矿石溜井

-930m中段

-980m

粉矿回收井

人行安全井

-1060m

矿石 废石
溜井 溜井 通风井

-1330m中段

破碎硐室水平(-1370m)

集中运输大巷

皮带道水平(-1418.1m)

粉矿回收道水平(-1494.1m)

图7-20 主井剖向示意图

偏大或偏小现象。

矿区地下水补给来源贫乏，在主井建设初期涌水量可能较大，随着长期地下水的抽排，主井涌水量将会逐渐减小。

7.2.2.2 工程地质

根据钻孔岩芯现场编录及物探测井资料，主井岩石破碎及裂隙发育地段见表7-6。

表 7-5　井筒及钻孔设计参数一览表

指标	井筒净直径/m	井筒深度/m	井口标高/m	井底标高/m	钻孔位置
参数	6.00	1527	33.00	−1494.00	$X=4144658.500$ $Y=40513013.130$

表 7-6　主井岩石破碎及裂隙发育地段统计表

岩　性	深度/m	岩石破碎、裂隙发育程度	RQD/%
杂填土	0~1.4	主要为黏土、细砂、人工堆填物	0
残积土	1.4~3.07	由黏土、细砂组成	0
全风化花岗岩	3.07~12.75	呈砂粒状、由黏土细砂组成	0
强风化花岗岩	12.75~21.8	呈碎块、短柱状，裂隙发育强烈	18
弱风化花岗闪长岩	21.8~27.9	多成碎块、短柱状，裂隙发育	23
钾化花岗闪长质碎裂岩	64~92.7	岩石呈长柱状，裂隙较发育	69
钾化花岗闪长质碎裂岩	103.2~110.7	岩石呈长柱状，裂隙较发育	94
绢英岩化花岗闪长质碎裂岩	129.4~139.4	呈短柱状，裂隙发育	50
钾化花岗闪长质岩	139.4~156.4	呈短柱状，裂隙发育不均匀	61
黑云母花岗闪长质岩	156.4~171.0	局部因蚀变而破碎，不均匀	93
花岗质碎裂岩	200.1~209.0	呈碎块状，裂隙较发育	54
钾化花岗闪长质碎裂岩	278.7~279.8	呈短柱状，裂隙发育	93
绢英岩化花岗闪长岩	354.4~357.4	呈碎块状、裂隙发育	47
钾化花岗闪长质碎裂岩	357.4~372.4	呈短柱状，裂隙较发育	64
绢英岩化花岗闪长质碎裂岩	377.2~384.9	呈碎块状、裂隙发育（侯家）	70
绢英岩化花岗闪长质碎裂岩	463.3~482.0	岩石呈长柱状，裂隙较发育	84
绢英岩化花岗闪长质碎裂岩	552.2~562.0	呈碎块状、裂隙发育（河西）	39
绢英岩化碎裂岩	579.7~584.0	岩石成长柱状，裂隙较发育	91
绢英岩化花岗闪长岩	640.3~645.7	呈块状、裂隙发育	50
绢英岩化花岗质碎裂岩	671.0~676.2	呈块状、裂隙发育	31
绢英岩化碎裂岩	699.1~700.4	呈碎块状、裂隙发育	60
似斑状花岗闪长岩	781.2~791.2	呈块状、裂隙发育	43
碎粒岩	896.9~900.1	呈块状，裂隙发育	63
绢英岩化花岗闪长质碎裂岩	967.3~971.7	呈碎块状、裂隙发育	55
钾化花岗闪长质碎裂岩	971.7~987.3	呈短柱状，裂隙发育一般	69
绢英岩化花岗闪长岩	988.3~997.0	呈碎渣状，裂隙发育强烈（望儿山）	47
绢英岩化花岗闪长岩	1068.8~1073.9	多呈短柱、碎块状，裂隙发育	72
绢英岩	1103.5~1105.4	碎块、碎渣状	32
绢英岩化花岗闪长岩	1295.0~1299.4	碎渣状，易碎	43

7.2.3 设计方案

新城金矿新主井井筒净直径为 $\phi6.7$m，井口标高+32.9m（地表+32.7m），井底标高 -1494.1m，井筒深度为 1527m。井身正常段采用素混凝土支护，支护厚度 300mm（-622m标高以上）和 400mm（-622m 标高以下），混凝土强度为 C25；后考虑到深井围岩压力控制，对深部井筒围岩支护方案进行调整：首先进行锚网临时支护，树脂锚杆钢型 HRB400，长 2.5m，直径 20mm，支护网度 1.5m×1.5m，金属网直径 $\phi6$mm，临时支护段段高不超过 12m，后采用厚度 400mm C25 混凝土进行永久支护。

施工过程中在通过Ⅲ～Ⅳ级破碎岩层时采用树脂锚杆加钢筋网加混凝土的支护形式，混凝土强度 C25；在通过Ⅴ级极破碎岩层时采用树脂锚杆加钢筋网加喷混凝土加钢筋混凝土的支护形式，喷混凝土 50mm，浇筑钢筋混凝土 350mm，喷射混凝土强度等级为 C25，浇筑混凝土强度等级为 C30；在马头门梯子梁处，井筒混凝土支护应提前预留梁窝或支护后凿梁窝。工程内容主要包括竖井井筒掘砌、马头门、井筒绕道、各水平平巷、电缆敷设硐室、管子道、大件道、皮带道、计量装载硐室、粉矿回收平巷等掘砌工程，各水平掘砌 15m。

为加快项目建设，井筒掘砌工程竣工后，拟采用多中段吊桶提升，在-930m、-1330m、-1369m、-1415m 设吊桶提升装载点。

主井断面图如图 7-21 所示。

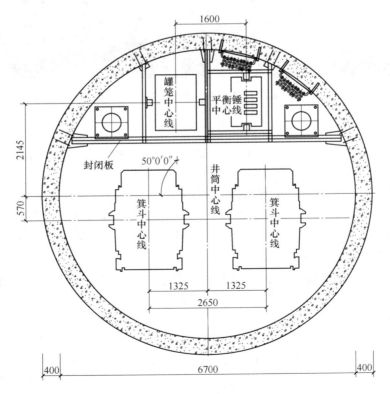

图 7-21　主井断面图

7.2.4　施工设备与方法

7.2.4.1　施工设备选择

A　提升机及吊桶选择

提升绞车选用 18×7-48-1870 型不旋转提升钢丝绳挂 5m³ 矸石吊桶带水时提升到 1000m，更换 4m³ 矸石吊桶带水时提升到 1300m；更换 3m³ 矸石吊桶带水时提升到底；挂 3m³ 混凝土吊桶及伞钻提升到底；实际施工时，应严格控制吊桶装矸系数，提前更换吊桶，绞车实际电流不得超过额定电流，确保提升安全。

B　压风系统

凿井期间，以工作面凿岩及风泵排水时的耗风量为最大，经计算选用 2 台 SA120A 型空压机和 2 台 GA250 型空压机（图 7-22），总供风能力达到 120m³/min，可满足同时用风需要。地面压风干管选用 φ273×6mm 无缝钢管，井下选用 φ194×6mm 的无缝钢管。井筒压风管采用井壁固定。

图 7-22　SA120A 型和 GA250 型空压机

C　排水系统

当涌水量小于 10m³/h 时，采用工作面风动潜水泵向吊桶排水，吊桶带水排到地面。当井筒涌水量大于 10m³/h 时，在吊盘上层安装一台排量为 20m³/h 的 ZL184QJG20-1000 高扬程潜水泵，由工作面风动潜水泵排水至吊盘水箱，再由高扬程潜水泵排水至地面。井筒施工至 -930m 水平以下时，通过 -930m 水平贯通巷将水排至业主水仓。选用 φ159mm×8mm 无缝钢管作为排水管，用高压法兰连接，沿井壁固定，可满足各阶段施工排水需要。

D　通风系统

井筒施工采用压入式通风方式，风机设在井口 20m 以外，风筒从封口盘盘面以下引入井下，沿井壁固定。考虑该井筒设计深度较深，通风距离较长，为节约能源，本工程实行分阶段通风。

第一阶段井筒选用 FBDNo7.1（2×30kW）局部通风机，配 2 路 φ900 直径风筒供风；施工初期井筒深 980m 时，采用胶质风筒；选择高效低噪局部通风机 FBDNo7.1（2×30kW）（转速 2900N，局部通风专用风机），使用两台，备用两台，井筒内布置两路 φ900mm 阻燃胶质风筒供风，满足施工需要。

第二阶段井筒选用 FBDNo8.0(2×55kW) 局部通风机，配 2 路 φ900mm 直径风筒供风；对施工井筒的原 980m 胶质风筒进行改造，将胶质风筒改为玻璃钢风筒；井深 980m 后施工仍采用胶质风筒。φ900mm 风筒沿井壁固定，风筒长度按目前施工计划取 1551m，普通钻爆法掘进；选择高效低噪局部通风机 FBDNo8.0(2×55kW)(转速 2900N，局部通风专用风机)，使用两台，备用两台，井筒内布置两路 φ900mm 阻燃玻璃钢和胶质风筒供风，满足施工需要（图 7-23）。

图 7-23 FBDNo7.1 型和 FBDNo8.0 型局部通风机

E 供水系统

井筒施工用水由地面供水系统供给，沿井壁固定一路 1.2 寸 32MPa 高压钢编管或 φ50mm×6mm 钢管作为供水管，在吊盘上设有卸压水箱，以适应凿岩等用水压力要求，供水管兼作注浆管。

F 砼搅拌系统

井口附近建搅拌站，站内布置 2 台 JW1000 型强制式混凝土搅拌机（图 7-24）和 2 套 PLD1600 型砼配料机。该系统的最大特点是使用了微机控制自动计量装置和自动输配料系统，计量误差小于 2%，并可通过调整，适应不同的配合比要求，操作人员少、速度快。水的计量采用容积法。搅拌好的混凝土通过混凝土螺旋输送机输送至底卸式吊桶内，由底卸式吊桶下放至下层吊盘，严禁在上层吊盘放混凝土。

图 7-24 JW1000 型强制式混凝土搅拌机

G 通信、信号及照明系统

为便于施工中的通信联系，井下与井口信号室，井口信号室与提升机房设置直通电话，井下吊盘设抗噪声电话，井下通过井口可以方便地同压风机房、绞车房、调度室进行通信联络。

井口设信号室；井口及绞车房均有声光及电视监测系统，并具有信号显示记忆功能，设电视监控系统，通过在吊盘、工作面、封口盘、翻矸台、绞车操作室等处设置探头，电视监控集控室和绞车房等处可监视上述位置。

井内设一路照明电缆，电压为 127V，各层吊盘上方各设 2 盏防水防爆灯，下层吊盘设 4 盏防水防爆灯和 2 盏竖井矿用投光灯照亮工作面。线路全部沿吊盘钢梁布置，垂直向下的线路穿入钢管内。盘面上活动的导线加胶质套管以防漏电。

7.2.4.2 施工方法

A 井颈段施工

井筒上部风化层，该层岩石较破碎，在施工过程中易发生坍塌、掉块等现象，设计采用双层钢筋混凝土井壁结构。井筒满足试挖条件后，采用短段掘砌施工，采用施工段高为2.5m整体金属带刃脚模板砌壁（刃脚与模板脱开使用）。该段掘进时，将根据井帮稳定性采取锚网喷临时支护，掘够施工段高后，校正刃脚、绑扎双层钢筋、浇筑井壁混凝土施工（图7-25）。

若围岩松软，则采用挖掘机装罐；若挖掘机挖掘困难，则采用钻爆法松动爆破后挖掘施工，采用手抱钻凿岩，爆破材料采用 T220 型水胶炸药，导爆管。

井壁混凝土由地面搅拌站配制，封口盘形成前，混凝土通过溜槽经吊盘受灰、分灰装置入模；封口盘形成后，地面搅拌好的混凝土经底卸式吊桶接料下井，经吊盘受灰、分灰装置入模；入模混凝土采用振动棒振捣密实。

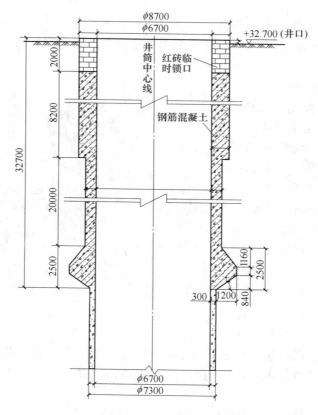

图 7-25 井颈掘砌图

B 井身段施工

井筒基岩段采用短段掘砌混合作业施工工法组织施工。应用该工法施工，井帮围岩暴露时间短，施工安全，简化了施工工序，辅助时间少，并能实现工种专业化，有利于提高工人的操作技术水平，实现正规循环，保证工程施工质量和进度。

a 凿岩工作

伞钻下井前，要在地面认真检查并试运转，采用主提钩头下井至工作面，伞钻夺钩绳夺钩并悬吊于井筒中心位置，并按照伞钻操作规程的要求逐步完成伞钻凿岩工作。

打眼前，工作面的矸石要清理干净，定出井筒中心位置，并按爆破图表定出孔位，做好标志，严格按标定孔位开钻，并控制炮孔深度和倾角，确保炮孔质量，实行定机、定人、定孔位的分区包干作业。打孔过程中，伞钻应始终吊挂在夺钩绳上，以防支撑臂突然失灵，导致钻架倾倒。打孔过程中，要及时插上木橛子，将炮孔保护好，防止岩粉、小碎石掉入钻孔。打完孔后，要核查炮孔质量，不符合要求的炮孔应重新补打。

b 装药

装药结构为反向装药，采用高威力水胶炸药，药卷直径 $\phi45mm$，导爆管配合秒延期电雷管起爆。施工过程中，要根据岩石条件和爆破效果及时调整炮孔布置与装药结构。所有炸药、雷管必须事先检查，质量不符合要求的火工品严禁下井使用。

装药前必须用压风吹净炮孔中的岩粉及杂物，清理干净炮孔周围的碎石、杂物等，炸药要装到孔底，药卷间要紧密接触，孔口炮泥要充填满。装药时要定人、定眼、分区进行，并由放炮员统一指挥，按作业规程要求操作。

c 连线放炮

采用并联的连线方式，地面 380V 电源起爆，井筒中单独悬吊一路专用放炮电缆。井口棚外设放炮开关，采用 16 号镀锌铁丝作为井筒工作面雷管连接母线。与放炮电缆连接之前时，要切断井下一切电源（通信除外），雷管脚线、放炮母线、放炮电缆之间相互接头要紧密连接，母线与电缆连接前，对工作面整个连线必须逐一检查，确保无误。

放炮前，将吊盘提至安全高度（以 40m 为宜），人员全部升井后打开井盖门，全部人员升井后撤出井口至安全距离以外，井口安全距离周围设警戒人员，放炮员发出三声警号，并得到警戒人员安全信号后，方可按照规定的程序合闸起爆。

d 装岩排矸

采用中心回转抓岩机配合挖掘机分区装岩，小型挖掘机辅助出矸清底。清底后，挖掘机采用稳车悬吊于吊盘下方，放炮前随吊盘起到一定的安全高度（或提升至地面）。矸石经吊桶提升出井，经翻矸装置翻矸溜出井口外的矸石地坪，装载机配合自卸汽车排入甲方指定地点。

e 井筒基岩段砌壁

该井筒的井壁结构根据地质条件，采用素混凝土施工，不良地层则采用锚网+素混凝土支护。砌壁选用 MJY 型整体金属下行模板（带刃脚），砌壁段高为 4.0m，与深孔光爆相结合，实现了一掘一砌正规循环作业；不良地层段则根据围岩稳定情况调整合理的施工段高，并按照设计要求施工井壁。模板由地面稳车悬吊，实行集中控制，该模板整体强度大，不易变形，接茬严密无错台。单缝式液压脱模机构操作方便，混凝土由地面搅拌站拌制，底卸式吊桶下料。

素混凝土段的井筒施工工艺：在工作面掘够一个段高并找平后，直接校正整体刃脚模板浇灌混凝土。

混凝土由地面搅拌站配制，根据不同深度井壁混凝土强度设计的要求，及时调整配合比。混凝土输送采用底卸式吊桶下料，经分灰器及溜灰管入模，入模混凝土采用振动棒通过合茬窗口进行分层振捣。

C　井身段施工方案改进

结合深部高井筒围岩压力条件，运用超前序次释压机理改进井筒施工工艺：通过提高衬砌断面与井筒掘进工作面间距离至 8m，辅以临时支护，后进行混凝土衬砌，可实现井筒处于"免承压或缓低压"状态，进而保证井筒及其围岩长期稳定（图 7-26）。由此对原竖井施工工艺进行优化，详细如下：

（1）凿岩装药：伞钻悬吊于井筒中心位置，凿岩进尺 4m，按照伞钻操作规程渐次完成伞钻凿岩工作；

（2）爆破通风：放炮前，将吊盘提至安全高度（以 40m 为宜），全部人员升井撤出井口至安全距离以外后，按照规定程序进行地表 380V 电起爆，放炮后，通风排烟，持续时间 30min；

（3）出渣清底：采用中心回转抓岩机装岩，渣石经吊桶提升出井，经翻渣装置翻渣溜出井口外的渣石地坪；

（4）临时支护：临时支护采用锚网梁支护方式，树脂锚杆长度 2.5m，直径 20mm，间排距 1.5m，金属网采用 8 号线制菱形网，双筋条采用 $\phi 8mm$ 或 $\phi 10mm$ 钢筋焊接，间隔 80mm，长度 3m；

（5）立模浇筑：校正固定整体金属下行模板，使模板底端距掘进工作面间距离 4m，然后浇灌混凝土，混凝土由地面搅拌站配制，采用底卸式吊桶下料，经分灰器，溜灰管入模，入模后，采用振动棒进行分层振捣。

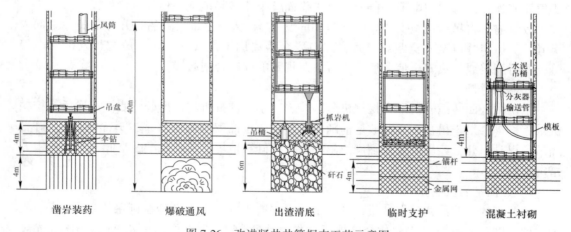

图 7-26　改进竖井井筒掘支工艺示意图

D　马头门及部分巷道施工

与井筒相关的硐室主要是各水平马头门（图 7-27）、管子道及装载硐室。

为保证井筒和硐室连接的整体性，与井筒相连的硐室和井筒同时施工，即在井筒掘进的同时，将硐室掘出，并分别对井筒及硐室进行临时支护（锚网喷一次支护），然后与井筒同时立模并浇筑混凝土。接着施工硐室连接巷道。一个水平的硐室施工完后，即转入井筒施工。

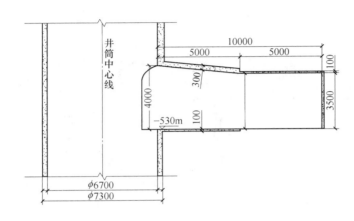
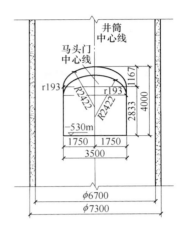
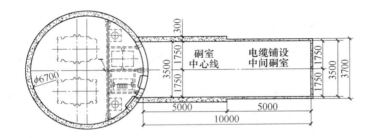

图 7-27　马头门掘砌图

具体为井筒施工到硐室顶板上方 1m 时，先砌好上部井筒井壁，继续下掘井筒并采取锚网喷临时支护掘支井筒及硐室，硐室视顶板围岩情况可追加锚索支护。井筒掘至硐室底板下方 1m 及硐室掘进完成后，井筒与硐室同时稳模浇筑成一整体。

硐室及巷道施工采用 YT-28 型气腿凿岩机钻孔，爆破后，利用中心回转抓岩机装吊桶排矸，在硐室单侧施工长度超过 5m 后，使用挖掘机配合扒矸机将矸石耙入井筒内，再利用井筒排矸设施排出。浇筑用混凝土由底卸式吊桶下到工作面，再由混凝土输送泵输送入模。

E　井筒过不良地层施工

井筒及相关硐室施工过程中，将穿过多层不良地层。不良地层段施工应合理调整爆破参数，采取松动爆破技术，即减少周边孔距和抵抗距，采用不耦合装药，尽量减少爆破对井筒围岩的破坏，保持围岩的完整性；同时缩小掘进段高，采用锚喷或锚网喷联合支护；尽量缩短围岩的暴露时间，必要时增设钢井圈复合支护或采用工作面注浆加固围岩后再掘砌，确保安全顺利通过不良地质地层。

破碎段井壁支护图如图 7-28 所示。

F　井筒基岩段综合防治水

井筒基岩段对有疑问的含水层坚持"有疑必探、先探后掘"的施工原则组织施工。当井筒施工至距离有疑问的含水层段不少于 10m 时，采用液压钻机进行长段探水，并根据钻孔出水量计算井筒涌水量，当预计井筒最大涌水量小于 $10m^3/h$ 时，采取强排水法施

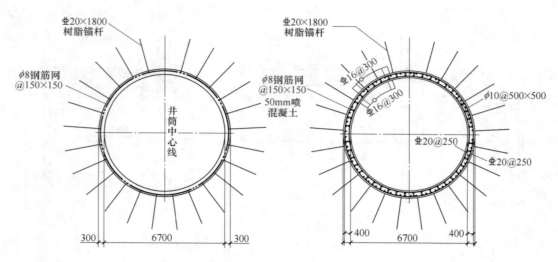

图 7-28　破碎段井壁支护图

工，当预计井筒最大涌水量大于 $10m^3/h$ 时，则采取工作面预注浆法通过。超千米深立井的防治水技术难点在于水压高，注浆难度大。目前已施工过的立井注浆工程中，地面预注浆最深的为 1355m（磁西副井），工作面注浆或壁后注浆深度 1000m 左右的案例不多（如潘一副井 1089m，唐口主井的 1029m、郓城主井的 950m）。千米以上深立井注浆施工中，可采取大功率液压钻机造孔、高压注浆泵注浆、井壁加厚防高压注浆破坏井壁、预埋加长孔口管、浇筑高标号加厚止浆垫、探水注浆孔口管安装防喷装置防突水、注入黏土水泥浆或化学浆等措施，技术上是可行的。本工程 1100m 水平以下，宜先施工一个检查孔，获得地质及水文地质情况，施工时先探后掘，若需注浆，采用预注与后注相结合的原则，采用工作面预注浆时，可注黏土水泥浆。

参 考 文 献

[1]　肖瑞玲. 立井施工技术发展综述［J］. 煤炭科学技术，2015（8）：13-17.

[2]　奥德布雷茨特 V E，王维德. 南非和加拿大的竖井掘进技术［J］. 国外金属矿山，1996（8）：24-28.

[3]　龙志阳. 立井短段掘砌混合作业法及其配套施工设备［J］. 建井技术，1998（3）：2-7.